普通高等教育高职高专园林
景观类“十三五”规划教材

YUANLIN GUIHUA SHEJI

园林规划设计

主　编　肖姣娣　覃文勇　曹洪侠
副主编　杨凯波　刘　行　张洪祥

内 容 提 要

本教材内容包括13章。第1章为绪论，主要介绍园林与园林规划设计内涵、园林规划设计的基本依据与原则、现代风景园林规划设计的发展趋势以及本课程性质和任务；第2章为园林规划设计概述，主要涉及中外园林概述、园林绿地系统概述、园林艺术基本原理、园林布局形式及特征、园林空间类型与布局处理、园林造景手法、园林色彩艺术构图；第3章为园林构成要素及设计，包括园林地形、园路与园林地面铺装、园林水体、园林建筑与小品、园林植物等的设计；第4章介绍园林规划设计的一般程序；第5～12章系统阐述了各类园林绿地的规划设计，包括庭院设计、道路绿地规划设计、滨水绿地设计、居住区绿地设计、屋顶花园规划设计、城市广场绿地设计、单位附属绿地规划设计、公园绿地规划设计、生态农业园规划设计。各章都设有学习目标、练习与思考题、本章小结，重点章节都设有实训操作题。教材后面附录了1套中小型园林绿地景观设计方案以供学生参考。全书结构体系完整，内容充实全面。

本教材可供高职高专园林技术、园林工程技术、园林设计、景观设计、环境艺术设计、城市规划、林学等专业作为教学用教材，也可供相关行业从业人员和园林爱好者阅读参考。

图书在版编目（CIP）数据

园林规划设计 / 肖姣娣，覃文勇，曹洪侠主编. -- 北京 : 中国水利水电出版社，2015.2（2021.12重印）
普通高等教育高职高专园林景观类“十三五”规划教材
ISBN 978-7-5170-2871-0

Ⅰ. ①园… Ⅱ. ①肖… ②覃… ③曹… Ⅲ. ①园林－规划－高等职业教育－教材②园林设计－高等职业教育－教材 Ⅳ. ①TU986

中国版本图书馆CIP数据核字(2015)第031198号

书　名	普通高等教育高职高专园林景观类“十三五”规划教材 **园林规划设计**
作　者	主　编　肖姣娣　覃文勇　曹洪侠 副主编　杨凯波　刘　行　张洪祥
出版发行	中国水利水电出版社 （北京市海淀区玉渊潭南路1号D座　100038） 网址：www.waterpub.com.cn E-mail：sales@waterpub.com.cn 电话：（010）68367658（营销中心）
经　售	北京科水图书销售中心（零售） 电话：（010）88383994、63202643、68545874 全国各地新华书店和相关出版物销售网点
排　版	中国水利水电出版社微机排版中心
印　刷	天津嘉恒印务有限公司
规　格	210mm×285mm　16开本　20印张　492千字
版　次	2015年2月第1版　2021年12月第5次印刷
印　数	10001—12000册
定　价	**48.00**元

前言

“园林规划设计”是高职高专园林类学科的一门专业主干课程，具有知识面广、实践性强的特点，是一门集工程、艺术、技术于一体的课程，它要求学生既要有科学设计的精神，又要有艺术创新的想象力，还要有精湛的技艺。本教材的编写，旨在使学生掌握园林规划设计的基础理论知识、设计方法与技巧，并能灵活应用于园林绿地规划设计实践之中，为零距离上岗奠定坚实基础。

本教材的编写指导思想是符合现代高等职业教育特点，以高素质技术技能人才培养为目标，力求做到理论与实践结合，继承与创新相结合，并力图突出以下特点。

(1) 本教材结构体系完整，内容充实全面。在传统章节的基础上增加了庭院设计、滨水绿地设计、生态农业园规划设计等章节。

(2) 以理论结合实践为主线，以介绍中小型园林绿地规划设计方法与技巧为重点，突出实践应用能力培养。主要教学章节都设有典型实训操作真题。真题主要来源于编者或编者所在院校校企合作企业承接的真实性中小型园林绿地设计项目。通过真题训练，可以不断拓宽学生设计思路，磨砺设计技能。

(3) 文字简练，图文并茂，深入浅出，每章设有学习目标、本章小结、练习与思考等。同时最后还附录了一套园林绿地景观设计方案。

(4) 为方便教学，本教材配有电子课件，供选用本教材的老师参考，需要者可登录中国水利水电出版社网站（http：//www.waterpub.com.cn/software）免费下载。

本教材由多年从事《园林规划设计》课程教学的6位老师编写，由肖姣娣、覃文勇、曹洪侠任主编，杨凯波、刘行、张洪祥任副主编。具体分工如下：第1、2、6、11章，以及前言和附录由娄底职业技术学院肖姣娣编写，并负责确定本教材编写大纲和编写思路及全书的统稿等工作；第3章由重庆工贸职业技术学院张洪祥编写，并负责全书参考文献的整理；第4、12章由宿州职业技术学院曹洪侠编写；第5、7、8章由扬州市职业大学杨凯波编写；第9、13章由江苏农牧科技职业学院刘行编写；第10章由常州大学覃文勇编写，并负责全书的审稿工作与主要教学章节实训操作题的统一修改完善及目录的制作。

本教材所附的一套园林绿地景观设计方案由湖南科美景观装饰设计工程有限公司提供，在此致以特别感谢。同时教材编写过程中我们参考了国内外有关著作、论文、互联网资料，未逐一注明，敬请谅解，并向作者深表谢意。

由于编者水平有限，加之编写时间仓促，书中难免有欠妥之处，敬请读者予以批评指正并提出宝贵意见。

编者

2014年11月

目录

第1章

绪　　论

学习目标

- 理解园林、园林规划设计的基本含义及园林绿地规划设计要求。
- 了解园林规划设计的作用、对象和性质、任务。
- 掌握园林规划设计的基本依据和原则。
- 熟悉现代风景园林规划设计的发展趋势。

园林是人类社会发展到一定阶段的产物。随着新时期经济社会的发展、科学技术的进步以及人们生活水平的提高，园林绿化美化已经成为现代人居环境建设的一个非常重要的组成部分。园林绿地的建设必须先进行规划设计，大到城市园林绿地系统的总体规划，小到各单位附属绿地、私家庭院绿地的细部设计，都必须有一套完整、科学和艺术的理论体系来指导，园林规划设计正是这样一门理论性与实践应用性都很强的综合性学科，它是集风景园林、现代园艺、林学等自然科学技术和建筑工程、文学艺术等于一体，主要研究城市园林绿地系统规划、各类园林绿地规划设计及造景理论的一门课程。

1.1　园林的定义与范畴

园林是一个动态的概念，是随着社会历史和人类认识的发展而变化的。不同的历史发展阶段有不同的内容和适用范围，不同的国家和地区对园林的界定也不完全一样。园林在中国古代根据不同的性质也称作园、面、苑、园亭、庭院、园池、山池、池馆、别业、山庄等。英国和美国则称之为 garden，park，landscape 等。它们的性质、规模虽不完全一样，但都具有一个共同的特点，即在一定的地段范围内，利用并改造天然山水地貌或者人为地开辟山水地貌，结合植物的栽培和建筑的布置，从而构成一个供人们观赏、游憩、居住的环境。

1.2　园林规划设计的涵义

园林规划设计包含园林绿地规划和园林绿地设计两层含义。

园林绿地规划从大的方面讲，是指明园林绿地未来的发展方向，其主要任务是按照国民经济发展需要，提出园林绿地发展的战略目标、发展规模、速度和投资等。这种规划是由各级园林行政部门制定的，是对若干年以后园林绿地发展的设想，因此常制定出长期规划、中期规划和近期规划，用以指导园林绿地的建设。这种规划也称为发展规划。从小的方面讲是指对某一块园林绿地（包括已建和拟建的园林绿地）所占用的土地进行安排和对园林要素如山水、植物、建筑等进行合理的布局与组合。一个城市的园林绿地规划，需要结合城市的总体规划，确定出园林绿地的比例，发布近期和远期要达到的目标，并且结合城市所在区域的自然环境特点和人文特点，确定出城市绿地的总体风格，绿化树种的选择等宏观层面的问题。要在某地建一座公园或大型的城市休闲绿地，也要进行规划，这个层面的规划主要解决总体控制（规模、经济、各部分之间的关系）、山水间架结构、功能分区、园路系统、导游线组织、景点分级、园林建筑布局、环境容量、效益预测以及投资和完成的时间等原则问题。这种规划是从时间、空间方面对园林绿地进行安排，使之符合生态、社会和经济的要求，同时又能保证园林规划设计各要素之间取得有机联系，以满足园林艺术要求。这种规划是由园林规划设计部门完成的。

园林绿地设计就是在一定的地域范围内，运用园林艺术和工程技术手段，通过改造地形（筑山、叠石、理水等），种植树木、花草，营造建筑和布置园路等途径创作而建成的美的自然环境和游憩境域。具体地讲，它为了满足一定目的和用途，在规划的原则下，围绕园林地形，利用植物、山水、建筑等园林要素创造出具有独立风格，有生机、有力度、有内涵的园林环境，或者说设计就是对园林空间进行组合，创造出一种新的园林环境。这个环境是一幅立体画面，是无声的诗，它可以使人愉快、欢乐并能产生联想。园林绿地设计的内容包括地形设计、建筑设计、园路设计、种植设计和园林小品等方面的设计。

规划和设计都是园林绿地建设前的计划和打算，两者所处的层次和高度不同，解决的问题也不一样。通过规划虽然在时空关系上对园林绿地建设进行了安排，但是这种安排还不能给人们提供一个优美的园林环境。为此要求进一步对园林绿地进行设计。因此，规划是设计的基础，设计是规划的实现手段。规划是宏观、总体、粗线条、大范围、小比例尺的，不详细反映各部分内容，不考虑具体的施工方案；设计则是微观、具体、细线条、小范围、大比例尺的，甚至细微到工程的某一个构建或部位，设计必须反映施工内容和工程做法，必须满足施工需要。

1.3　园林规划设计的作用和对象

城市环境质量的高低，在很大程度上取决于园林绿化的质量，而要提高园林绿化的质量必须对园林绿地进行科学合理的规划设计。通过规划设计，可以使园林绿地在整个城市中占有一定的位置，在各类建筑中有一定的比例，从而保证城市园林绿地的发展和巩固，为城市居民创造一个良好的工作和生活环境。同时规划设计也是上级主管部门批准园林绿地建设费用和园林绿地施工的依据，也是对园林绿地建设检查验收的依据。所以园林绿地没有进行规划设计，不能施工。

当前我国正处在改革开放的新时期，我们不仅要建设一批新城镇，而且还要改造大批旧城镇。因此，园林规划设计的对象主要发生在这些新建和需要改造的城镇中。具体有各风景区、公园、植物园、动物园、街道绿地等各公共绿地规划设计；公路、铁路、河滨、城市道路以及工厂、机关、学校、部队等一切单位的绿地的规划设计。对于新建城镇、新建单位的绿化规划，要结合总体规划进行，对于改造的城镇和原来单位的绿化规划，要结合城镇改造实际统一进行。

1.4 园林规划设计的方式与特点

1.4.1 园林规划设计的方式

由于园林设计主要是整个园林的安排和景物的具体形象，所以作图是最主要的手段，构思所得的方案需要在图纸上明确表现出来。为了补充作图表达的不足，可以采取设计说明书的方式附加文字说明。

园林景物是以立体的方式在园址上布置的，用透视图能够把景物的立体形象逼真地绘出来，可是这种方法无法准确地表示尺寸，以作为施工的依据。因此，设计图主要采用能够把园址和景物的长、宽、高三度空间的尺寸准确表达出来的正投影图，而把透视图作为表现设计方案的补充手段。

以准确比例制作出来的立体模型，是更为详实的表现手段，不过其制作过程复杂费工，一般不使用，但大规模或表现较复杂的设计时使用较多。

由于园林设计要考虑处理的因素繁多而复杂，因而设计实施的方案也将是多样的，应该在多个方案中进行评比，选出最优的方案。根据现代设计理论以及现阶段对园林设计工作的要求，其复杂精细的程度还要增加，尤其是大型的园林和大面积的城乡区域园林绿地规划。计算机辅助设计是现代园林设计的重要手段，它可以综合各种园林设计所需考虑的因素，提出多种方案，由设计者选定最优方案。它还能模拟园林的使用和变化过程，为园景空间塑造、减少设计上的失误提供帮助。同时，它的绘制出图也十分方便快捷。计算机的应用，可以说是园林设计表达方式上的一次革命。

1.4.2 园林规划设计的特点

造园工程的实施，不同于用颜料在图纸上绘画，园址不仅有高低水陆的变化，而且有风土的差异，所用植物材料也同样具有各自的光、温、水、肥等生态上的要求，这些条件对园林设计的影响非常大，设计者往往要根据园址的实际情况创造性地进行设计。

园林设计有时必须根据实际情况加以修改，不是交出设计图纸就可以结束工作，这也是园林设计的特点之一。园林设计常常伴随施工的始终，如植物的选择、株行距的确定、施工中局部地段的处理等。

1.5 园林规划设计的基本依据

园林规划设计的最终目的是要创造出景色如画、环境舒适、健康文明的游憩境域。一方面，园林是反映社会意识形态的空间艺术，园林要满足人们精神文明的需要；另一方面，园林又是社会的物质福利事业，是现实生活的实境，所以，还要满足人们休息、娱乐的物质文明的需要。

(1) 科学依据。在任何园林艺术创作的过程中，要依据有关工程项目的科学原理和技术要求进行。如在园林中，要依据设计要求结合原地形进行园林的地形和水体规划。设计者必须对该地段的水文、地质、地貌、地下水位、北方的冰冻线深度、土壤状况等资料进行详细了解。如果没有详实的资料和可靠的科学依据为地形改造、水体设计等提供物质基础，就容易产生水体漏水、土方塌陷等工程事故。种植各种花草树木，也要根据植物的生长要求，生物学特性，根据不同植物的喜阳、耐阴、耐旱、怕涝等不同的生态习性进行配植。一旦违反植物生长的科学规律，必将导致种植设计的失败。园林建筑、园林工程设施，更有严格的规范要求。

(2) 社会需要。园林是属于上层建筑范畴，它要反映社会意识形态，为了广大人民群众的精神与物质文明建设服务。《公园设计规范》指出，园林是完善城市四项基本职能中游憩职能的基地。所以，园林设计者要了解广大人民群众的心态，了解人民群众对公园开展活动的要求，才能满足不同年龄、不同兴趣爱好、不同文化层次的游人需要。

(3) 功能要求。园林设计者要根据广大群众的审美要求、功能要求、活动规律等方面的内容，创造出景色优美、环境卫生、舒适方便的园林空间，满足游人游览、休息和开展健身娱乐活动的功能要求。园林空间应当充满诗情画意，令游人流连忘返。不同的功能分区，选用不同的设计手法。如儿童活动区，要求交通便捷，并结合儿童的心理特点，园林建筑造型要新颖，色彩要鲜艳，空间要开朗，形成一派生机勃勃，充满活力的景观气氛。

(4) 经济条件。经济条件是园林设计的重要依据。经济是基础，同样一处园林绿地，可能有不同的设计方案。采用不同的建筑材料、不同规格的苗木、不同的施工标准，将需要不同的建园投资。当然，设计者应当在有限的投资条件下，发挥最佳设计技能，节省开支，创造出最理想的作品。

综上所述，一项优秀的园林作品，必须做到科学性、社会性、功能性、经济性和艺术性紧密结合、相互协调、全面运筹，争取达到最佳的社会效益、环境效益和经济效益。

1.6 园林规划设计的基本原则

“适用、经济、美观”是园林规划设计必须遵循的三大基本原则。

一般情况下，园林设计首先要考虑适用的问题。所谓适用，一是要因地制宜，具有一定的科学性；二是园林的功能要适合于服务对象。适用的观点带有一定的永恒性和长久性。

其次是经济问题。经济问题的实质，就是如何做到事半功倍，尽量在投资少的情况下多办事，办好事。而且正确地选址，因地制宜，巧于因借，本身就减少了大量投资，也解决了部分经济问题。当然，园林建设要根据园林性质、规模等确定必要的投资。

在适用、经济的前提下，尽可能地做到美观，满足园林布局、造景的艺术要求。在某些特定条件下，美观要提到最重要的地位。实际上，美和美感本身就具有适用的特点，也就是它的观赏价值。园林中的假山、雕塑等起到装饰、美化环境的作用，创造出感人的氛围等，这就是一种独特的适用价值和美的价值。

1.7 现代风景园林规划设计的发展趋势

1. 以自然为主体

现代风景园林所追求的是减少、甚至是没有人类参与而由自然形成的真正的自然场所，所谓“虽由人作，宛自天开”。随着自然生态系统的严重退化和人类生存环境的日益恶化，西方社会对人与自然的关系认识发生了根本变化，从过去认为人类是自然界的主宰，转变成认为人类是自然界的一员。与此相适应的是，风景园林师过去将自然看作是原材料，现在则倾向于将自然作为设计的主体。西方传统园林被看作是人类对征服自然的炫耀，是人与自然的作用在相互竞争，而城市中出现的荒地则被看作是人类征服自然能力的衰退。当人们认识到，植物同人类一样在发展过程中要不断迁徙，自然会运用各种方式将荒地变成各种迁徙植物的竞争地之后，荒地就成为风景园林展示的热点景观类型之一。

2. 以生态为核心

生态学的重要意义之一，在于使人们普遍认识到将各种生物联系起来的各种依存方式的重要性。

就风景园林设计而言，所有的景观元素也都是相互关联的。设计就如同植物嫁接一样，如果砧木、接穗和嫁接方法等选择不当，嫁接就很难成功。同样，如果风景园林师在设计中随意去掉一些景观元素，或破坏了各景观元素之间的联系方式，极有可能在许多层面上影响到原先错综复杂、彼此连接的景观格局。如前所述，这类设计手法对于非自然环境而言，造成的后果还不是很严重，只不过是原有景观类型的消失而已。然而，对于那些以生物为核心的自然环境来说，这样的风景园林设计方案就会造成破坏自然的恶果，而且设计本身也难以获得成功，强行实施后很有可能遭到原有景物的排斥，或者代价昂贵。

3. 以地域为特征

地域性景观是指一个地区自然景观与历史文脉的总和，包括气候特点、地形地貌、水文地质、动植物资源等构成的自然景观资源条件及人类作用于自然所形成的人文景观遗产等。风景园林设计的要旨就是要再现本地区的地域景观特征，包括自然景观和人文景观。

在某个地区中，各个景观元素彼此之间是相互联系的，并与周围的自然与人文特征相结合，构成人们所观察到的景观类型。景观设计应从大到一个区域、小到场地周围的自然和人文景观类型和特征出发，充分利用当地独特的自然和人工景观元素，营造出适合当地自然和人文条件的景观类型，以及适应当地生活习俗的观察和利用景观的方式。风景园林师应是坚定的“完美主义者”和“扩张主义者”，不应满足于场地本身的景观塑造，而应追求本地区地域景观的完整性。

4. 以场地为基础

任何场地都具有大量显性或隐性的景观资源。作为风景园林师不仅要具备各种相关的专业知识，尤其还要具备对景观敏锐的观察能力，以及对景观变化机理的洞察能力。风景园林师首先要深入细致地了解并理解场地，努力把场地含有的各种信息都收集、归纳并联系起来，将场所的重要特征加以提炼并运用于设计之中。同时，他应该能够预见场地整治的变化方向，始终明确场地的改变过程。实际上，与发现一样，风景园林师的眼光本身就是设计过程。

5. 以空间为骨架

景观是由实体和空间两部分组成的，空间是风景园林设计的核心。所有景物都属于某个彼此紧密相连的空间体系，并以此把景观空间与实体区分开来。

空间的特性来自该空间与其他空间的相互关系。在一个空间内部，如果继续以该空间的边界为参照的话，还应存在着一些亚空间，又与其亚边界相联系。因此，风景园林设计不能轻易地破坏各种景观边界在空间中存在的形态。景观空间具有一定的扩展能力，它们以某种方式与邻里空间共同存在、同被欣赏，形成某种空间联合体。地平线是景观空间的边界，随着观察者的运动，它也在不断地运动变化。因此，风景园林设计不仅要关注空间本身，更要关注该空间与周边空间之间的联系方式，即一个空间以何种方式转换到邻里空间？然后再以何种方式转换到下一个邻里空间？如此由近至远，逐渐抵达遥远的地平线，从而形成相互之间有机联系的整体性景观。

6. 以简约为手法

简约的设计手法就是要求用简要概括的手法，突出风景园林设计的本质特征，减少不必要的装饰和拖泥带水的表达方式。

简约应该是风景园林设计的基本原则之一，简约手法至少包括三个方面的内容：一是设计方法的简约，要求对场地的认真研究，以最小的改变取得最大的成效；二是表现手法的简约，要求简明和概括，以最少的景物表现最主要的景观特征；三是设计目标的简约，要求充分了解并顺应场地的文脉、肌理、特性，尽量减少对原有景观的人为干扰。

1.8 园林规划设计课程的性质和任务

园林规划设计是以园林艺术原理、园林设计初步为基础的一门综合性学科，它与城市规划学、园林植物学（含树木、花卉学）、园林工程、测量学、建筑学（含建筑设计、建筑材料学）、土壤肥料学等课程有直接关系，与历史、文学、艺术有一定联系，学习园林规则设计的同时也必须对上述学科知识进行学习或了解，要多接触园林绿化实践，增加感性认识，要广泛收集园林规则设计的有关资料，要熟练掌握绘图技巧。因此，本课程具有知识面广、实践性强的特点，是一门集工程、艺术、技术于一体的课程。它要求学生既要有科学设计的精神，又要有艺术创新的想象力，还要有精湛的技艺。

园林规划设计的任务就是要运用地貌、植物、硬质材料、建筑等园林物质要素，以一定的自然、经济、工程技术和艺术规律为指导，充分发挥综合功能，因地制宜地规划和设计各类园林绿地。

1.9 园林规划设计课程学习的内容、目标与方法

“园林规划设计”是园林专业的主干课程，主要讲述园林规划设计基础知识与城市各类绿地规划设计的理论与方法。通过本课程的学习，使学生掌握园林规划设计的基础理论知识，并能灵活应用于

园林绿地规划设计实践之中。了解园林规划设计的有关规定、规范、法规。掌握园林规划设计的内容与程序，掌握园林规划设计的步骤与方法，能独立完成独立式庭院花园设计、中、小型休闲绿地空间设计、城市道路绿地规划、小型城市广场、居住区绿地、专类公园规划设计、屋顶花园设计等实践项目的规划设计任务，为将来从事园林行业工作奠定良好基础。

要学好本课程，第一，要养成“多观察、多思考、多动手”的良好的学习习惯。“纸上得来终觉浅，绝知此事要躬行”，只有多动手、勤学苦练，才能不断掌握设计基本技能；第二，要努力提高自主学习能力。设计能力的培养与提高不是一蹴而就的，只有不断学习、不断积累，循序渐进，才能不断拓宽设计思路，提高设计能力；第三，注重培养个人综合素质与团队合作精神，社会责任感的培养也非常重要；第四，要熟悉国内外园林景观设计有关方针政策和法令法规，为成为21世纪一名合格的职业园林设计师或景观设计师做好充分准备。

本章小结

本章在着重讲述了园林定义与范畴、园林规划设计的两层含义、园林绿地规划设计的三点要求的基础上，明确了园林规划设计的作用、对象、基本依据和原则，同时对现代风景园林规划设计发展趋势进行了展望。

练习与思考题

1. 什么是园林？什么是园林规划设计？
2. 园林绿地规划设计要符合哪几方面的要求？
3. 园林规划设计的基本依据与原则是什么？

第2章

园林规划设计概述

学习目标

•了解中外园林发展历程、特点和当代园林发展趋势；了解城市园林绿地的三大功能和园林美的主要内容。

•掌握园林、园林规划设计的基本含义；掌握园林绿地的分类及评价指标；掌握园林布局与造景、组景的基本方法。

•能够熟练运用所学园林规划设计基本原理进行园林设计与创造。

2.1 中外园林概述

世界园林有东方、西亚和欧洲三大体系。由于文化传统的差异，东西方园林发展的进程也不相同。东方园林以中国园林为代表，中国园林已有数千年的发展历史，有优秀的造园艺术传统及造园文化传统，被誉为世界园林之母。中国园林从崇尚自然的思想出发，发展出山水园林。西方古典园林以意大利台地园和法国园林为代表，把园林看作是建筑的附属和延伸，强调轴线、对称，发展出具有几何图案美的园林。到了近代，东西方文化交流增多，园林风格已经互相融合渗透。

2.1.1 中国园林概述

2.1.1.1 中国古典园林发展历程

中国古典园林历史悠久，大约从公元前11世纪的奴隶社会末期起到19世纪末封建社会解体为止。在3000余年漫长的、不间断的发展过程中形成了世界上独树一帜的自然山水式园林体系——中国园林体系。中国古典园林的全部发展历史分为生成期—转折期—全盛期—成熟期和成熟后期四个时期。

1. 生成期

生成期即中国古典园林从萌芽、产生而逐渐成长的时期。这个时期的园林发展虽然处在比较幼稚的阶段，但却经历了奴隶社会末期和封建社会初期的1200多年的漫长岁月，也就是商、周、秦、汉四个朝代。

在原始社会，由于社会条件的限制和人们意识形态低下，人们以洞穴为庇护，过的是“焚林而猎”“涸泽而渔”“不耕不稼”的渔猎生活，在这一时期园林的产生是不可能的。奴隶社会，社会经济日益发展，有了剩余物质，产生了阶级与国家。由于奴隶主财富的不断增加，这就刺激了他们对奢侈享乐生活的追求，当时又有较高的土木工程技术和可供驱使的劳动力，奴隶主阶层为满足享受的需要而开始营造以游憩为目的的园林。

中国园林的兴建是从商殷时期开始的，当时商朝国势强大，经济发展也较快。文化上，甲骨文是商代巨大的成就，文字以象形字为主。在甲骨文中就有了“园”“囿”“圃”等字，而从“园”“囿”“圃”的活动内容，可以看出“囿”最具有园林的性质。在商朝奴隶社会里，奴隶主盛行狩猎取乐，如商朝的“帝王”为了游猎和牧畜，专门种植果菜和圈养动物，并有专人经营管理如《周礼地官》中的：“囿人，……掌囿游之兽禁，牧百兽。”因此，“囿”是中国古代供帝王贵族进行狩猎、游乐的一种园林形式。通常在选定地域后划出范围，或筑界垣。囿中草木鸟兽自然滋生繁育。狩猎既是游乐活动，也是一种军事训练方式；囿中有自然景象、天然植被和鸟兽的活动，可以赏心悦目，得到美的享受。文字记载的最早的囿是周文王的灵囿（约公元前 11 世纪）。《诗经·大雅》灵台篇记有灵囿的经营，以及对囿的描述。如“王在灵囿，麀鹿攸伏。麀鹿濯濯，白鸟翯翯。王在灵沼，於牣鱼跃。”灵囿除了筑台掘沼为人工设施外，全为自然景物。

秦始皇统一中国后，建立了中央集权的秦王朝封建帝国，开始以空前的规模兴建离宫别苑。这些宫室营建活动中也有园林建设，其中最为有名的应推上林苑中的阿房宫，如《阿房宫赋》中描述的阿房宫“覆压三百余里，隔离天日……长桥卧波，未云何龙？复道行空，不霁何虹？”

汉代，在囿的基础上发展出新的园林形式“苑”，其中分布着宫室建筑。苑中养百兽，供帝王狩猎取乐，保存了囿的传统。苑中有观、有宫，成为建筑组群为主体的建筑宫苑。汉武帝时，国力强盛，政治、经济、军事都很强大，此时大造宫苑，把秦的旧苑上林苑加以扩建。汉上林苑地跨五县，周围三百里，“中有苑三十六，宫十二，观三十五”。建章宫是其中最大、最重要的宫城，“其北治大池，渐台高二十余丈，名日太液池，中有蓬莱、方丈、赢洲，壶梁像海中神山、龟鱼之属”。这种“一池三山”的形式，成为后世宫苑中池山之筑的范例。

而西汉时已有贵族、富豪的私园，规模比宫苑小，内容仍不脱囿和苑的传统，以建筑组群结合自然山水，如梁孝王刘武的梁园。茂陵富人袁广汉于北邙山下筑园，构石为山，反映当时已用人工构筑石山。园中有大量建筑组群，园中景色大体还是比较粗放的，这种园林形式一直延续到东汉末期。

2. 转折期

魏晋、南北朝时期的园林属于园林史上的转折期。

此时期，由于连年的战乱，社会动荡不安。同时佛教传入中原，统治者利用佛教的宿命忍戒思想麻醉人民的反抗，促使佛教兴盛，影响文人的三种主要思想——儒、道、佛也开始趋于合流形成玄学。玄学重清淡。玄学家们逃避现实，好谈老庄或注解《老子》《庄子》《周易》等书以抒己志。士大夫知识分子中出现相当数量的名士，这些名士多是玄学家。许多名士们以厌世疾俗，玩世不恭的态度来反抗礼教的约束，寻求个性的解放，一方面表现为饮酒、服药、狂狷的具体行动，另一方面表现为寄情山水、崇尚隐逸的思想作风，把自己的审美对象转向了自然，清静幽远的自然美与文人士大夫的闲适平淡的田园之情相融合，从而使自然美成为艺术表现的重要内容。反映在园林创作中，则追求再现山水，有若自然。

此时期的皇家园林在沿袭传统的基础上，又有了新的发展。园林造景从单纯的写实转变为写实与写意的结合，筑山理水的技艺达到一定的水准，变宫室建筑为以山水作主题的园林营造，并开始受到民间私家园林的影响，透露出清纯之美等。三国时，曹操在邺城修筑御苑"铜雀园"，又名"铜爵园"。在园的西北隅垒筑三个高台：铜雀、金虎、冰井，宛若三峰秀峙。235 年，魏明帝曹睿在东汉宫苑的旧址上扩建芳林园，传至曹芳时，改名华林园。《洛阳伽蓝记·城内》有详细记载："（翟）泉西有华林园，……华林园中有大海，即魏天渊池，池中犹有文帝九华台。高祖于台上造清凉殿，世宗在海内作蓬莱山。山上有仙人馆，上有钓鱼殿……"东晋至南朝末，以建康（今南京）为都城，宫苑以华林园最为著名，此园与洛阳的华林园同名，以建筑为主，正殿名"华光"、亦有景阳山、台。东晋始建，南朝修建、扩建南朝诸代在建康（今南京）建有许多园林，其中尤以玄武湖为最。其湖面宽阔，波涛汹涌，又在湖上立三神山，湖周环山临城，湖光山色，好一派天然风光。

同时，南北朝时佛教兴盛，广建佛寺，佛寺丛林和游览胜地开始出现。佛寺建筑可用宫殿形式，宏伟壮丽并附有庭园。尤其是不少贵族官僚舍宅为寺，原有宅院成为寺庙的园林部分。很多寺庙建于郊外、或选山水胜地进行营建。这些寺庙不仅是信徒朝拜进香的胜地，而且逐步成为风景游览的胜区。此外，一些风景优美的胜区，逐渐有了山居、别业、庄园和聚徒讲学的精舍。这样，自然风景中就渗入了人文景观，逐步发展成为今天具有中国特色的风景名胜区。

3. 全盛期

中国园林在隋、唐时期发展进入全盛期。这一时期国家统一，国力强盛，人们生活安定，地主小农经济得到恢复，社会经济繁荣，为造园活动提供了雄厚的物质基础。

隋、唐时期营造了遍及华夏大地的庞大皇家宫苑园林体系。隋炀帝杨广即位后，在东都洛阳大力营建宫殿苑囿。隋朝皇家园林最杰出的代表作是位于东都洛阳的西苑。据北宋司马光主编的《资治通鉴》记载，西苑"周二百里，其内为海，周十余里，为方丈、蓬莱、瀛洲诸山，高出水百余尺，台观殿阁，罗络山上，向背如神。北有龙鳞渠，萦纡注海内。缘渠作十六院，门皆临渠，每院以四品夫人主之"。西苑风格仍然承袭着海中三仙山的传统，但山、海及宫殿的景观及组合方式更为丰富。其中的海是由相互连通的池沼组成，三山分列其间，形成空间景观上的对比。西苑中水网发达，水体形态变幻纡曲，形成了海、渠、湖等多种类型的水面；水体从也单纯的观赏对象发展成为组织空间布局、营造整体效果的重要因素。唐长安城的主要宫苑有禁苑（三苑）、大明宫和兴庆宫。

其中，大明宫是一座相对独立的宫城，其南半部为宫殿区，北半部为苑林区，呈典型的宫苑分置的格局，苑林区以太液池为中心，池中立蓬莱山，山上遍植各种花木，池周环绕宫殿建筑。兴庆宫以龙池为中心，围有多组院落。大内三苑以西苑最为优美，苑中有假山、湖池，渠流连环大明宫。在唐长安城东南隅有芙蓉园，全园以水景为主体，一片自然风光，岸线曲折，可以荡舟。池中种植荷花、菖蒲等水生植物。亭楼殿阁隐现于花木之间。华清宫位于陕西临潼县，离西安东约 30km 的骊山之麓，以骊山脚下涌出的温泉得天独厚和以杨贵妃赐浴华清池的艳事而闻名于世。华清宫最大的特点是体现我国早期自然山水园的艺术特色，随地势高下曲折而筑，这里风光秀丽，绿荫丛中隐现着亭台轩榭楼阁，登上望京楼，可远眺近赏。

隋唐园林在魏晋南北朝园林的基础上，随着经济和文化的进一步发展而臻于全盛，皇家园林不仅规模宏大，且总体布局和局部设计更加完善，出现了像人明宫、华清宫这样具有划时代意义的作品。唐代把诗、画情趣赋予园林山水景物之中，因画成景，以诗人园，意境的塑造已处于朦胧状态，形成了文人写意山水园（图 2.1）。隋唐园林不仅发扬了秦汉的大气磅礴，又在精致的艺术经营上取得了辉煌的成就，这个全盛的局面继续发展到宋代。

图 2.1　唐朝的写意山水园

4. 成熟期和成熟后期

宋、元、明至清初是中国园林建造发展史的成熟期。继隋唐盛世之后，中国封建社会发展定型，农村的地主小农经济逐步成长，城市的商业经济空前繁荣，市民文化的兴起为传统的封建文化注入新鲜血液。封建文化的发展虽已失去汉、唐的宏放风度，但却转化为在日益缩小的精致境界中实现着从总体到细节的自我完善。相应地，园林的发展亦由盛年期升华为富于创造进取精神的完全成熟的境地。

北宋时建筑技术和绘画都有发展，问世了《营造法式》，兴起了界画。宋徽宗赵佶先后修建的诸宫，都有苑囿。政和七年（1117）始筑万岁山，后更名为艮岳。艮岳是一座大型的人工筑成的山水园，以假山的隽秀著称。它在造山理水自然园景方面，手法灵活多样，以假山之形，意象出真山真水之气质。“引江水、凿池沼、沼中有洲，洲上设亭，并把水流注山间”，其撰山理水的造园手法已经相当完美。就连园中的建筑造型及布局，也十分妥帖。这种全景式地表现山水、植物和建筑之胜的园林，称为山水宫苑。

元、明、清时期，宫苑园林建设取得长足发展，出现了许多著名园林，如三代都建都北京，完成了西苑三海（北海、中海、南海）、圆明园、清漪园（今颐和园）、静宜园（香山）、静明园（玉泉山），达到了炉火纯青、登峰造极的地步。

明、清时期私家园林建设在继承上代势头，普遍兴旺发达。私家园林主要集中在江南一带，江南园林主要分布在南京、湖州、苏州、杭州、扬州、无锡、绍兴等地，其中又以苏州、扬州园林最著名、最有代表性。苏州私家园林最多，荟萃了江南园林的精华，在我国园林发展史上占据重要地位，因而有“江南园林甲天下，苏州园林甲江南”之美称。至今保存完美的苏州私家园林很多，如拙政园、留园、网师园、狮子林、沧浪亭、怡园、环秀山庄。此外，扬州的个园、上海的豫园、无锡的寄畅园、南京的瞻园、绍兴的沈园等都是江南著名的园林。这些园林是在唐宋写意山水园的基础上发展起来的，强调主观意兴与心绪表达，重视掇山、叠石、理水等技巧，突出山水之美，注重园林的文学趣味，称为文人山水园。

总之，元、明、清是我国园林艺术的集成时期，元、明、清园林继承了传统园林的造园手法并形成了具有地方风格的园林特色。北方以北京为中心的皇家园林，多与离宫结合建于郊外，少数建在城内，或者在山水的基础上加以改造，或者人工开凿兴建，建筑宏伟浑厚，色彩丰富，豪华富丽。南方苏州、扬州、杭州、南京等地的私家园林，如苏州拙政园，多与住宅相连，在不大的面积内，追求空间艺术变化，风格素雅精巧，因势随形创造出了“咫尺山林，小中见大”的景观效果（图 2.2）。

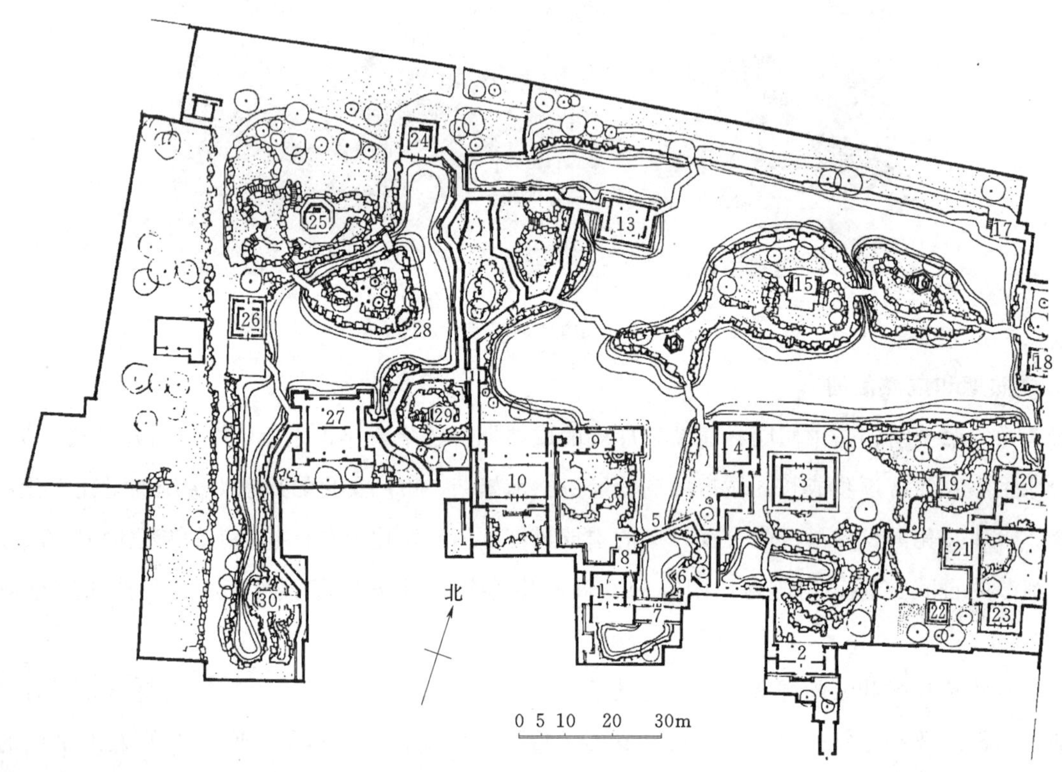

图 2.2　拙政园中部及西部的平面图

1—园门；2—腰门；3—远香堂；4—倚玉轩；5—小飞虹；6—松风亭；7—小沧浪；8—得真亭；9—香洲；10—玉兰堂；11—别有洞天；12—柳荫曲路；13—见山楼；14—荷风四面亭；15—雪香云蔚亭；16—北山亭；17—绿漪亭；18—梧竹幽居；19—绣绮亭；20—海棠春坞；21—玲珑馆；22—嘉宝亭；23—听雨轩；24—倒影楼；25—浮翠阁；26—留听阁；27—三十六鸳鸯馆；28—与谁同坐轩；29—宜两亭；30—塔影亭

2.1.1.2　中国古典园林的特点

中国古典园林的特点主要有以下 4 点。

(1) 造园艺术，师法自然。中国古代园林属于写意自然山水型，即以客观存在的模山范水为蓝本，经艺术加工提炼，按照特定的艺术构思，“移天缩地”在有限的范围内，将水光山色、四时景象等荟萃一处，此即“师法自然”。它在造园艺术上包含两层内容：一是总体布局、组合要合乎自然；

二是每个山水景象的要素的形象组合要合乎自然规律。

（2）分隔空间，融于自然。中国古典园林用种种办法来分隔空间，其中主要是用建筑来围蔽和分隔空间。分隔空间力求从视角上突破园林实体的有限空间的局限性，使之融于自然，表现自然。加之动静结合、虚实对比、承上启下、循序渐进、引人入胜、渐入佳境的空间组织手法和空间的曲折变化，以及园中园式的空间布局原则，常常将园林整体分隔成许多不同形状、不同尺度和不同个性的空间，并将形成空间的诸要素糅合在一起，参差交错、互相掩映，将自然、山水、人文景观等分割成若干片段，分别表现，使人看到空间局部交错，以形成丰富得似乎没有尽头的景观，使园林景观与外面的自然景观等相联系、相呼应，营造整体性的园林景观，追求无限外延的空间视觉效果。

（3）园林建筑，顺应自然。中国古代园林中，有山有水，有堂、廊、亭、榭、楼台、阁、馆、斋、舫、墙等建筑，其作用是满足人们生活享受和观赏风景的愿望。在中国自然式园林中，建筑一方面要可行、可居、可观、可游；另一方面还起着点景、隔景的作用。所有建筑，其形与神都与天空、地下自然环境相吻合，同时又使园内各部分自然相接，以使园林体现自然、淡泊、恬静、含蓄的艺术特色，并收到移步换景、渐入佳境、小中见大等观赏效果。

（4）树木花卉，表现自然。“山本静水流则动，石本顽树活则灵。”虽然山石水体是自然式园林的骨架，还须有植物、道路和建筑的装点陪衬，才会有“群山苍郁、群木荟蔚、空亭翼然、吐纳云气”的景象和“山重水复疑无路，柳暗花明又一村”的境界。中国古典园林树木花卉的处理与安排，讲究表现自然。松柏高耸入云，柳枝婀娜垂岸，桃花数里数里盛开，乃至于树枝弯曲自如，花朵迎面扑香，其形与神、意与境都十分重在表现自然。

总之，师法自然、融于自然、顺应自然、表现自然，这是中国古代园林体现“天人合一”民族文化所在，是独立于世界之林的最大特色，也是永具艺术生命力的根本原因。

2.1.2 国外园林概述

2.1.2.1 外国古代园林

外国古代园林就其历史的悠久程度、风格特点及对世界园林的影响，具有代表性的有东方的日本庭园、古埃及与西亚园林、欧洲古代园林。

1. 日本古代园林

日本气候湿润多雨，山清水秀，为造园提供了良好的客观条件，日本民族崇尚自然，喜好户外活动。中国的造园艺术传入日本后，经过长期实践和创新，形成了日本独特的园林艺术。

日本历史上早期虽有掘池筑岛，在岛上建造宫殿的记载，但主要是为了防御外敌和防范火灾。后来，在中国文化艺术的影响下，庭园中出现了游赏的内容。钦明天皇十三年（552年），佛教东传，中国园林对日本园林的影响扩大。日本宫苑中开始造须弥山、架设吴桥等，朝廷贵族纷纷建造宅园。20世纪60年代，平城京考古发掘表明，奈良时代的庭园已有曲折的水池，池中设岩岛，池边置叠石，池岸和池底敷石块，环池疏布屋宇。

平安时代前期庭园要求表现自然，贵族别墅常采用以池岛为主题的“水石庭”。到平安时代后期，贵族邸宅已由过去具有中国唐朝风格的左右对称形式发展成为符合日本习俗的“寝造殿”形式。这种

图 2.3　日本龙安寺石庭

住宅前面有水池，池中设岛，池周布置亭、阁和假山，是按中国蓬莱海岛（一池三山）的概念布置而成的。

在镰仓时代和室町时代，武士阶层掌握政权后，武士宅园仍以蓬莱海岛式庭园为主。由于禅宗很兴盛，在禅与画的影响下，“枯山水式”庭园发展起来。这种庭园规模一般较小，园内以石组为主要观赏对象，而用白砂象征水面和水池，或者配置以简单朴素的树木（图 2.3）。

在桃山时期多为武士家的书院庭园和随茶道发展而兴起的茶室和茶亭江户时期发展起来了草庵式茶亭和书院式茶亭，特点是在庭园中各茶室间用“回游道路”和“露路”联通，一般都设在大规模园林之中，如修学院离宫、桂离宫等。

明治维新以后，随着西方文化的输入，在欧美造园思想的影响下，日本庭园出现了新的转折。一方面，庭园从特权阶层私有专用转为开放公有，国家开放了一批私园，也新建了大批公园；另一方面，西方的园路、喷泉、花坛、草坪等也开始在庭园中出现，使日本园林除原有的传统手法外，又增加了新的造园技艺。

2. 古埃及与西亚园林

埃及与西亚邻近，埃及的尼罗河流域与西亚的幼发拉底河、底格里斯河流域同为人类文明的两个发源地，园林出现也最早。

埃及早在公元前 4000 年就跨入了奴隶制社会，到公元前 28—前 23 世纪，形成法老政体的中央集权制。法老（即埃及国王）死后都兴建金字塔作为王陵，成为墓园。金字塔浩大、宏伟、壮观，反映出当时埃及科学与工程技术已很发达。金字塔四周布置规则对称的林木；中轴为笔直的祭道，控制两侧均衡；塔前留有广场，与正门对应，造成庄严、肃穆的气氛。奴隶主的私园把绿荫和湿润的小气候作为追求的主要目标，把树木和水池作为主要内容。

西亚地区的叙利亚和伊拉克也是人类文明的发祥地之一。早在公元前 3500 年时，已经出现了高度发达的古代文化。奴隶主在宅园附近建造各式花园，作为游憩观赏的乐园奴隶主的私宅和花园，一般都建在幼法拉底河沿岸的谷地草原上，引水注园。花园内筑有水池或水渠，道路纵横方直，花草树木充满其间，布置非常整齐美观。基督教《圣经》中记载的伊甸园被称为“天国乐园”，就在叙利亚首都大马士革城附近。在公元前 2000 年的巴比伦、亚叙或大马士革等西亚广大地区有许多美丽的花园。尤其距今 3000 年前新巴比伦王国宏大的都城有五组宫殿，不仅异常华丽壮观，而且在宫殿上建造了被誉为世界七大奇观之一的“空中花园”（图 2.4）。

图 2.4　巴比伦空中花园（假想图）

西亚的亚述有猎苑，后来演变成游乐的林园。巴比伦、波斯气候干旱，重视水的利用。波斯庭园的布局多以位于十字型道路交叉点上的水池为中心，这一手法为阿拉伯人继承下来，成为伊斯兰园林的传统，流布于北非、西班牙、印度，传入意大利后，演变为各种水法，成为欧洲园林的重要内容。

3. 欧洲古代园林

（1）古希腊园林。古希腊是欧洲文化的发源地。古希腊的建筑、园林开欧洲建筑、园林之先河，直接影响着古罗马、意大利、法国、英国等国的建筑和园林风格。后来英国将中国山水园的意境引入造园之中，对欧洲造园也有很大的影响。

公元前3世纪，古希腊哲学家伊壁鸠鲁（Epicurus）在雅典建造了历史上最早的文人园，利用此园对门徒进行讲学。公元5世纪，古希腊人渡海东游，从波斯学到了西亚的造园艺术，最终发展成了柱廊园。古希腊的柱廊园，改进了波斯在造园布局上结合自然的形式，而变成喷水池占据中心位置，使自然符合人的意志，成为有秩序的整形园。把西亚和欧洲两个系统的早期庭园形式与造园艺术联系起来，起到了过渡桥的作用。

（2）古罗马园林。古罗马继承希腊庭园艺术和亚述林园的布局特点，发展成了山庄园林。欧洲中世纪时期，封建领主的城堡和教会的修道院中建有庭园。修道院中的园地同建筑功能相结合，如在教士住宅的柱廊环绕的方庭中种植花卉，在医院前辟设药铺，在食堂厨房前辟设菜圃，此外，还有果园、鱼池、游憩的园地等。在今天，欧洲一些国家还保留有这种传统。

（3）文艺复兴时期的意大利园林。在文艺复兴时期，意大利的佛罗伦萨、罗马、威尼斯等地建造了许多别墅园林。以别墅为主体，利用意大利的丘陵地形，开辟成整齐的台地，逐层配置灌木，并把它修剪成图案式的植坛，顺山势利用各种水法（流泉、瀑布、喷泉等），外围是树木茂密的林园。这种园林统称为意大利台地园（图2.5）。台地园在地形整理、植物修剪艺术和水法技法方面都有很高的成就。

图2.5　意大利台地园

（4）17—18世纪的法国园林。法国继承和发展了意大利的造园艺术。1638年法国雅克·布阿依索（Jacques Boyceau）写成西方最早的园林专著《论造园艺术》（Traite du Jardinage）。他认为：“如果不加以条理化和安排整齐，那么人们所能找到的最完美的东西都是有缺陷的。”17世纪下半叶，法国造园家安德烈·勒诺特尔（André Le Nôtre）提出要“强迫自然接受匀称的法则”。他主持设计的凡尔赛宫苑（图 2.6），根据法国这一地区地势平坦的特点，开辟大片草坪、花坛、河渠，创造了宏伟华丽的园林风格，被称为勒诺特尔风格，各国竞相效仿。

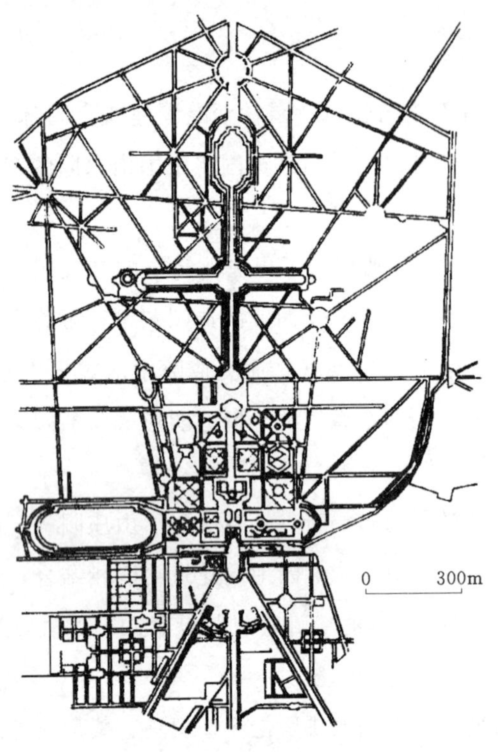

图 2.6　法国凡尔赛宫平面图

图 2.7　英国斯托海德风景园景观

（5）18 世纪的英国风景园林。18 世纪欧洲文学艺术领域中兴起了浪漫主义运动。在这种思潮的影响下，英国开始欣赏纯自然之美，重新恢复传统的草地、树丛，于是产生了自然风景园（图 2.7）。初期的自然风景园对自然美的特点还缺乏完整的认识。18 世纪中叶，中国园林造园艺术传入英国。18 世纪末，英国造园家亨弗利·雷普顿（Humphry Repton）认为自然风景园不应任其自然，应该靠人为加工来充分显示自然的美同时隐藏它的缺陷。他并不排斥规则式的布局形式，在建筑与庭园相接地带也使用行列栽植的树木，并利用当时从美洲、东亚等地引进的花卉丰富园林色彩，把英国自然风景园推进了一步。

自 17 世纪开始，英国把贵族的私园开放为公园。18 世纪以后，欧洲其他国家也纷纷效法。

2.1.2.2　外国近、现代园林

17 世纪中叶，英国爆发了资产阶级革命，武装推翻了封建王朝，建立起土地贵族与大资产阶级联盟的君主立宪制政权，宣告资本主义社会制度的诞生。不久，法国也爆发了资产阶级革命，继而，革命的浪潮席卷全欧洲。在资产阶级“自由、平等、博爱”的口号下，新兴的资产阶级没收了封建领主及皇室的财产，把大大小小的宫苑和私园都向公众开放，并统称为公园（Public Park）。这就为 19 世纪欧洲各大城市产生一批数量可观的公园打下了基础。

此后，随着资本主义近代工业的发展，城市逐步扩大，人口大量增加，污染日益严重。在这样的历史条件下，资产阶级对城市也进行了某些改善，新辟了一些公共绿地并建设公园就是其中的措施之一。

然而，从真正意义上进行设计和营造的公园则始于美国纽约的中央公园（图 2.8）。1858 年，美国政府通过了由奥姆斯特德和他的助手沃克斯合作设计的公园设计方案，并根据法律在市中心划定了一块约 340hm² 的土地作为公园用地。在市中心保留这样大的一块公园用地是基于这样一种考虑，即将来的城市不断发展扩大后，公园会被许多高大的城市建筑所包围。为了使市民能够享受到大自然和乡村景色的气息，在这块较大面积的公园用地上，可创作出乡村景色的片断，并可把预想中的建筑实体隐蔽在园界之外。因此，在这种规划思想的指导下，整个公园的规划布局以自然式为主，只有中央林荫道是规则式的。纽约中央公园的建设成就受到了社会的瞩目和赞赏，从而影响了世界各国，推动了城市公园的发展。但是，由于各国地理环境、社会制度、经济发展、文化传统以及科技水平的不同，在公园规划设计的做法与要求上表现出较大的差异性，呈现出不同的发展趋势。

图 2.8 美国纽约中央公园园林景观

2.1.3 世界当代园林发展趋势

2.1.3.1 尊重自然，关注人与自然环境的和谐共生

生态学是研究人类、生物与环境之间复杂关系的科学。人起源于自然，是自然的一部分，必须经常置身于自然的怀抱中，才能获得生命活力。根据人的生理心理方面的研究表明，人需要新鲜的空气，安静的环境，适宜的气候，合理的光照，周围种植花草、树木，能给人以舒适感的空间。从人类生活的发展中我们可以看到人与自然的关系是由依赖自然—利用自然—破坏自然—保护自然到人工仿照自然，这样一个认识和实践的过程，因此，当代园林发展理当以生物与环境的良性关系为为基础，以人与自然环境的良性关系为目标。

2.1.3.2 尊重文化，强调地域特色

人类的文明积淀和创造性精神均可在其空间、形状、色彩等方面得以体现。突出场地自然景观特征和地域文化内涵，既是风景园林行业复杂性和独特性的体现，也是创建和谐社会的基本要求。因此，园林景观的设计与营造应该结合当地的地域特点、风土人情以及风格特征，在对场地的深入研究和分析的基础上提炼地域景观特色，形成独具魅力的园林景观。

2.1.3.3 功能与形式的有机结合，提高绿化效率

21 世纪，城市园林绿地数量不断增加，面积不断扩大，类型日趋多元化。但与之相随的是人口的不断增加，城市土地资源相对减少，为了合理利用各种空间，提高绿地的生态效率，园林的功能已经从过去的偏向观赏型转向重视人性与实用性，更加注重形式美与实用功能的完美结合。

2.1.3.4 绿地系统结构网络化

城市绿地由集中到分散、由分散到集中再至融合，将呈现出以水、路、林为主的绿廊建设，使城

市绿地系统形成网络式的连接、城乡融合的发展趋势。更加注重以植物综合应用、景观环境绿化、水土整治为核心的物质生态环境规划的统一与协调。

2.1.3.5 新技术、新材料的应用

新技术、新材料在园林绿地系统的应用必将在21世纪得到加强和普及。利用现代信息技术可实现园林绿地的监测、研究、模拟、评价、规划等。例如，近年来随着航天遥感技术（RS）的进步，卫星照片在精确性、经济性、及时性上有一定优势，国内、国际上已有将其与地理信息系统（GIS）相结合分析城市绿地的实例，RS的方法与效果也在进一步探索之中。同时造园材料和施工技术也更加专业化。

2.1.3.6 方法更加科学

设计方法更加科学化，关注与城市规划的整体协调，重视设计前的调研工作，重视设计中的公众参与，注重研究人的心理行为与环境的关系，关注使用者的心理及生理需求，从过去偏重艺术领域向更加科学的范畴拓展。

2.2 园林绿地系统概述

2.2.1 绿地的含义及范畴

绿地，《辞海》释义为："配合环境创造自然条件，适宜种植乔木、灌木和草本植物而形成一定范围的绿化地面或区域。"或指"凡是生长植物的土地，不论是自然植被或是人工栽植的，包括农、林、牧生产用地及园林用地，均可称为绿地。"

2.2.1.1 城市绿地

城市绿地是指以植被为主要存在形态，用于改善城市生态、保护环境，为居民提供游憩场地和美化城市的一种城市用地。广义的城市绿地，指城市规划区范围内的各种绿地。

2.2.1.2 风景林地

风景林地是指具有一定景观价值，对城市整体风貌和环境起改善作用，但尚没有完善的游览、休息、娱乐等设施的林地。

2.2.1.3 其他绿地

其他绿地是指位于城市建设用地以外生态、景观、旅游、娱乐条件较好或亟须改善的区域，这类绿地不参与城市建设用地平衡，它的统计范围应与城市总体规划用地范围一致。

2.2.2 园林绿地的功能

2.2.2.1 生态效益

园林绿地的生态效益主要包括以下10点。

（1）调节温度。园林绿地对温度的影响主要表现在物体表面温度、气温和太阳辐射温度。园林绿地对物体表面温度及气温的调节特征表现为：夏季的绿地物体表面温度比裸露的土地、铺装路面、建

筑物等低，气温效应亦然。在冬季其表现则相反。

（2）调节湿度。绿色植物，尤其是乔木林，具有较强的蒸腾能力，使绿地区域空气的相对湿度和绝对湿度都比未绿化区域要高。

（3）调节气流。城镇带状绿地，包括城镇道路与滨河绿地，是城镇绿色的通气走廊。特别是当带状绿地的走向与夏季风一致时，可将城郊的气流趁风势引入城区，为炎热的城镇创造良好的通风条件。在冬季，与寒风的垂直方向种植的防风林带，可减弱寒风气流，改善城镇气候。

（4）吸收二氮化碳，放出氧气。人类的生存时刻都离不开氧气。在日常生活中，如呼吸、物质燃烧等，不但要消耗大量的氧气，同时还排出大量的二氧化碳气体，而二氧化碳气体在空气中含量达到一定程度时，就会影响到人的身体健康，甚至危及生命。

（5）吸收有害气体。由于工业污染和交通污染，城市中有害气体的种类很多，危害较大的有二氧化硫、臭氧、氮氧化物、一氧化碳等。这些有毒气体对植物的生长发育是不利的，但在一定浓度条件下，许多植物种类对大气中的有害气体具有吸收能力，从而达到净化空气的效果。

（6）吸滞尘埃。城市中含有大量粉尘，其中80%左右来自城市内部。粉尘分为两类：直径大于10μm的称为降尘，可以较快地落到地面；直径小于10μm的称为飘尘，可长时间在空中飘浮。粉尘不仅污染环境，而且对人体健康造成危害，特别是粒径较小的可吸入颗粒物，能避开鼻腔的保护组织，直接进入肺部，从而诱发气管炎、尘肺、矽肺等多种疾病。园林植物对粉尘具有显著的阻滞、吸附作用。我国对一般工业区的初步测定，空气中飘尘浓度绿化地区对照无绿化地区少10%～50%。

（7）杀菌作用。空气尘粒中含有大量的细菌，而绿地植物能有效地吸附尘埃，进而减少细菌在空气中的传播。还有一些植物本身可分泌某种杀菌素，因而，增加园林绿地可减少空气中的细菌含量。据法国的一个测定数据表明：百货商店内，每立方米空气含菌量达400万个，林荫道为58万个，公园内为1000个，而林区只有55个，可以看出绿化对杀伤和滞留空气中的细菌有着重要的作用。具有较强杀菌能力的树种有悬铃木、紫薇、圆柏等，所以在疗养院的选址及树种设计上，应充分考虑绿化效能，以求更大程度地发挥其杀菌功能。

（8）降低噪音。由于现代城镇交通运输繁忙，工程建设不断增加，使得城镇噪声不断扩大，已成为现代化大城市的一大公害，严重影响城镇居民的生活和工作环境，噪声影响人的情绪、听力，使人容易疲劳，严重时可引起心血管、中枢神经系统等方面的疾病。城镇绿化对降低噪声有一定的作用，因为当声波投射到树木叶片上后，有的被吸收，有的被反射到各个方向，造成树叶微振，使声的能量消耗而减弱。据统计，40m宽的林带可减低噪声10～15dB，30m宽林带可减低6～8dB。一般说来，城镇街道上散植的树木无显著的降低噪声作用；分枝低、枝叶茂盛的乔木降低噪声的效能较好，而叶茂疏松的树群其减噪效能尤为显著。

（9）净化水体。研究证明，园林树木可以吸收水中的溶解质，减少水中含菌数量。30～40m宽林带树根可将1L水中的含菌量减少50%。水葱可吸收污水池中的有机化合物，水葫芦（凤眼莲）能从污水中吸取汞、银、金、铅、铬等重金属物质，并能降解酚、苯等有机化合物。

（10）净化土壤。园林植物的根系能吸收土中的有害物质，起到净化土壤的作用。植物根系能分泌使土壤中大肠杆菌死亡的物质，并促进好气细菌增多几百倍甚至几千倍，使土壤中的有机物迅速无机化，提高了土壤肥力。

2.2.2.2 社会效益

城市园林绿地的使用与其社会制度、历史传统、民族习惯、科学文化、经济生活以及地理环境等因素密切相关。城市园林绿地不仅可以改善整个城市的生态环境，还可以美化城市、陶冶市民情操、提高市民文化素质、促进社会主义精神文明建设，具有明显的社会效益。

（1）创造城市景观。绿地植物既是现代城市园林建设的主体，又具有美化环境的作用。植物给予人们的美感效应，是通过植物固有色彩、姿态、风韵等个性特色和群体景观效应所体现出来的。

（2）提供日常游憩活动场所。人们在进行一段紧张的工作之后，需要消除疲劳、恢复体力、振奋精神，以便更好地工作学习，而城镇园林绿地为之提供了一个良好场所。

（3）文化宣传、科普教育。城市园林绿地是进行文化宣传、科普教育的良好场所。在综合性公园、名胜古迹风景点可设置展览馆、陈列室、宣传廊、园林题咏等，进行多种形式的活动。

（4）为旅游服务。我国历史悠久，风景资源丰富，文物古迹众多，园林艺术享誉天下，这些均是发展旅游业的优越条件。城镇园林绿地、自然风景区是国内外游人向往、云集之地，如苏州园林、东岳日出、南岳松涛、黄山云雾、庐山瀑布等。

（5）美化城镇。城市园林绿地对于美化城市的作用是尽人皆知的，它与城市建筑有机联系，使得整个城镇绿荫覆盖、生机盎然、美丽生动。比如，城市的车站、码头、机场等可谓城市之门，使人在这些城市入口处便可看到整个城市的风格面貌，并可丰富城市建筑群体的轮廓线，达到美化效果。同时，城市中的道路、广场可称为城市的风景走廊，通过它可饱赏城市的风姿。所以充分利用不同植物的色彩、姿态等对城市进行道路广场绿化，形成各具特色的景观，起到美化市容的作用。

（6）安全防护。城市园林绿化具有防灾避难、保护城市人民生命财产安全的作用。树木中含有大量的水分，使空气湿度增大，特别是某些树木具有防火功能，这些树木所含水分多，不易燃烧，含树脂少，着火时不产生火焰，能有效阻挡火势蔓延。城市绿地也能有效防止地震灾害、水土流失和减轻台风破坏。公园绿地为居民提供了避震的临时生活环境，是城市居民地震避难的良好场所。

2.2.2.3 经济效益

城市园林绿地在保护环境、满足社会效益的前提下，可结合生产，直接增加其经济效益，以生态效益、社会效益和经济效益相统一为原则的园林建设策略已成为园林工作者的共识。

园林绿地结合生产大致有两个途径。一是种植果树，如柿子、枇杷等植物，不仅观赏价值高，而且还有一定的经济价值；还可以利用园林绿地中的水面饲养鱼、鹅等动物，同样具有双重效益。二是搞好园林服务行业，如餐饮、售货、摄影、舞厅等，既能丰富游园活动内容，又有经济效益。

城市园林绿地的经济效益还表现在园林门票、服务业等直接经济收入。园林与旅游业的有机结合，使各种类型的园林在全国各地应运而生，主题文化园、游乐园、缩景园、科普园、体育公园、民族风情园、海滨休闲园等相继出现在各大中城市。随着旅游业的迅猛发展，园林投资收益较快，经济效益也越来越好。

2.2.3 园林绿地的类型及特征

1. 公园绿地（公共绿地）

公园绿地（公共绿地）指供全城市居民休息、游览的绿地。它包括市（区）级综合公园、社区公园、街头公园、动物园、植物园、儿童公园、体育公园、纪念性园林、名胜古迹园林、游憩林荫带、城市广场等。

（1）市（区）级综合公园。系市（区）范围内供居民进行游览休息、文化娱乐活动的具有综合性功能的大中型绿地。大城市可设置几个为全市居民服务的市级公园，且每区设一至数个区级公园；中小城市可能只有市一级的综合性公园。市级公园面积一般在 $10hm^2$ 以上，乘车 30 分钟可至。区级公园在 $10hm^2$ 左右，步行 15 分钟可至（服务半径 1.5km 左右），可供居民半天到一天的活动，如南京的玄武湖公园和白鹭洲公园等分别为市级和区级公园。

（2）社区公园。即居住区级公园，是为整个居住区居民服务的，公园面积比较小，其布局与城市小公园相似，设施比较齐全，有一定的地形地貌、小型水体，有功能分区、景色分区，除了花草树木外，有一定比例的建筑、活动场地、园林小品、休息设施。

（3）动物园。是集中饲养和展览种类较多的野生动物及品种优良的家禽家畜的城镇公园的一种。主要供游览休息、文化教育、科普科研及保护珍稀濒危的动物种源之用。在大城市一般独立设置，而在中小城市多附设在综合性公园之中。

（4）植物园。是广泛收集和栽培植物种类，并按生物学要求种植、布置的一种特殊的绿地。它既是科普科研场所，又供人们游览之用，不同于苗圃和农林园艺场。植物园的主要任务是广泛收集植物种类，进行引种驯化、培养新品种和进行综合利用及保存珍稀濒危植物种源等方面的工作，为生物科学研究及教学服务；同时也向人们开放，供游览、科普之用。

（5）儿童公园。这里所指的是独立的儿童公园，其服务对象主要是少年儿童。园中的一切娱乐设施、运动器械等，首先要考虑到少年儿童的安全和心理，力求达到尺度合适，色彩明亮，造型活泼，装饰丰富，植物无刺无毒。同时还应根据儿童的生理特点分设学龄前儿童活动区、学龄儿童活动区和幼儿活动区等。公园位置应接近居民区，并避免穿越交通频繁的干道。

（6）体育公园。主要是进行各类体育活动比赛和练习的园林绿地，它有符合一定技术标准的体育运动设施，又有较充分的绿化布置，供全民健身和游憩活动。体育公园用地面积较大，其投资、建设、经营管理由各级体育部门负责或与园林部门共同管理养护。

（7）纪念性园林。以革命活动故址、烈士陵园、历史名人活动旧址及基地等内容为中心的园林绿地，供人们瞻仰、凭吊及游览，如南京中山陵及雨花台、广州烈士陵园、成都杜甫草堂等。

（8）名胜古迹园林。名胜古迹园林是指有悠久历史文化的、有较高艺术水平、有一定价值的古典名胜园林绿地，常是各级文物保护单位。此类园林我国较多，如北京的颐和园、北海、天坛；苏州的拙政园、沧浪亭、留园、网师园；杭州的西泠印社、岳坟等。

（9）带状公园。带状公园指城镇中有相当宽度的带状公共绿地，供城镇居民游憩之用，其中可有小型的游憩设施，如休息亭廊、座椅、水池、喷泉、雕塑等；还可有简单的服务设施，如小餐厅、茶室、摄影部等。许多游憩林荫带是设在城镇水域边的，如杭州湖滨绿地、上海外滩绿带等。

（10）城市广场。城市广场是城市中公共活动的场所，也是城市建筑艺术及园林艺术的集中表现。城市广场按性质、功能可划分为集会广场、纪念性广场、聚散广场和交通广场。

2. 生产绿地

生产绿地包括苗圃、花圃、卫生防护林等，其中苗圃、花圃是城镇绿化的生产基地，包括各单位自用的苗圃和属于城镇园林部门的大片苗圃、花圃。有的花圃布置成园林式的，可供人们游憩之用。

3. 防护绿地

防护绿地的主要功能是改善城镇的自然条件和卫生条件。有些夏季炎热的城镇还设置有通风绿带，使其与夏季盛行的风向平行，形成通风绿廊。对于常有强风的城镇，应考虑建立与风向垂直的总宽度为100～200m的防风林带，或设置若干宽度为15m左右的林带。

4. 附属绿地

附属绿地指属某一部门、单位使用的绿地。共有以下4种。

（1）居住区绿地。居住区绿地是居住用地的一部分。居住用地中，除去建筑用地、内部道路用地及生活杂务等用地外，就是可供绿化的用地。它包括居住区小游园、居住区内单位附属绿地、组团绿地、宅旁绿地、居住区道路绿地等，其功能是改善居住区的环境卫生和小气候，美化环境，为居民日常游憩活动创造良好的条件，是居民使用频率很高的绿地。

（2）交通绿地。交通绿地包括街道绿化用地和公路、铁路防护绿地。街道绿地指居住区级道路以上的街道绿地，包括行道树与分隔带、交通岛、立体交叉口及桥头绿地等。行道树与分隔带绿地指城镇道路之间栽植一至数行乔灌木的绿地，包括车行道与人行道之间，人行道与道路红线之间，城镇街道旁的停车场、加油站、公共车辆站台等绿化地段。

（3）工矿企业、仓库绿地。它可以减轻有害物质对工人和附近居民的危害，能调节内部气温和湿度，降噪、防风等，所以这类绿地有利于安全生产，改善劳动条件。

（4）公共建筑庭园。指居住区级以上的公共建筑附属绿地，如机关、学校、医院、商业服务、影剧院、体育馆等的绿地。

5. 其他绿地

如湿地、森林公园、风景名胜区等。风景名胜区一般是指具有特色的大面积自然风景，多位于郊外，经开发修整，可供游人进行一天以上游憩的大型绿地。如安徽黄山、山东泰山、江西庐山、南京钟山风景区、四川九寨沟、无锡太湖、杭州西湖等。

2.2.4 城市园林绿地指标

城市园林绿地面积大小和绿化指标的高低可以说明城市的绿化质量与效果，以此可以评价城市的环境质量和城市居民生活福利、保健水平等。

2.2.4.1 城市绿地指标的作用

城市绿地指标有如下4种作用。

（1）可以反映城市绿地的质量与绿化效果。一个城市绿地的质量怎么样，要看人均公园面积达到多少，绿地率达到多少，我国的园林城市评选的指标人均绿地大于6m²，有了绿地指标可以更好地评价城市的绿化效果。

（2）可以作为城市总体规划各阶度调整用地的依据。

（3）可以指导城市各类绿地规模的制定工作。比如推算城市公园及苗圃的合理规模等，以及估算城建投资计划。

（4）可以统一全国的计算口径，衡量相关城市绿化效果。比如说北京、上海我们怎么去比较他们，有了绿地指标以后，就可以进行衡量，比方说北京的绿地率达到多少，上海的绿地率达到多少，这样就有一个横向的比较。

2.2.4.2 城市园林绿地指标

1. 城市园林绿地指标的计算

（1）城市园林绿地总面积（hm^2）。

城市园林绿地总面积＝公园绿地＋生产绿地＋防护绿地＋附属绿地＋其他绿地。

（2）城市人均公共绿地面积（m^2/人）。

$$城市人均公共绿地面积=\frac{城市公共绿地总面积}{城镇人口}$$

在我国公园中，建筑、道路广场均按公园总面积的100%计算绿地面积。公园内的水面，如果不属于城市水系用地面积，也作为公共绿地面积。现阶段，我国人均公共绿地面积的指标要求是不低于6m²/人。

（3）城市绿地率（%）。

$$城市绿地率(\%)=\frac{城市园林绿地总面积}{城市总用地面积}\times 100\%$$

城市绿地率是衡量城市规划的重要指标。环境学家认为，当绿地指标达50%以上时才有舒适的休养环境。国家建设部有关文件规定：城市新建区绿化用地面积应不低于总用地面积的30%；旧城改建区绿化用地面积应不低于25%；一般城市的绿地率在40%～60%。

（4）城市绿化覆盖率（%）。

$$城市绿化覆盖(\%)率=\frac{市区各类绿地植物覆盖面积}{市区用地面积}\times 100\%$$

城市绿化覆盖率是衡量城市绿化水平的主要指标之一，是指市区各类绿地的植物覆盖面积占市区用地面积的比例，它随着时间的推移、树冠的大小而变化。环境专家认为，一个地区的植物覆盖率至少应在30%以上，才能起到改善气候的作用。需注意的是，乔木下的灌木投影面积和草坪面积不能重复计算在绿地面积中。可以看出，一个地区的绿地率要大于绿化覆盖率，因为城市绿地率中的绿地面积往往包括水面、道路、广场和园林绿地中的建筑面积。

2. 影响城市园林绿地指标的主要因素

（1）国民经济发展水平。随着国民经济的发展，人民的物质文化生活水平的改善与提高，对于环境绿地的要求会不断提高，这就促进我国城镇园林绿地在数量和质量上要向更高的水平发展。

（2）城市性质。不同性质的城市对园林绿地的要求不甚相同，如以风景游览，休、疗养为主的城市以及钢铁、化学工业城市及港湾、交通枢纽城市等，从其功能及环境的要求来讲，绿地面积需要大些。

（3）城市规模。从理论上讲，大中城市由于市区人口密集，建筑密度高，应在市区内有较多的绿地，指标应比小城镇高。目前我国大中城市在用地都较紧张的情况下，仍开辟了大面积的绿地。

（4）城市自然条件。南方城市气候温暖，土壤肥沃，水源充足，树种丰富，所以绿地面积应较大些，而北方城市气候寒冷，干旱多风，树种较少，所以绿地面积总体上要比南方城市要小些。

（5）园林绿地的现状及基础。绿地基础较好的城市，原有的园林绿地改建数量较多的城市，容易提高园林绿地的指标，如北京历朝历代都是帝王所在之处，离宫别苑较多（如颐和园、圆明园等），相对来说，比其他城市园林绿地多。

2.2.5 城市绿地系统规划与布局

2.2.5.1 城市绿地系统规划

（1）城市绿地系统规划的概念。城市绿地系统规划是对各种城市绿地进行定性、定位、定量的统筹安排，形成具有合理结构的绿地空间系统，以实现绿地所具有的生态保护、游憩休闲和社会文化等功能的活动。

城市绿地系统规划应置于城市总体规划之中，按照国家和地方有关城市园林绿化的法规，贯彻为生产服务、为生活服务的总方针。

（2）城市绿地系统规划基本原则。①无论总体与局部规划，都要从实际出发，紧密结合当地自然条件，并与城市总体规划密切结，统筹安排，作出内外协调、统筹兼顾、全面合理的绿地规划；②远近结合，便于实施根据城市的经济能力、施工条件、项目的轻重缓急，订出长远目标，作出近期安排，使规划能够逐步得到实施；③规划时应考虑四个结合，即点线面结合、大中小结合、集中与分散结合、重点与一般结合，构成有机的整体；④规划时应将园林绿地的环保、防灾、娱乐与审美、体育、教育等多种功能综合设计，安排成有机联系的整体。

2.2.5.2 城市绿地系统布局

城市绿地系统布局的概念。城市绿地系统布局是指各类城市绿地和道路绿化与水体绿化以及重要的生态景观区域等在规划时统一考虑，合理安排，形成一定的布局形式。

城市绿地系统布局应遵守城市绿地规划的基本原则。它在城市绿地系统规划中占有相当重要的地位。因为即使一个城市的绿地指标达到要求，但如果其布局不合理，那么它也很难满足城市生态的要求以及市民休闲娱乐的要求。反之，如果一个城市的绿地不仅总量适宜，而且布局合理，能与城市的总体规划紧密结合，真正形成一个完善的绿地系统，那么这个城市的绿地系统将在城市生态的建设和维护以及为市民创造一个良好的人居环境，促进城市的可持续发展等方面起到城市的其他系统无可替代的重要作用。

城市绿地系统布局基本形式。城市绿地系统的布局有 8 种基本模式，即点状、环状、放射状、放射环状、网状、楔状、带状、指状（图 2.9）。

结合我国城市绿地系统的特点，我国城市绿地系统布局的形式可以归纳为下列 4 种。

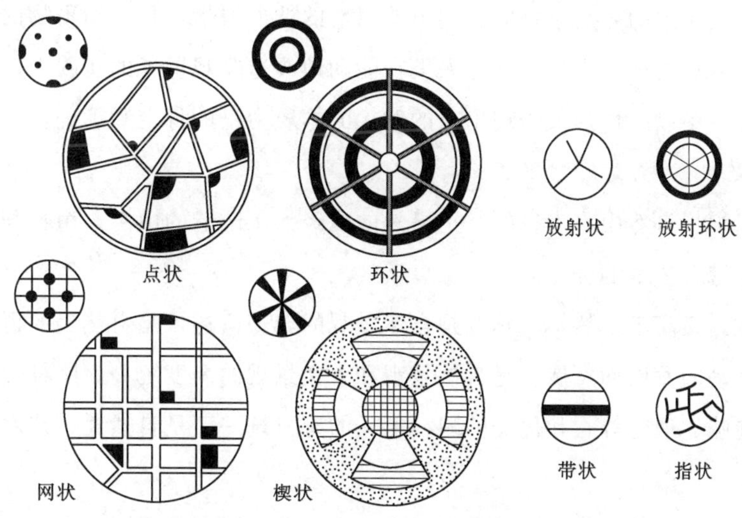

图 2.9 城市绿地系统布局基本模式

(1) 块状绿地布局。此类绿地布局方式，可以做到均匀分布，接近居民，但对构成城市整体艺术面貌作用不大，对改善城市小气候也不显著，多出现在旧城改建中，目前我国多数城市属此，如上海、天津、武汉、大连、青岛等。

(2) 带状绿地布局。利用河湖水系、城市道路、旧城墙等因素，形成纵横向绿带、放射状绿带与环状绿带交织的绿地网。带状绿地布局容易表现城市的艺术面貌，如南京、西安、苏州、哈尔滨等。

(3) 楔形绿地布局。凡城市中由郊区伸入市中心的由宽到狭的绿地，称为楔形绿地，如合肥市，一般都是利用起伏地形、放射干道等结合市郊农田、防护林布置。对于改善城市气候效果显著，也有利于城市艺术面貌的表现。

(4) 混合式绿地布局。是前 3 种形式的综合运用。可以做到城市绿地点、线、面结合，组成较完整的体系。可以使生活居住区获得最大的绿地接触面，方便居民游憩，有利于小气候的改善，有利于城市环境卫生条件的改善，有利于丰富城市总体与部分的艺术面貌。

以上 4 种布局中，以混合式最好。但由于我国目前大多数城市的绿地定额少，绿化覆盖率低，真正做到绿地组成“有机的系统”的还很少，需要今后努力。

2.3 园林艺术基本原理

2.3.1 园林美概述

2.3.1.1 园林美的概念

1. 美的含义

要研究园林美，首先要懂得什么是美？美是美学研究中的中心范畴。关于美的定义，众说纷纭，各式各样，尚无一种为人们所普遍接受。前人提出的较有影响的说法有：美是形式的和谐；美是上帝的属性；美是完善；美是愉快；美是关系；美是理念的感性显现；美是生活等。

美是对能引起人们美感的客观事物的共同本质属性的抽象概括，是一切事物的本质与表象中固有的特征之一，是一种客观的社会现象，它是人类在能动地改造客观世界的实践中，将人的本质力量对象化的结果，是在对象中以感性形式表现出来的对人的本质力量的肯定和确证。

2. 园林美的含义

园林美是一种以模拟自然山水为目的，把自然的或经人工改造的山水、植物与建筑物按照一定的审美要求组成的建筑综合艺术的美。

园林美源于自然，又高于自然；园林美是自然景观的典型概述，是自然美的再现。它随着我国文学绘画艺术和宗教活动的发展而发展，是自然景观和人文景观的高度统一。园林美是对生活、自然的审美意识（感情、趣味、理想等）和优美的园林形式的有机统一，是自然美、艺术美和生活美的高度融合。

园林美具有多元性，表现在构成园林的多元要素之中和各要素的不同组合形式之中。园林美也具有多样性，主要表现在其历史、民族、地域、时代性的多样统一之中。

2.3.1.2 园林美的特征

1. 园林中的自然美

植物是园林构成的重要素材。例如因植物色彩而形成的著名景点有：北京香山红叶，杭州西湖的翠堤春晓、孤山雪梅、曲院风荷等。最后，由植物构成的群落景观各具特色，如针叶林、阔叶林、热带雨林、溪涧植物等多姿多彩的景观形式。

同时，大自然的山川草木、风云雨雪、日月星辰、虫鱼鸟兽以及大自然晦明、阴晴、晨昏、昼夜、春秋的瞬息变化都是园林美的重要组成部分，如果加以巧妙地借用，就会形成美丽的风景。例如杭州西湖，它有朝夕黄昏之异，风雪雨霜之变，春夏秋冬之别，呈现出异常丰富的气象景观。

园林中的声音美也是一种自然美。海潮击岸的咆哮声，“飞流直下三千尺”的瀑布发出的轰鸣声，峡谷溪涧的哗哗声，清泉石上流的潺潺声，雨打芭蕉的嗒嗒声、小溪的潺潺声，山里的空谷传声、风摇松涛、林中蝉鸣、树上鸟语、池边蛙奏等，都是大自然的演奏家给予游人的音乐享受。

2. 园林中的生活美

园林作为一个现实的物质生活环境，是一个可游、可憩、可赏、可学、可居、可食的综合空间，必须使园林布局能保证游人在游园时感到生活上的方便和舒适。

第一，要使园林的空气清新，无污染，水体清透无异味，卫生条件良好。第二，要有宜人的小气候，使气温、湿度、风等综合作用达到理想的要求。冬季既要防风又能有和煦的阳光；夏季则要有良好的气流交换条件以及遮阳的措施。因而园林规划既要有一定的水面、空旷的草地，又要有大面积的庇荫树林。第三，要避免噪声。要避免噪声的干扰就要求在规划时深入研究场地环境，根据具体情况设置防护林或采取消声和隔声的处理。第四，植物种类要丰富，生长健壮繁茂，形成立体景观。第五，有方便的交通，完善的生活福利设施，适合园林的文化娱乐活动和美丽安静的休息环境。

3. 园林中的艺术美

艺术美是社会美和自然美的集中、概括和反映，它虽然没有社会美和自然美那样广阔和丰富，可是由于它对社会美和自然美经过了一番去粗取精、去伪存真、由此及彼、由表及里的加工改造，去掉了社会美的分散、粗糙和偶然的缺点，去掉了自然美不够纯粹（美丑合一）、不够标准的特点，因而，它比社会美和自然美更集中、更纯粹、更典型，因而也更富有美感。

园林艺术美还包括意境美。园林意境就是通过园林的形象所反映的情意使游赏者触景生情、情景交融的一种艺术境界。陈从周老先生定义："园林之诗情画意即诗与画的境界在实际景物中出现之，统名意境。"意境是一种审美的精神效果，它不像一山、一石、一花、一草那么实在，但它是客观存在的，它应是言外之意，弦外之音，它既不存在于客观，也不完全存在于主观，而存在于主客观之间，既是主观的想象，也是客观的反映，只有当主客观达到高度统一时，才能产生意境。意境具有景尽意在的特点，因物移情，缘情发趣，令人遐想，使人流连。

总之，园林中的自然美、生活美、艺术美与意境美是高度统一的，必须作为一个整体来考虑。对欣赏者而言，因人而异，见仁见智，不一定能够按照设计者的意图去欣赏和体会，这也正说明了一切景物所表达的信息具有多样性与不定性的特点，意随人异，境随时迁。

2.3.1.3 园林美的内容

园林美的表现主要依靠以下10点。

(1) 山水地形美。包括地形改造、引水造景、地貌利用、土石假山等，形成园林的骨架和脉络，为园林植物种植、游览建筑设备和视景点控制创造条件。

(2) 借用天象美。借日月雨雪造景。如观云海霞光，看日出日落，设朝阳洞、夕照亭、月到风来亭、烟雨楼，听雨打芭蕉、泉瀑松涛，造断桥残雪、踏雪寻梅等。

(3) 再现生境美。效仿自然，创造人工植物群落和良性循环的生态环境，创造空气清新、温度适中的小气候环境。花草树木永远是生境的主题。

(4) 建筑艺术美。风景园林中由于游览景点、服务管理、维护等功能的要求和造景需要，要求修建一些园林建筑。建筑不可多，也不可无，往往起着画龙点睛的作用。

(5) 工程设施美。园林中，游道廊桥、假山水景、电照光影、给水排水、挡土护坡等各种设施，必须配套，要注意艺术处理区别于一般的市政建设。

(6) 文化景观美。风景园林常为宗教圣地或历史古迹所在地，其中的景名景序、门楹对联、摩崖石刻、字画雕塑等无不浸透着人类文化的精华。

(7) 色彩音响美。风景园林是一幅五彩缤纷的天然图画，蓝天白云、花红叶绿、粉墙灰瓦、雕梁画栋、百籁争鸣。

(8) 造型艺术美。园林中常运用艺术造型来表现某种精神、象征、礼仪、标志、纪念意义，以及某种体形、线条美，如图腾、华表、标牌、喷泉及各种植物造型等。

(9) 旅游生活美。园林是一个可游、可赏、可居、可学、可食的综合活动空间。满意的生活服务，健康的文化娱乐，清洁卫生的环境，交通便利与治安保证，都将怡悦人们的情绪，带来生活的美感。

(10) 联想意境美。联想和意境是我国造园艺术的特征之一。丰富的景物，通过人们的接近联想和对比联想，达到见景生情，体会弦外之音的效果。

2.3.2 形式美基本法则

形式美，它是相对内容美而言，指构成事物的物质材料的自然属性（色彩、形状、线条、声音等）及其组合规律（如整齐一致、节奏与韵律等）所呈现出来的审美特性。形式美的构成因素一般划分为两大部分：一部分是构成形式美的感性质料，一部分是构成形式美的感性质料之间的组合规律，或称构成规律、形式美法则。

2.3.2.1 形式美的表现形态

形式美的表现形态有：线条美、图形美、体形美、光影色彩美和朦胧美。

（1）线条美。线条是构成景物外观的基本因素。线的基本线型包括直线和曲线，直线又分为垂直线、水平线、斜线，曲线又分为几何曲线和自由曲线。

（2）图形美。图形是由不同的线条采用不同的围合方式而成的平面形，一般有规则式和自然式图形两类。

（3）体形美。体形是由多种界面组成的实体，表现于山石、水景、建筑、雕塑、植物造型等。不同类型的景物有不同的体形美，同一类型的景物，也具有多种状态的体形美。

（4）光影色彩美。色彩是造型艺术的重要表现手段之一，通过光的反射，色彩能引起人们生理和心理感应，从而获得美感。

（5）朦胧美。朦胧美产生于自然界，如雾中景、雨中花，是形式美的一种特殊表现形态，能使人产生虚实相生、扑朔迷离的美感，给人留有较大的虚幻空间和思维余地。

2.3.2.2 形式美法则与应用

1. 多样统一

多样统一，也称为变化统一，是形式美的最高法则，与其他法则有着密切关系，起着“统帅”的作用，非常重要。各类艺术都要求统一，并在统一之中求变化。风景园林是多种要素组成的空间艺术，要创造多样统一的艺术效果，可以通过各种途径来实现。

（1）形式与内容的变化统一。不同性质的园林，有与其相对应的不同的园林形式。形式服从于园林的内容，体现园林的特性，表达园林的主题。中国古典园林中运用的变化与统一，将不同形态，不同功能的楼、阁、亭、台、假山等通过一些形式上大致统一的顶部、檐、拱、长廊等，使园内有统一的格调，最后用围墙把这些富有变化的元素统一成一个有机的整体。

（2）局部与整体的变化统一。在同一园林中，景区景点各具特色，但就全园而言，其风格造型、色彩变化均应保持与全园整体的基本协调，在变化中求完整。寓变化于整体之中，求形式与内容的统一，使局部与整体在变化中求协调，给人以完整和谐的整体感。

（3）风格和流派的变化统一。中国古典园林建筑因地因时因民族的不同而变化。如江南园林建筑小巧轻灵、素材朴素淡雅；北方园林建筑圆浑厚重、色彩鲜艳；岭南园林建筑出檐较宽。

（4）形体的变化统一。形体组合的变化统一可运用两种办法，其一是以主体的主要部分形式去统一各次要部分，各次要部分服从或类似主体，起到衬托呼应主体的作用；其二对某一群体空间而言，用整体体形去统一各局部形体或细部线条。

(5) 图形线条的变化统一。指各图形本身总的线条图案与局部线条图案的变化统一。如栏杆在横平、竖直上采用直线条，斜向上可以采用曲线条，水平线条、垂直线条、斜线条还可在直径大小上有变化；又如堆山叠石时尤其注意线条的统一，一般用一堆石料堆成，它的色调比较统一，外形纹理比较接近，堆在一起时要注意整体上的线条统一。

(6) 材料与质地的变化统一。园林景观元素在选材方面既要有变化又要保持整体的一致性，才能突出景物的本质特征。各种材质之间必须有主次比例，切忌等量混杂。

(7) 线型纹理的变化统一。园林要素在线条走向以及表面纹理的处理上可以丰富变化，但可以统一在其中线条走向上或者表面纹理上，从而求得整体感。如岸边假山的竖向石壁与临水的横向步道，虽然线型的方向有变化，但与环境是统一的。

(8) 尺度比例的变化统一。园林景观的尺度比例应当随着使用功能、艺术内涵、使用对象的不同而在统一中求变化。如少儿游戏设施和成人娱乐设施的尺度自然不同，民居与商场、体育馆的应用尺度也有很大的差异。

(9) 动势动态的变化与统一。指景物本身或本身与周围环境之间在动势变化中的统一。如水平延伸的建筑两旁可以采用低矮分枝水平的植物，垂直向上的建筑可采用圆锥形、尖塔形植物来引导视线，配合与突出建筑。

2. 对称与均衡

(1) 对称。对称具有规整、庄严、宁静与单纯的特点，但过分强调对称会产生呆板、压抑、牵强与造作的感觉。对称一般用于建筑入口两边或规则式构图或起强调作用的地方。对称有3种形式。

1) 左右对称：即以一根轴为对称轴，两侧左右对称，也叫轴对称，是最为常用的一种形式。如中国传统民居建筑一般都是一明两暗，中间是主厅，两边对称布置房间或厢房；园林中的行道树也大都采用两侧对称形式，法国凡尔赛宫的植物布局、北京的故宫均为左右对称。

2) 旋转对称：即旋转一定角度后的对称。旋转180°的对称称为反对称，花坛等的图案设计中可采用这种构图。

3) 中心对称：以多根轴及其交点为对称为中心轴对称。广场等的大面积构图可采用这种形式，园林中设置花坛、铺装与花窗等图案时可采用围绕圆心设置不同的图案，也称为螺旋对称。

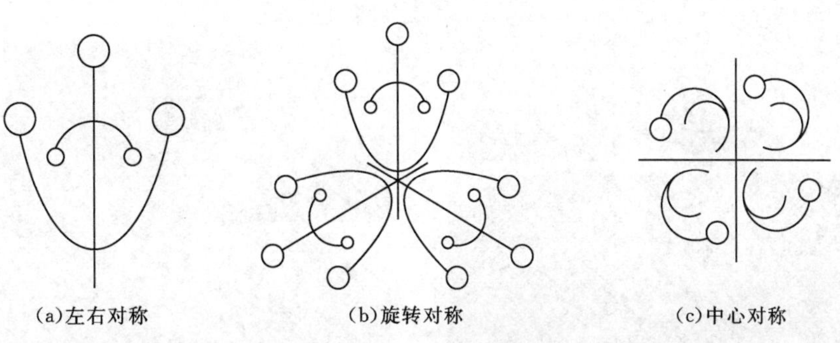

图2.10 对称的三种形式

(2) 均衡。均衡是指景物群体在上下、左右、前后布局上出现等量不等形的状态。均衡体现了异形同质，均衡所表现出的形式美要比对称更丰富。

1）对称均衡（静态均衡），一般在轴线两侧以相等的距离、体量、形态取得左右均衡。

2）不对称均衡（动态均衡），其构图是以动态观赏时“步移景异”、景色变幻多姿为目的。

动态均衡的创作法一般有三种类型。第一种为构图中心法，即强调一个视线构图中心，使其他部分均与其取得对应关系。第二种为杠杆均衡法，又称动态平衡法。使不同体量或重量感的景物置于相对应的位置。第三种为惯性心理法或称运动平衡法，如一般认为右为主（重），左为辅（轻），故鲜花戴在左胸较为均衡；人右手提物身体必向左倾，人向前跑手必向后摆。

3. 对比与协调（谐调，调和）

（1）对比。对比是借两种或多种性状有差异的景物之间的对照，使彼此不同的特色更加明显，提供给观赏者一种新鲜兴奋的景象。对比是采用骤变的景象，给人以生动鲜明的印象，从而增强景观的艺术感染力。空旷的绿茵草坪，由于竖向高耸的密林对比，水平或缓坡的草坪显得更加广阔和爽朗。园林设计中，对比与调和手法主要应用于空间对比、虚实对比、疏密对比、方向对比、大小对比、色彩对比、质感对比等多种表现形式。

1）空间对比。苏州留园出入口的处理，是空间对比的一个佳例。留园的入口既曲折又狭长且十分封闭，但由于处理得巧妙，充分利用其狭长、曲折、忽明忽暗等特点，应用对比的手法，使其与园内主要空间构成强烈的反差，使游人经过封闭、曲折、狭长的空间后，到达园内中心水池，感到空间的豁然开朗。

2）虚实对比。所谓虚，也可以说是空，或者说是无；所谓实就是实在、结实或质实，或者说是有。后者比较有形，具象，容易被感知；前者则多少有些飘忽无定、空泛，不易为人们所感知。但虚与实是相辅相成又相互对立的两个方面，虚实之间互相穿插而达到虚中有实，实中有虚，使园林的景观变化万千、玲珑生动。如景墙的虚实对比（图 2.11）。

3）疏密对比。所谓“宽可走马，密不容针”的提法就是讲究疏密对比的艺术手法。在园林艺术中，这种疏与密的关系突出表现在景点的聚散上，聚处则密，散处便疏。例如苏州留园，其建筑分布很不均匀，疏密对比极其强烈，它的东部以石林小院为中心，建筑高度集中，景观内容繁多，步移景异，因而人的心理和情绪必将随之兴奋而紧张。但有些部分的建筑则稀疏、平淡，空间也显得空旷和缺乏变化，人的心情自然恬静而松弛（图 2.12）。

图 2.11　景墙虚实对比

图 2.12　植物疏密对比

4）方向的对比。山势高耸是垂直方向，水面平坦是水平方向，山水结合形成方向的对比。

5）大小的对比。中国园林要在方寸之地、咫尺山林之中，表现多方胜景，不运用以大观小、以小观大的对比手法，是很难达到设计意图的。一株亭亭华盖的古树下散点山石数块，益显得古木参天高大；一座假山基部设置一个体量很小的亭子，亦可显现山势雄伟。

图 2.13　不同铺装材料质感对比

6）色彩的对比。“万绿丛中一点红”，例如纪念性构筑物、园林雕塑的色彩宜与四周环境或背景的色彩成对比，因为这些景物一般色块较小，对比虽强烈，但也容易调和。互为补色的色相如红和绿、蓝和橙、黄和紫等能产生强烈的对比。例如我国皇家园林的红色宫墙和绿色树木的对比往往给人以鲜明的印象。

7）质感的对比。粗糙的石料如混凝土、粗木建筑给人感觉稳重；细致光滑的石料、细木、植物使人感觉轻巧（图 2.13）。

8）布局的对比。建筑形象是人为的几何形象，山水风景是天然的自然形象，两者构成了明显的对立。如果恰当处理好两者的关系，在对立中求统一，便会产生特殊的艺术效果。例如，承德避暑山庄，是位于自然山水中的大型园林，在山庄南部的正宫部分，建筑采用了严格的对称布局。

（2）协调（谐调，调和）。在形式美的概念中。协调是指各景物之间的联系与配合达到完美的境界和多样化中的统一。在园林中协调的表现是多方面的，如体形、色彩、线条、比例、虚实、光暗等，都可作为要求协调的对象。景物的相互协调必须相互有关联，而且含有共同的因素，甚至相同的属性。达到效果的几种方法如下。

1）相似协调，指形状基本相同的几何形体、建筑体、花坛、树木等，其大小及排列不同而产生的协调感。当一个园景的组成部分重复出现，如果在相似的基础上变化，即可产生协调感，例如一个大圆的花坛中排列一些小圆的花卉图案和圆形的水池等，即产生一种协调感。

2）近似协调，也称微差协调。指相互近似的景物重复出现或相互配合而产生协调感。如两种近似的体形重复出现，可以使变化更为丰富并有协调感。如方形与长方形的变化，圆形与椭圆形的变化都是近似协调。

3）局部与整体的协调，即局部景区景点或景物的各种组成部分与整体的协调。如某假山石的局部用石，纹理必须服从总体用石材纹理走向。

4. 节奏与韵律

节奏产生于人本身的生理活动，如心跳、呼吸、步行等，在建筑和风景园林中，节奏就是景物简单地反复连续出现，通过时间的运动而产生美感，如灯杆、花坛、行道树、水的波纹、植物的叶序以及河边上的卵石等。而韵律则是节奏的深化，是有规律但又抑扬起伏的变化，从而产生富于感情色彩的律动感，如自然山峰的起伏线，人工植物群落的林冠线等。由于节奏与韵律有着内在的共同性，故可以用节奏韵律表示它们的综合意义。

（1）连续韵律。指一种组成部分的连续使用和重复出现的有组织排列所产生的韵律感。例如，路旁的行道树用一种树木等距离排列便可形成连续韵律。栏杆、长廊也是连续韵律。颐和园乐寿堂粉墙上形形色色的景窗，距离相等，体量相似，但图案不同，方形、五角形、六边形、圆形、宝瓶状、书卷状……每个图案都不重复，虽然图案没有一个重样，但总的感觉多而不乱，多样统一于连续韵律的构图之中。

（2）交替韵律。是运用各种造型因素作有规律的纵横交错、相互穿插等手法，形成丰富的韵律感（图 2.14）。仍以行道树为例，上述的简单韵律（连续韵律）比较单调，如果两种树木，尤其是一种乔木及一种花灌木（如悬铃木和海桐）相间排列，便构成“交替韵律”，这显然要活泼丰富得多。“苏堤春晓”景中“株杨柳间株桃”就是因此脍炙人口的。

图 2.14　花坛的交替韵律图　　　图 2.15　七枚小叶的渐变韵律图

（3）渐变韵律。是某些造园要素在体量大小、高矮宽窄、色彩浓淡等方面作有规律的增减，以造成统一和谐的韵律感。颐和园十七孔桥的桥孔，从中间往两边逐渐由大变小，形成递减趋势。中国传统的塔式建筑，如西安的大雁塔、小雁塔，杭州的六和塔等和十七孔桥的原理是一样的，都是渐变韵律的具体应用。再如植物中的七叶树，其掌状复叶的七枚小叶就是由相同形状的重复和从小到大、又从大到小的有规律的渐变相结合而形成的（图 2.15）。

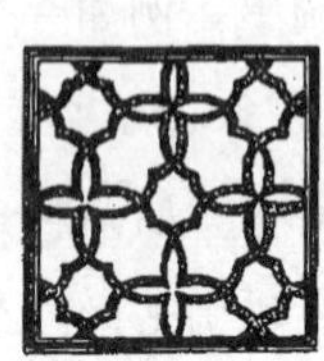

图 2.16　窗格子的交错韵律图

（4）交错韵律。是利用特定要素的穿插而产生的韵律感。例如中国传统的铺装道路，常用几种材料铺成四方连续的图案，形成交错韵律。人们可一边步行游览风景，一边感受这种道路铺装的韵律。传统建筑的木棂窗就是利用水平和垂直的木条纵横交织形成韵律感。有时韵律感是在人的安排下随机产生的，园林中的冰裂纹就是因不规则的交错纹理而引人注目，广泛用在窗、地纹图样的布置上。园林中窗格式样极为复杂，便是自古以来人们追求的韵律感的例证之一（图 2.16）。无论是木构架的天花藻井，还是石砌的拱券扶壁，结构构件在满足使用功能的同时，也以完美的韵律感成为审美的对象。

5. 比例与尺度

比例是指事物中整体与局部或局部与局部之间的大小、长短、高低、分量的比较关系。园林中，

图 2.17 苏州留园冠云峰与周边亭的尺度对比

比例是指园景和景物各组成要素之间空间形体体量的关系，不是单纯的平面比例关系，包含两方面的意义，一是园林景物、建筑物整体或者某个局部长、宽、高之间的关系；二是园林景物、建筑物整体与局部，或者局部与局部空间形体、体量大小的关系。和谐的比例是完美构图的条件之一，可以使人产生美感。常用的比例为黄金分割比，即大小（宽长）的比例相当于大小两者之和与大者之间的比例，其比值为 1.618。

在园林造景中，运用尺度规律进行设计的方法有以下 3 种。

(1) 单位尺度引进法。即应用某种为人所熟悉的景物作为尺度标准，来确定群体景物的相互关系，从而得出合乎尺度规律的园林景观，也称为自然的尺度。如在苏州留园中，为了突出冠云峰的高度，在其旁边及后面布置了人们熟知的亭子和楼阁作为陪衬和对比，来显示其“冠云”之高（图 2.17）。

(2) 人的习惯尺度法。习惯尺度是以人体各部分尺寸及其活动习惯尺寸规律为准，来确定风景空间及各景物的具体尺度，也称为宜人的尺度、亲切的尺度。如亭子、花架、水榭、餐厅等尺度，就是依据人的习惯尺度法来确定的。

(3) 夸张尺度法。将景物放大或缩小，以达到造园意图或造景效果的需要。

2.4 园林布局形式及特征

园林布局，就是在选定园址或在“相地”的基础上，根据园林的性质、规模、地形特点等因素，进行全园的总布局，通常称为总体设计。不同性质、不同功能要求的园林，都有着各自不同的布局特点。不同的布局形式必然反过来反映不同的造园思想。所以，园林的布局，即总体设计是一个园林艺术的构思过程，也是园林的内容与形式统一的创作过程。

2.4.1 立意

园林的立意是指园林设计的总意图，即设计主题思想的确定。无论中国的帝王宫苑、私人宅园或外国的君主宫苑、地主庄园，都反映了园主的指导思想。主题思想通过园林艺术形象来表达，主题思想是园林创作的主体和核心。

2.4.1.1 神仪在心，意在笔先

晋代顾恺之在《论画》中说：“巧密于精思，神仪在心。”即绘画、造园首先要认真考虑立意，“意在笔先”。明代恽向也在《宝迁斋书画录》中谈到：“诗文以意为主，而气附之，惟画亦云。无论大小尺幅，皆有一意，故论诗者以意逆志，而看画者以意寻意。”扬州个园园主无疑在说，“无‘个’不成竹”。“个园”暗喻他有竹子品格的清逸和气节的崇高。唐柳宗元被贬官为永州司马时，建了一个取名为“愚溪”的私园。该园内的一切景物以“愚”字命名，愚池、愚丘、愚岛、愚泉、愚亭……一愚到底，其意与“拙政园”的“拙者为政”异曲同工。

园林“立意”与“相地”是相辅相成的两方面。《园冶》云：“相地合宜，构园得体。”这是明代园林哲师计成提出的理论，他把园林“相地”看作园林成败的关键。古代“相地”，即造园的选择园址。其主要含义为，园主经多次选择、比较，最后“相中”，即园主人所认为理想的地址。那么，选择的依据是什么呢？园主人在选择园址的过程中，已把他的造园构思与园址的自然条件、社会状况、周围环境等诸因素作综合的比较、筛选。因而，不难看出立意与相地是不可分割的，是在园林创作过程中的前期工作。

2.4.1.2 情因景生，景为情造

造园的关键在于造景，而造景的目的在于抒发作者对造园目的与任务的认识和激发的思想感情。所谓“诗情画意”写入园林，即造园不仅要做到景美如画，同时还要求达到情从景生，要富有诗意，触景能生情。“情景名为二，而实不可离。神于诗者，妙合无垠，巧者则有情中景，景中情”（王夫之《姜斋诗话》）。苏州古典园林中，历史最早的一处名园沧浪亭，园内土阜最高处有一座四方亭叫沧浪亭，其上对联为“清风明月本无价，近水远山皆有情”。正是这“清风明月”和“近水远山”的美景激发起诗人无限的感慨。

意在笔先就是要善于抓住设计中的主要方面，解决功能、观赏及艺术境界的问题，同时立意要有新意，注重地方特色、时代特性，体现个人艺术风格。立意着重境界的创造，提高园林艺术的感染力，寓情于景。立意根据功能和自然条件，因势就形，因境而成，忌矫揉造作。

2.4.2 园林布局形式及特征

园林布局即在园林选址、构思（立意）的基础上，设计者在孕育园林作品过程中所进行的思维活动。主要包括选取、提炼题材；酝酿、确定主景；功能分区、景点、游赏线分布；探索所采用的园林形式。

立意和布局，其关系实质，就是园林的内容与形式。只有内容与形式高度统一，形式充分地表达内容，表达园林主题思想，才能达到园林创作的最高境界。

园林布局形式的产生和形成，是与世界各国家、各民族的文化传统、地理条件等综合因素的作用分不开的。英国造园家杰克在1954年召开的国际风景园林家联合会第四次大会上致词说：“世界造园史三大流派：中国、西亚和古希腊。”上述三大流派归纳起来，可以把园林的形式分为三类，就是规则式、自然式和混合式。

2.4.2.1 规则式园林

规则式园林，又称整形式、几何式、建筑式园林。整个平面布局、立体造型以及建筑、广场、道路、水面、花草树木等都要求严格对称。在中世纪英国风景园林产生之前，西方园林主要以规则式为主，其中以文艺复兴时期意大利台地园和19世纪法国勒诺特平面几何图案式园林为代表（图2.18）。我国的北京天坛、南京中山陵都采用规则式布局。规则式园林给人以庄严、雄伟、整齐之感，一般用于气氛较严肃的纪念性园林或有对称轴的建筑庭园中。规则式园林有以下主要特征。

（1）中轴线。全园在平面规划上有明显的中轴线，并大抵以中轴线的左右、前后对称或拟对称布置，园地的划分大都为几何形体。

(2) 地形。在开阔、较平坦地段，由不同高程的水平面及缓斜面组成；在山地及丘陵地带，由阶梯式的大小不同的水平台地倾斜平面及石级组成，其剖面均为直线所组成。

图 2.18 规则式园林

(3) 水体。其外形轮廓均为几何形，主要是圆形和长方形，水体的驳岸多整形、垂直，有时加以雕塑；水景的类型有整形水池、整形瀑布、喷泉及水渠运河等。古代神话雕塑与喷泉构成水景的主要内容。

(4) 广场和道路。广场多为规则对称的几何形，主轴和副轴线上的广场形成主次分明的系统，道路为直线形、折线形或几何曲线形。广场与道路构成方格形、环状放射形、中轴对称或不对称的几何布局。

(5) 建筑。主体建筑群和单体建筑多采用中轴对称均衡设计，多以主体建筑群和次要建筑群形成与广场、道路相组合的主轴、副轴系统，形成控制全园的总格局。

(6) 种植设计。配合中轴对称的总格局，全园树林配置以等距离行列式、对称式为主，树木修剪整形多模拟建筑形体、动物造型，绿篱、绿墙、绿柱为规则式园林较突出的特点。园内常运用绿篱、绿墙和丛林划分和组织空间，花卉布置常为以图案为主要内容的花坛和花带，有时布置成大规模的花坛群。

(7) 园林小品。园林雕塑、园灯、栏杆等装饰点缀了园景。西方园林的雕塑主要以人物雕像布置于室外，并且雕像多配置于轴线的起点、焦点或终点。雕塑常与喷泉、水池构成水体的主景。规则式园林的设计手法，从另一角度探索，园林轴线多视为是主体建筑室内中轴线向室外的延伸。一般情况下，主体建筑主轴线和室外轴线是一致的。

图 2.19 自然式园林

2.4.2.2 自然式园林

自然式园林，又称风景式、不规则式、山水式园林。自然式园林以模仿再现自然为主，不追求对称的平面布局，立体造型及园林要素布置均较自然和自由，相互关系较隐蔽含蓄。这种形式较能适合于有山、有水、有地形起伏的环境，以含蓄、幽雅而意境深远见长（图 2.19）。自然式园林有以下主要特征。

(1) 地形。自然式园林的创作讲究“相地合宜，构园得体”。主要处理地形的手法是“高方欲就亭台，低处可开池沼”的“得景随形”。自然式园林规划设计最主要的地形特征是“自成天然之趣”，所以，在园林中，要求再现自然界的山峰、山巅、崖、岗、岭、峡、岬、谷、坞、坪、穴等地貌景观。在平原，要求自然起伏、和缓的微地形。地形的剖面线为自然曲线。

(2) 水体。这种园林的水体讲究“疏源之去由，察水之来历”，园林规划设计水景的主要类型有湖、池、潭、沼、汀、溪、涧、洲、渚、港、湾、瀑布、跌水等。总之，水体要再现自然界水景。水体的轮廓为自然曲折，水岸为自然曲线的倾斜坡度，驳岸主要用自然山石驳岸、石矶等形式。在建筑附近或根据造景需要也部分用条石砌成直线或折线驳岸。

(3) 广场与道路。除建筑前广场为规则式外，园林中的空旷地和广场的外形轮廓为自然式布置。道路的走向和布置多随地形。道路的平面和剖面多为自然起伏曲折的平面线和竖曲线组成。

(4) 建筑。单体建筑多采用对称或不对称的均衡布局。建筑群或大规模的建筑组群，多采用不对称均衡的布局。全园不以轴线控制，但局部仍有轴线处理。中国自然式园林中的建筑类型有亭、廊、榭、舫、楼、阁、轩、馆、台、塔、厅、堂、桥等。

(5) 种植设计。自然式园林中植物种植要求反映自然界的植物群落之美，不成行成列栽植。树木一般不修剪，配植以孤植、丛植、群植、林植为主要形式。花卉的布置以花丛、花群为主要形式。庭院内也有花台的应用。

(6) 园林小品。园林小品有假山、石品、盆景、石刻、砖雕、石雕、木刻等形式。其中雕像的基座多为自然式，小品的位置多配置于透视线集中的焦点。

2.4.2.3 混合式园林

所谓混合式园林，主要指规则式、自然式交错组合，全园没有或形不成控制全园的主轴线和副轴线，只有局部景区、建筑以中轴对称布局或全园没有明显的自然山水骨架，形不成自然格局。

2.4.3 园林布局形式的确定

园林布局的形式，是园林设计的前提，有了具体的布局形式，园林内部的其他设计工作才能逐步进行。确定园林布局形式的基本依据有根据园林性质，根据不同文化传统，根据不同的意识形态，根据不同的环境条件。

2.4.3.1 根据园林性质确定

不同性质的园林，必然有相对应的不同的园林形式，力求园林的形式反映园林的特性。纪念性园林、植物园、动物园、儿童公园等，由于各自的性质不同，决定了各自与其性质相对应的园林形式，如以纪念历史上某一重大历史事件中英勇牺牲的革命英雄、革命烈士为主题的烈士陵园，较有名的有中国广州起义烈士陵园、南京雨花台烈士陵园、长沙烈士陵园、德国柏林的苏军烈士陵园、意大利的都灵战争牺牲者纪念碑园等，都要是纪念性园林。这类园林的性质，主要是缅怀先烈革命功绩，激励后人发扬革命传统，起到爱国主义、国际主义思想教育的作用。这类园林布局形式多采用中轴对称、规则严整和逐步升高的地形处理，从而创造出雄伟崇高、庄严肃穆的气氛。而动物园主要属于生物科学的展示范畴，要求公园给游人以知识和美感。所以从规划形式上，动物园要求自然、活泼，创造寓教于游的环境。儿童公园则要求形式新颖、活泼，色彩鲜艳、明朗，公园的景色、设施与儿童的天真、活泼性格协调。园林的形式服从于园林的内容，体现园林的特性，表达园林的主题。

2.4.3.2 根据不同文化传统确定

由于各民族、国家之间的文化、艺术传统的差异，决定了园林形式的不同。由于中国传统文化的沿袭，形成了自然山水园的自然式规划形式。而同样是多山国家的意大利，由于意大利的传统文化和本民族固有的艺术水准和造园风格，虽然是自然山地条件，意大利的园林仍采用规则布置。

2.4.3.3 根据不同的意识形态确定

西方流传着许多希腊神话，神话把人神化，描写的神实际上是人。结合西方雕塑艺术，在园林中把许多神像规划在园林空间中，而且多数放置在轴线上，或轴线的交叉中心。中国传统的道教，传说描写的神仙则往往住在名山大川中，所有的神像在园林中应用一般供奉在殿堂之内，而不展示在园林空间中，园林中几乎没有裸体神像。上述事实都说明不同的意识形态决定不同的园林表现形式。

2.4.3.4 根据不同的环境条件确定

由于地形、水体、土壤气候的变化，环境的差异，园林形式也不相同。但园林规划实施中很难做到绝对规则式和绝对自然式。往往对建筑群附近及要求较高的园林种植类型采用规则式进行布置，而在远离建筑群的地区，自然式布置则较为经济和美观，如北京中山公园。在规划中，如果原有地形较为平坦，自然树少，面积小，周围环境规则，则以规则式为主。如果原有地形起伏不平或水面和自然树林较多，面积较大，则以自然式为主。因此，林荫道、建筑广场、街心公园等多以规则式为主。大型居住区、工厂、体育馆、大型建筑物四周绿地则以混合式为宜。森林公园、自然保护区、植物园等多以自然式为主。

2.5 园林空间类型与布局处理

创造空间是园林设计的根本目的。每个空间都有其特定的形状、大小、构成材料、色彩、质感等构成要素，它们综合地表达了空间的质量和功能作用。设计中既要考虑空间本身的这些质量和特征，又要注意整体环境中诸空间之间的关系。

园林是由一组组不同的景观组成的，这些景观不是以独立的形式出现的，而是由设计者把各景物按照一定的要求有机地组织起来的。在园林中把这些景物按照一定的艺术规则有机地组织起来，创造一个和谐完美的整体，这个过程称为园林布局。当游人在园林中某位置休息时，所看到的景观为静态风景，而在园内游动时所看到的景观为动态的。动态景观是满足游人“游”的需要，而静态景观是满足游人“憩”时观赏，所以园林的功能就是从为游人提供一个“游憩”的场所来考虑的。因此，园林空间常从静态、动态两方面进行布局处理。

2.5.1 园林空间构成要素与分类

2.5.1.1 园林空间的产生和构成要素

空间的本质在于其可用性，即空间的功能作用。一片空地，无参照尺度，就不成为空间，但是，一旦添加了空间实物进行结合便形成了空间，容纳是空间的基本属性。“地”“顶”“墙”是构成空间的三大要素。地是空间的起点、基础；墙因地而立，或划分空间，或围合空间；顶是为了遮挡而设。顶与墙的空透程度、存在与否决定了空间的构成。地、顶、墙诸要素各自的线、形、色彩、气味和声响等特征综合地决定了空间的质量。与建筑室内空间相比，外部空间中顶的作用要小些，墙的作用最大，因为墙是垂直的，它可将人的视线控制在一定范围内，也常是人的视线容易到达的地方。园林空间的产生和构成要素如图 2.20 所示。

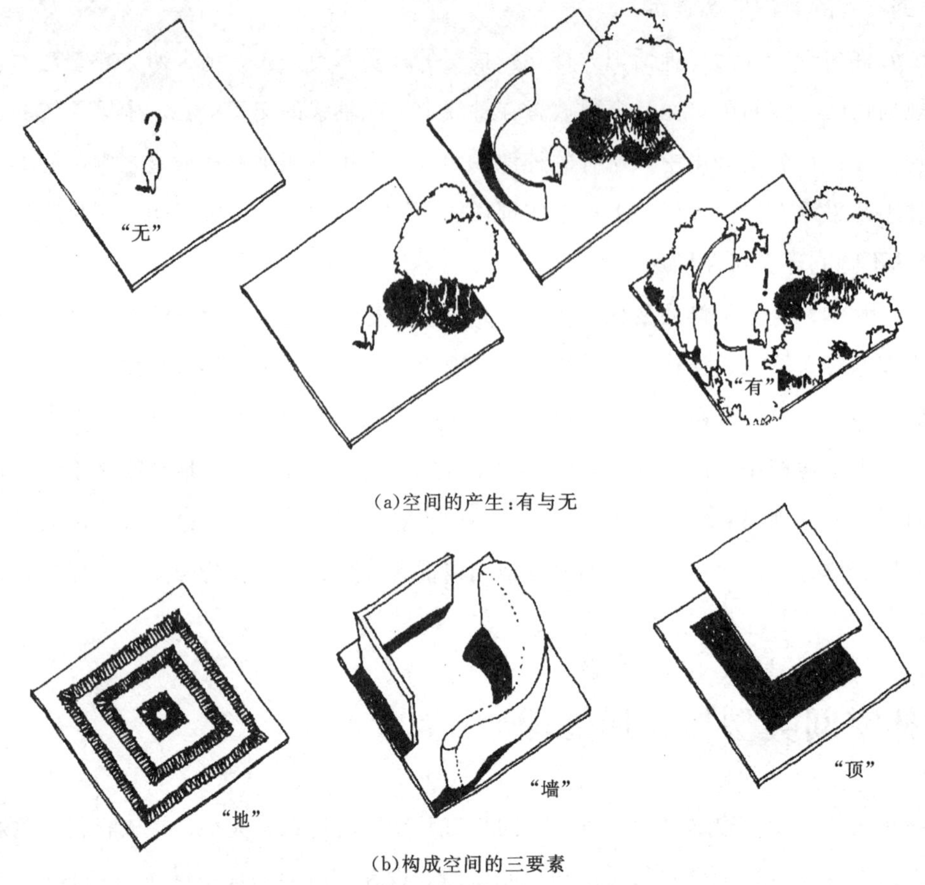

(a)空间的产生:有与无

(b)构成空间的三要素

图 2.20　园林空间的产生和构成要素

(1) 地。由草坪、水面、地被植物、道路、铺装广场等组成。园林中的地是各种景物要素布局的平台或载体。开阔的草坪可供席地而坐，通透的水面、成片种植的地被植物可供观赏，硬质铺装的广场可集散与引导人流。通过色彩、图案、尺度、坡度等变化处理可获得丰富的环境。

(2) 顶。由天空、乔木树冠、建筑物的顶盖组成，是空间的上部水平接口。园林中的顶往往断断续续、高低变化，具有丰富的层次感。

(3) 墙。由建筑、景墙、山体、地形、乔灌木的树身及雕塑小品等组成。墙的高度、密实度、连续性直接影响空间的围合质量。

2.5.1.2　园林空间分类

按照不同的分类依据，园林空间可以分为不同的类型。

(1) 按照活动内容可分为生活居住空间、游览观光空间、安静休息空间、体育活动空间等。

(2) 按照地域特征分为山岳空间、台地空间、谷地空间、平地空间等。

(3) 按照开朗程度分为开朗空间、半开朗空间和闭锁空间等。

(4) 按照构成要素分为绿色空间、建筑空间、山石空间、水域空间等。

(5) 按照空间的大小分为超人空间、自然空间和亲密空间。

(6) 按照空间的形式分为规则空间、半规则空间和自然空间。

(7) 按照空间的多少分成单一空间和复合空间等。

2.5.2 园林静态空间布局

静态空间用于塑造静态风景。静态风景是指游人在相对固定的空间内所感受到的景观，这种风景是在相对固定的范围内观赏到的。因此其观赏位置和效果之间有着内在的影响。

2.5.2.1 静态空间的视觉规律

利用人的视觉规律，可以创造出预想的艺术效果。

(1) 最宜视距。正常人的清晰视距为25～30m，明确看到景物细部的视野为30～50m，能识别景物类型的视距为250～270m，能辨认景物轮廓的视距为500m，能明确发现物体的视距约为1200～2000m，但这已经没有最佳的观赏效果了。至于远观山峦、俯瞰大地、仰望太空等，则是畅观与联想的综合感受。利用人的视距规律进行造景和借景，将取得事半功倍的效果。

(2) 最佳视域。人的正常静观视场的垂直视角为130°，水平视角为160°。但按照人的视网膜鉴别率，最佳垂直视角约为26°～30°，水平视角约为45°，即人们静观景物的最佳视距为景物高度的2倍或水平景物宽度的1.2倍，以此定位设景则景观效果最佳。但是即使在静态空间内，也要允许游人在不同部位赏景。建筑师认为，对景物观赏的最佳视点有三个位置，即垂直视角为18°（即景物高度的3倍距离）、27°（即景物高度的2倍距离）、45°（即景物高度的1倍距离）。如果是纪念碑，则可以在上述三个视点距离位置为游人创造开阔平坦的休息观赏场地（图2.21）。

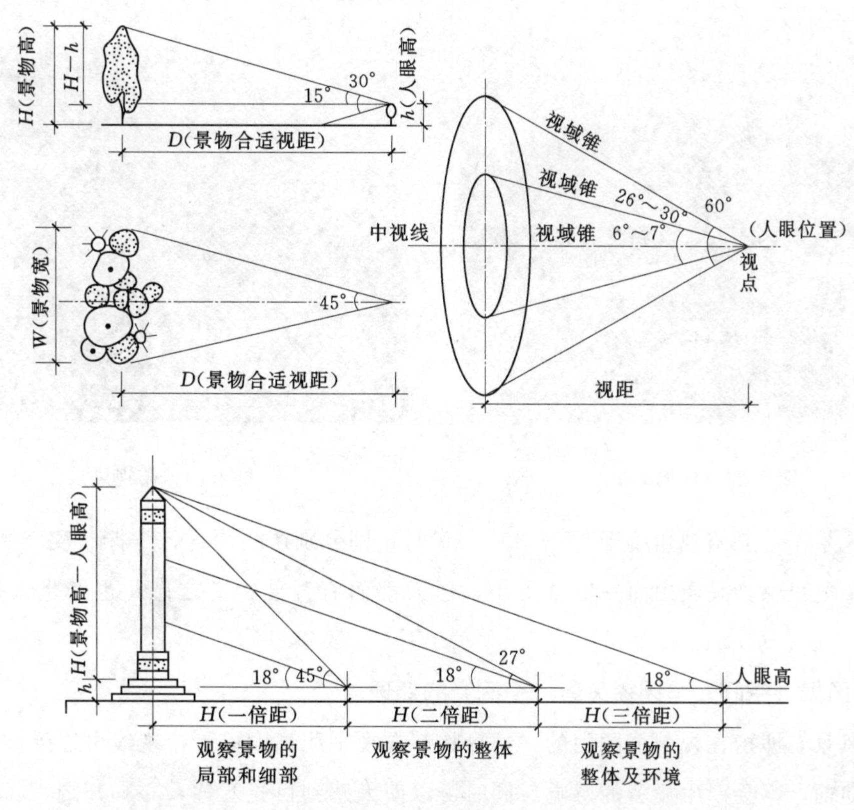

图2.21 视点、视域、视距三者关系示意图

2.5.2.2 不同视角的风景效果

(1) 平视风景。是指游人头部不必上仰下俯，就可以观赏的风景。这种风景的垂直视角在以视平

线为中心的30°夹角视场，可向远方平视。因此园林中常要创造宽阔的水面。平缓的草坪、开敞的视野和远望的条件，这就把天边的水色云光、远方的山廓塔影借来身边，一饱眼福（图 2.22）。

（2）仰视风景。当游人在观赏景物，其仰角分别为大于45°、60°、80°、90°时，由于视线的消失程度可以产生高大感、宏伟感、崇高感和威严感。若大于90°，则产生下压的危机感。在中国皇家宫苑和宗教园林中常用此法突出皇权神威，或在山水园中创造群峰万壑、小中见大的意境。如北京颐和园中的中心建筑群，在山下德辉殿后看佛香阁，仰角为62°，产生宏伟感，同时也产生自我渺小感（图 2.23）。

图 2.22 平视风景

图 2.23 仰视风景

图 2.24 俯视风景

（3）俯视风景。一般俯视角小于45°、30°、20°时，则分别产生深远、深渊、凌空感。当小于90°时，则产生欲坠危机感。登泰山而一览众山小，居天都而有升仙神游之感，也产生人定胜天感（图 2.24）。

2.5.2.3 开朗风景（空间）与闭锁风景（空间）的处理

（1）开朗风景。即指在视域范围内的一切景物都在视平线高度以下，视线可以延伸到无穷远的地方，视线平行向前，不会产生疲劳的感觉。同时可以使人感到目光宏远，心胸开阔，壮观豪放。

（2）闭锁风景。当游人的视线被四周的树木、建筑或山体等遮挡住时，所看的风景就为闭锁风景。景物顶部与人视平线之间的高差越大，闭锁性越强，反之则越弱，这也与游人和景物的距离有关，距离越小，闭锁性越强，距离越大，则闭锁性越弱。闭锁风景的近景感染力强，四面景物可琳琅满目，但长时间的观赏又易使人产生疲劳感。

(3) 开朗风景与闭锁风景的对立统一。开朗风景与闭锁风景在园林风景中是对立的两种类型，但不管是哪种风景，都有不足之处，所以在风景的营造中不可片面地追求强调某一风景，二者应是对立与统一的。

2.5.3 园林动态空间布局

园林对游人来说是一个流动的空间，一方面表现为自然风景的时空转换；另一方面表现为游人步移景异的过程中。不同空间类型组成有机整体，并对游人构成丰富的连续景观，就是园林景观的动态序列。动态景观是由一个个序列丰富的连续风景形成的。

2.5.3.1 园林空间的展示程序

当游人进入一个园林内，其所见到的景观是由设计者按照一定程序安排的，这种安排的方法主要有三种。

(1) 一般序列。一般序列通常有两段式和三段式两种类型。所谓两段式就是从起景逐步过渡到高潮而结束，其终点就是景观的主景。对于一些简单的园林，如纪念性公园常用两段式的程序来展示。例如中国抗日战争纪念馆，从巨型雕塑“醒狮”开始，经过广场，进入纪念馆达到高潮而结束。而三段式的程序是可以分为起景—高潮—结景三个段式。在此期间可以有多次转折，例如颐和园的佛香阁建筑群中，以排云殿主体建筑为“起景”，径石阶向上，以佛香阁为“高潮”，再以智慧海为“结景”，其中主景是在高潮的位置，是布局的中心。

(2) 循环序列。对于一些现代园林，为了适应现代生活节奏，而采用多项入口、循环道路系统、多景区划分，分散式游览线路的布局方法。各景区以循环的道路系统相连，主景区为构图中心，次景区起到辅助的作用。例如北京朝阳公园，其主景区为喷泉广场及相协调的欧式建筑，次景区为原公园内的湖面和一些娱乐设施。北京人定湖公园的主景区为园中大型现代雕塑广场，而次景区为规则式喷泉景景点。

(3) 专类序列。以专类活动为主的专类园林，其布局有自身的特点。如植物园可以以植物进化史为组景序列，从低等到高等，从裸子植物到被子植物，从单子叶植物到双子叶植物，还可以按植物的地理分布组织，如热带到温带再到寒温带等。

2.5.3.2 风景园林景观序列的创造手法

景观序列的形成要运用各种艺术手法，而这些手法又多离不开形式美法则的范围。同时对园林的整体来说固然存在着风景序列，然而在园林的各项具体造型艺术上，也还存在着序列布局的影子，如林荫道、花坛组、建筑群组、植物群落的季相配植等。

(1) 风景序列的起结开合。作为风景序列的构成，可以是地形起伏，水系环绕，也可以是植物群落或建筑空间，无论是单一的还是复合的，总应有头有尾，有放有收，这也是创造风景序列常用的手法。以水体为例，水之来源为起，水之去脉为结，水面扩大或分支为开，水之溪流又为合。这和写文章相似，用来龙去脉表现水体空间之活跃，以收放变换而创造水之情趣，这种传统的手法，普遍见于古典园林之中（图 2.25)。

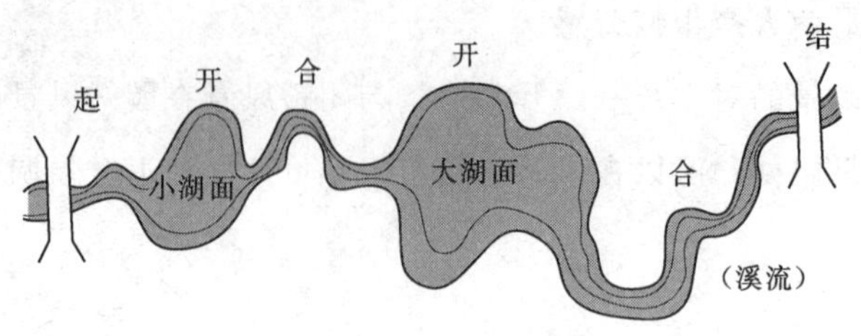

图 2.25　有分有合、有收有放水系的表现示意图

（2）风景序列的断续起伏。这是利用地形地势变化而创造风景序列的手法之一。多用于风景区或郊野公园。一般风景区山水起伏，游程较远，将多种景区景点拉开距离，分区段布置，在游步道的引导下，景序断续发展，游程起伏高下，从而取得引人入胜、渐入佳境的效果（图 2.26）。

图 2.26　三段式风景序列断续起伏的表现示意图

（3）风景序列的主调、基调、配调和转调。风景序列是由多种风景要素有机组合，逐步展现出来的，在统一基础上求变化，又在变化之中见统一，这是创造风景序列的重要手法。以植物景观要素为例，作为整体背景或深色调的树林可谓基调，作为某序列前景和主景的树种为主调，配合主景的植物为配调，处于空间序列转折区段的过渡树种为转调。过渡到新的空间序列区段时，又可能出现新的基调、主调和配调，如此逐渐展开就形成了风景序列韵调的变化，从而产生渐变的观赏效果（图 2.27）。

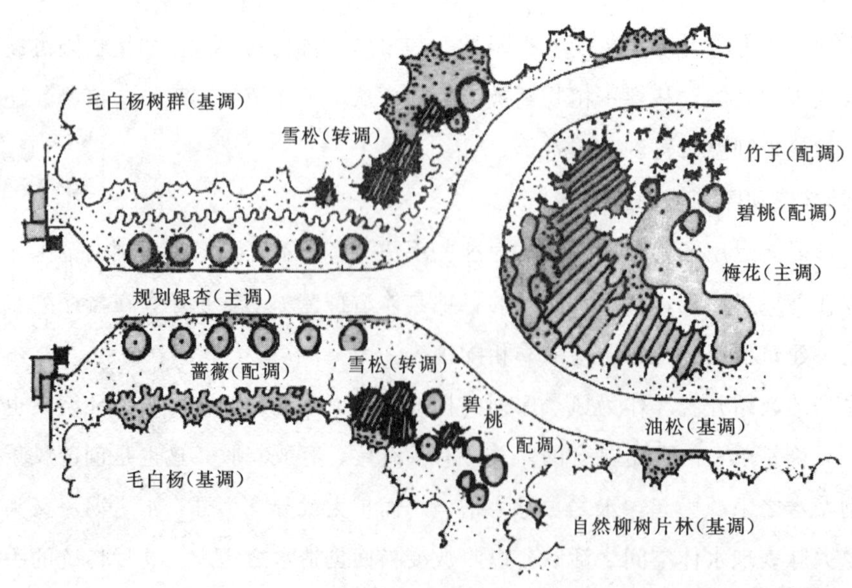

图 2.27　绿化基调、主调、配调、转调的表现示意图

（4）园林植物景观序列的季相与色彩布局。园林植物是风景园林景观的主体，然而植物又有其独特的生态规律，在不同的立地条件下，利用植物个体与群落在不同季节的外形与色彩变化，再配以山石水景、建筑道路等，必将出现绚丽多姿的景观效果和展示序列。如扬州个园内，春植青竹配以石笋，夏种槐树、广玉兰配以太湖石，秋种枫树、梧桐配以黄石，冬植腊梅、天竹配以白色英石，并把四景分别布置在游览线的四个角落里，则在咫尺庭院中创造了四时季相景序（图 2.28～图 2.31）。一般园林中，常以桃红柳绿表春，浓荫白花主夏，黄叶秋果属秋，松竹梅属冬。在更大的风景区或城市郊区的总风貌序列中，更可以创造春游梅花山，夏渡竹溪湾，秋去红叶谷，冬踏雪莲山的景象布局。

图 2.28　扬州个园春景区

图 2.29　扬州个园夏景区

图 2.30　扬州个园秋景区

图 2.31　扬州个园冬景区

（5）园林建筑群组的动态序列布局。园林建筑在风景园林中只能占有 1%～2%的面积，但却是某景区的构图中心，起到画龙点睛的作用。由于使用功能和建筑艺术的需要，对建筑群体组合的本身以及对整个园林中的建筑布置，均应有动态序列的安排。

2.6　园林造景手法

2.6.1　主景与配景手法

2.6.1.1　主景与配景

园林中有主景与配景之分。主景是在园林绿地中起到控制与核心作用。一般一个园林由若干个景区组成，每个景区都有各自的主景，但各景区中，有主景区与次景区之分，而位于主景区中的主景是园林中的主题和重点；配景起衬托作用。主景必须要突出，配景必不可少，但配景不能喧兵夺主，能够对主景起到烘云托月的作用。

2.6.1.2 突出主景的方法

常用的突出主景的方法有以下几种。

(1) 主景升高或降低。为了使构图主题鲜明，常把主景在高程上加以突出。主体升高，可产生仰视观赏效果，并可以蓝天、远山为背景，使主体的造型轮廓突出鲜明，不受或少受其他环境因素的影响（图 2.32）。

图 2.32 天坛祈年殿主景升高

图 2.33 放置于焦点处的主景

(2) 运用轴线和风景视线的焦点。放在视线的焦点上，突出主景。一条轴线的端点或几条轴线的交点常有较强的表现力。故常把主景布置在轴线的端点或几条轴线的交点上（图 2.33）。

(3) 中轴对称。在规则式园林和园林建筑布局中，常把主景放在总体布局中轴线的终点，而在主体建筑两侧，配置一对或一对以上的配体。

(4) 构图重心法。把主景置于园林空间的几何中心或相对重心部位，使全局规划稳定适中。规则式园林绿地将主景布置在几何中心上，自然式园林绿地将主景布置在构图的重心上，也能将主景突出。

(5) 动势集中。四周环抱的空间，形成动势，趋向一个视线的焦点上。一般周围环抱的空间，如水面、广场、庭院等，其周围景物往往具有向心的动势，主景如布置在动势集中的焦点上就能得到突出。也叫“百鸟朝凤”法或“托云拱月”法，把主景置于周围景观的动势集中部位。

(6) 其他。如利用对比与调和突出主景、渐层手法、抑扬手法、置于面阳的朝向、尺度突出法等。

2.6.2 景的层次与景深手法

景色就空间距离层次而言有近景（也称前景）、中景、远景（也称后景、背景）、全景。近景是近视范围较小的单独风景；中景是目视所及范围的景致；远景是辽阔空间伸向远处的景致，相应于一个较大范围的景色，远景可以作为园林开阔处瞭望的景色，也可作为登高望远处鸟瞰全景的背景；全景是相应于一定区域范围的总景色。

合理的安排前景、中景与背景，可以增加景深，让画面富有层次感，使人获得深远的感受。一般前景与背景都是衬托、突出中景（主景）的配景，中景往往是主景部分。当主景缺乏前景或背景时，便需要添景，以增加景深，使景观显得丰富。尤其是园林植物的配植，常利用片状混交、立体栽植、群落组合、季相搭配等方法，以取得较好的景深效果。

2.6.2.1 增大前景与透视距离

在处理风景点的前景时，要尽可能选择有深浅透视线的方向。深浅透视线本身的绝对深度大，风景的景深感染力就强。

2.6.2.2 增加前景的层次

有的园林景观景深的绝对透视距离虽大，但前景只是一片空旷的水面，则感觉上也难以引起空间的深远感；相反，在前景的绝对距离不大时，如果在前景中又有近景、中景、远景的分层结构，形成许多等级，则会引起空间深远的错视。

2.6.2.3 色彩及明暗处理

运用色彩的空间透视原理，暖色系、色度大、明色调都会给人以向前的感觉；冷色系、色度小、暗色调都会给人以远离的感觉。安排景物时，远景（背景）用暗色调、冷色系，近景用明色调、暖色系。

2.6.2.4 其他错觉的应用

如在厅堂、穿廊等处的窗外，不到2～3m就是其他建筑的墙面，距离很短，在这种情况下，常在窗外的白粉墙前种上竹子、芭蕉等植物，配上几块山石，构成一幅无心画，引起空间深远的错觉；在水的源头、尽端布置叠石、桥、过水墙洞等均可造成水景深远的感觉。

2.6.3 借景手法

借景就是根据园林周围环境特点和造景需要，把园外的风景组织到园内，成为园内风景的一部分，称为借景。借景能扩大空间，丰富园景，增加变化。

2.6.3.1 借景的内容

借景的内容包括借形、借声、借色、借香。

（1）借形。将建筑物、山石、植物等借助空窗、漏窗、树木透景线等纳入画面。

（2）借声。借雨声、流水声、动物声音等。如远借寺庙的暮鼓晨钟，近借溪谷泉声、林中鸟语，秋借雨打芭蕉，春借柳岸莺啼。

（3）借色。园林中常借月色、云霞及园林植物的红叶、佳果乃至色彩独特的树干组景。如杭州西湖的“三潭印月”“平湖秋月”“雷峰夕照”；避暑山庄的“月色江声”“梨花伴月”等皆为著名的借景实例。

（4）借香。鲜花的芳香馥郁、草本的芳香宜人，可愉悦人的身心，是园林中增加游兴、渲染意境的重要方法。如北京恭王府花园中“樵香亭”“雨香岑”“妙香亭”等皆为借香组景。

图 2.34　苏州拙政园借景北寺塔

2.6.3.2　借景的方法

一般借景的方法有以下 5 种：

(1) 远借。把远处的园外风景借到园内，一般是山、水、树林、建筑等大的风景。(图 2.34)。

(2) 邻借。把近邻园子的风景组织到园内，一般景物可作为借景的内容。

(3) 仰借。利用仰视来借景，借到的景物一般要求较高大，如山峰、瀑布、高阁。中国人有春季登高踏青、秋季登高望远的习俗。“会当凌绝顶，一览众山小”，立于峰顶而俯看云海，仰视悬崖峭壁，拔地通天，苍穹无际，天上人间。而咫尺山林之中，创造俯仰景观，则更能产生小中见大的艺术效果。

(4) 俯借。指利用俯视所借景物，一般在视点位置较高的场所才适合于俯借。

(5) 应时而借。是借一年四季中春、夏、秋、冬自然景色的变化或一天之中景色的变化来丰富园景。

2.6.4　对景与分景手法

2.6.4.1　对景

位于园林轴线及风景线端点的景物称为对景。对景可以使两个景观相互观望，丰富园林景色，一般选择园内透视画面最精彩的位置，用作供游人逗留的场所。对景可分为对景和错落对景两种。严格对景要求两景点的主轴方向一致，位于同条直线上。错落对景比较自由，只要两景点能正面相向，主轴虽方向一致，但不在一条直线上即可。对景多用于园林局部空间的焦点部位。多在入口对面、甬道端头、广场焦点、道路转折点、湖池对面、草坪一隅等地设置景物，用雕塑、山石、水景、花坛（台）等景物作为对景。它有正对景和互对景两种形式（图 2.35）。

图 2.35　大雁塔的正对景

2.6.4.2　分景

将园内的风景分为若干个区，使各景区相互不干扰，各具特色。分景是园林造景中采取的重要方式之一。

将空间分开之意，分而不离，有道可通。分隔园林空间、隔断视线的景物称为分景。分景可创造园中园、岛中岛、水中水、景中景的境界，使园景虚实变换，层次丰富。其手法有障景、隔景两种。

(1) 障景，也称抑景。是指以遮挡视线为主要目的的景物。中国园林讲究“欲扬先抑”，也主张“俗则屏之”。二者均可用抑景障之，有意组织游人视线发生变化，以增加风景层次。障景多可用山石树丛或建筑小品等。在园林中起着抑制游人视线的作用，是引导游人转变方向的屏障景物。它能欲扬先抑，增强空间景物感染力，有山石障、曲障（院落障、影壁障）、树（树丛或树群）障等形式。

（2）隔景。将景物隔离之意，隔而断，景断意联。二者类似而略有不同。以虚隔、实隔等形式将园林绿地分隔为若干空间的景物，称为隔景。它可用花廊、花架、花墙、疏林进行虚隔，也可用实墙、山石、建筑等进行实隔，避免各景区游人相互干扰，丰富园景，使景区富有特色，具有深远莫测的效果。

2.6.5 前景的处理手法

在风景园林立体画面构图的前面用框景、夹景、漏景、添景等手法处理，都会给人以强烈的艺术感染。

2.6.5.1 框景

框景是在园林中用门、窗、树木、山洞等来框取另一个空间的优美景色。主要目的是把人的视线引到景框之内，故称框景。多利用建筑的门窗、柱间、假山洞口等，选择特定的角度，撷取最佳景观（图 2.36）。这是组织视景线和局部定点定位的手法。类似照相取景一样，往往达到了增加景深、突出对景的奇异效果。

图 2.36 江南某私家园林框景

图 2.37 苏州留园的漏窗

2.6.5.2 漏景

漏景是框景的进一步发展，利用漏窗、花墙、漏屏风、疏林树干等作前景与远景并行排列形成景观（图 2.37）。它起着含而不露、柔和景色、若隐若现的作用。

2.6.5.3 夹景

夹景是以树、山、建筑等将轴线两侧贫乏景观加以屏障，从而形成左右较封闭的狭长空间，突出空间端部景观。

2.6.5.4 添景

添景是在主景前面加植花草、树木或铺山石等，使主景具有丰富的层次感。一般指视野前方，处于中间层次的景物，如平展的枝条、伸出的花朵、协调的树形等，不是视线的主要目的物，而是远景视野的添加物，用以增加层次感，是视景线前方主景物的辅助景物，起到衬托主景的作用。

2.6.6 其他造景手法

2.6.6.1 点景

我国园林善于抓住每一个景观特点，根据它的性质、用途，结合空间环境的景象和历史，进行高度概括，常作出形象化、诗意化、意境深的园林题咏。其形式多样，有对联、匾额、石碑、石刻等。这不但能点缀堂榭，装饰门墙，在园林中往往表达了造园者或园主的思想感情，还可以丰富景观，唤起联想，增加诗情画意，起着画龙点睛的作用，是中国传统园林的一个特色。如苏州拙政园中的“与谁同坐轩”，寄托了园主“与谁同坐？清风、明月、我”的思想；苏州沧浪亭的楹联上刻有“清风明月本无价，近水远山皆有情”的诗句。

2.6.6.2 引景或导景手法

在景区联结点、道路转弯处、景区界面处设景，可以设置山石、树木、建筑、雕塑等。它们以其明确的动势，鲜明的形象，引人注目的色彩引导游人到达主景。

2.7 园林色彩艺术构图

2.7.1 色彩的基本知识

2.7.1.1 色彩的基本概念

色彩的概念很多，主要需要了解以下几点。

(1) 色相。色相是指一种颜色区别于另一种颜色的相貌特征，简单地讲就是颜色的名称。

(2) 明度。明度是指色彩明暗和深浅的程度，也称为亮度、明暗度。不同明度同一色相，一般可以分为明色调、暗色调和灰色调。

(3) 纯度。纯度是指颜色本身的明净程度，也叫色度、饱和度。

(4) 原色。无法用色彩（或色光）混合出来的色。其中红、绿、蓝色光三原色，若以等量的比例相加，可获得白色光；青、品红、黄为色料三原色，广告宣传多为红黄蓝提法，若以等量混合变成混浊或黑色，但不为纯黑色。

(5) 间色。三原色的任何两色等量混合而得的色。光学三原色组合的颜色为红＋绿＝黄；绿＋蓝＝青；红＋蓝＝品红。色料三原色组合的颜色为青＋品红＝蓝；品红＋黄＝红；黄＋青＝绿。

(6) 复色。又叫再间色或第三次色，由一种原色或一种间色进行混合或间色进行混合就成为复色。

(7) 补色。在色相环上，两个距离互为180°的颜色为补色。3对常用互补色为红—绿、蓝—橙、黄—紫。

(8) 对比色。在色相环上，距离相差120°以上的两种颜色。

2.7.1.2 色彩的感觉

园林的色彩对园林的构图关系密切，了解色彩对人的心理效应——感觉是十分重要的，这些感觉主要包括以下几个方面。

1. 色彩的温度感

在标准色中，红、橙、黄三种颜色能使人们联想到火光、阳光的颜色，因此具有温暖的感觉，称为暖色系。而蓝色和青色是冷色系，特别是对夜色、阴影的联想更增加了其冷的感觉。而绿色是介于冷、暖之间的一种颜色，故其温度感适中，是中性色。

在园林运用时，春、秋宜采用暖色花卉，严寒地区就应该多用，而夏季宜采用冷色花卉，可以引起人们凉爽的联想。但由于植物本身花卉的生长特性的限制，冷色花的种类相对少，这时可用中性花来代替，例如白色、绿色也属中性色，因此，在夏季应是以绿树浓荫为主。

2. 色彩的距离感

一般暖色系的色相在色彩距离上有向前接近的感觉，而冷色系的色相有后退及远离的感觉。

在实际园林应用中，作为背景的景观色彩为了加强其景深效果，应选用冷色系色相的植物。

3. 色彩的重量感

不同色相的重量感与色相间亮度差异有关，亮度强的色相重量感轻，反之则重。

色彩的重量感在园林建筑中关系较大，一般要求建筑的基础部分采用重量感强的暗色，而上部采用较基础部分轻的色相，这样可以给人一种稳定感。

4. 色彩的面积感

橙色系色相，主观上给人一种扩大的面积感，青色系的色相则给人一种收缩的面积感；亮度高的色相面积感大，而亮度弱的色相面积感小；同一色相，饱和的较不饱和的面积感大。

色彩的面积感在园林中应用较多，在相同面积的前提下，水面的面积感最大，草地的面积感次之，而裸地的面积感最小。因此，在较小面积的园林中，设置水面比设置草地可以取得扩大面积的效果。

5. 色彩的运动感

橙色系色相可以给人一种较强烈的运动感，而青色系色相可以使人产生宁静的感觉。同一色相的明色运动感强，暗色调运动感弱。同一色相饱和的运动感强，不饱和的运动感弱。互为补色的2个色相组合在一起时，运动感最强。

在园林中，可以运用色彩的运动感创造安静与运动的环境。例如在园林中，休息场所和疗养地段可以多采用运动感弱的植物色彩，为人们创造一种宁静的气氛，而在运动性场所，如体育活动区、儿童活动区等，应多选用具有强烈运动感色相的植物和花卉，创造一种活泼、欢快的气氛。

2.7.1.3 色彩的感情

色彩容易引起人的思想感情的变化，由于人们受传统的影响，对不同的色彩有不同的思想情感，色彩的感情是通过其美的形式表现的，色彩的美，可以通过它引起人的思想变化。色彩的感情是一个复杂、微妙的问题，对不同的国家、不同的民族、不同的条件和时间，同一色相可以产生许多种不同的感情。

数以千计的色彩，对人的心理产生不同的感受，这种心理感受有共通的，但也会因年龄、经历、性格、修养、习惯等的差异而有所不同。

• 红色：热情、活泼、热闹、革命、温暖、幸福、吉祥、危险……

• 橙色：光明、华丽、兴奋、甜蜜、快乐……

• 黄色：明朗、愉快、高贵、希望、发展、注意……

• 绿色：新鲜、平静、安逸、和平、柔和、青春、安全、理想……

• 蓝色：深远、永恒、沉静、理智、诚实、寒冷……

• 紫色：优雅、高贵、魅力、自傲、轻率……

• 白色：纯洁、纯真、朴素、神圣、明快、柔弱、虚无……

• 灰色：谦虚、平凡、沉默、中庸、寂寞、忧郁、消极……

• 黑色：崇高、严肃、刚健、坚实、粗莽、沉默、黑暗、罪恶、恐怖、绝望、死亡……

2.7.2 园林色彩构图

组成园林的各种要素的色彩表现，就是园林色彩构图。园林色彩构图包括天然山石、土面、水面及天空的色彩，园林建筑构筑物的色彩，道路广场的色彩，假山石的色彩，植物的色彩。

2.7.2.1 天然山石、土面、水面及天空的色彩

天然山石、土面及天空在园林色彩构图中，一般用来作背景处理，以远看为主。常见的天然山石的色彩多数属暗色调，少数属明色调。在以山石为背景布置主景时，要注意主景色彩与山石色彩的对比与调和。

天空的色彩，晴天以蔚蓝为主，多云天以灰白为主，阴雨天以灰黑为主，早晨和黄昏色彩最丰富，故朝霞、晚霞常成为园林中借景的对象。总的说来，天空的色彩以明色调为主，以天空为背景时，主景宜采用暗色调为主或采用与天空颜色有明显对比的色彩，实际运用时还应考虑地方的气候特点。

水面主要用来反映天空及水岸附近景物的色彩，水体本身应当清洁，反映出来的景物色彩如同透过一层淡绿色的玻璃而显得更为清晰动人，比如看江中夜月比看天空月亮更耐人寻味。

2.7.2.2 园林建筑构筑物的色彩

园林建筑构筑物在园林构图中虽然比重不大，但它们与人们活动的关系极为密切，往往是人们活动最频繁的场所，因此这些园林要素的色彩表现对园林色彩构图起着重要的作用。建筑、构筑物设色应考虑以下几方面。

（1）结合环境设色。园林建筑形式多样，可随境而安，其色彩也应因境而设。水边建筑色彩淡雅和顺为宜，如米黄、灰白、淡绿、蓝色等；山林建筑色彩宜与土壤、露岩色彩相近，而与绿色植物成对比，如用红、橙、黄等暖色或在明度上有对比的近似色，如孔雀蓝、绿色、灰绿的琉璃瓦。

（2）结合气候设色。寒冷地带宜用暖色，温暖地带宜用冷色，

（3）结合功能设色。文化娱乐处的亭廊应能够激发人们愉快话泼的情绪，以明快色调为主；安静休息处的亭榭，则以淡雅色为主。

（4）建筑的色彩应能反映建筑的总体风格。如园林中的游憩建筑应能激发人们愉快活泼或安静雅致的思想情绪。

（5）反映地方特色。人们对色彩的喜好除共同一面外，还存在着地方、区域的差异，故设色应结合各自的喜好、传统文化设色，表现地方特色。

（6）建筑的色彩还要考虑当地的传统习惯。雕塑、纪念碑宜选用与环境和背景有明显对比的色彩。

2.7.2.3 道路广场的色彩

道路广场的色彩不宜设计成明亮、刺目的明色调，而应以温和的和暗淡的为主，显得沉朴和稳重，如灰、青灰、黄褐、暗红、暗绿等。具体运用时应注意与环境相结合，如儿童活动区的色彩明亮度可高些。

2.7.2.4 假山石的色彩

假山石（塑石）色彩应宁静、古朴、沉稳，假山石的色彩因材料限制较大，宜选择灰、灰白、青灰、黄褐为主，也可结合植物加以弥补。

2.7.2.5 园林植物的色彩

园林植物是园林色彩构图的骨干，也是最活跃的因素，运用得当，能使园景更为鲜活、美妙。园林中植物配色的方法，常用的有以下几种。

（1）基础色统一全局园林设计中主要靠植物表现出的绿色来统一全局，辅以长期不变的或一年不变的其他色彩。

（2）观赏植物对比色的应用。对比色主要指补色的对比，因为补色对比从色相等方面差别很大，对比效果强烈、醒目，在园林设计中使用较多，如红与绿、黄与紫、橙与蓝等。对比色在园林设计中，适宜于广场、游园、主要入口和重大的节日场面，利用对比色组成各种图案和花坛、花柱、主体造型等，能显示出强烈的视觉效果，给人以欢快、热烈的气氛。

（3）观赏植物同类色的应用。同类色指的是色相差距不大比较接近的色彩，如红色与橙色、橙色与黄色、黄色与绿色等。同类色也包括同一色相内深浅程度不同的色彩，如深红与粉红、深绿与浅绿等。这种色彩组合在色相、明度、纯度上都比较接近，因此容易取得协调。

（4）冷色花与暖色花。暖色花在植物中较常见，而冷色花则相对较少，特别是在夏季，而一般要求夏季炎热地区，要多用冷色花卉，这给园林植物的配置带来了困难，常见的夏季开花的冷色花卉有矮牵牛、桔梗等。在这种情况下可以用一些中性的白色花来代替冷色花，效果也是十分明显的。

（5）白色花卉的应用。白色属中性，能很好地调节各色花卉之间的关系。在观花植物中，白色花卉或花木所占比重很大。在对比花卉中混入大量的白花，可以使对比趋于调和。在暖色花卉中混入大量白色花，不减其暖感，在冷色花卉中混入大量白色花，不减其冷感。在暗色调的花卉中混入大量白花，可使色调明快起来。

（6）夜晚植物配植。一般在有月光和灯光照射下的植物，其色彩会发生变化，比如月光下，红色花变为褐色，黄色花变为灰白色。因此在晚间，植物色彩的观赏价值变低，在这种情况下，为了使月夜景色迷人，可采用具有强烈芳香气味的植物，使人真正感到“疏影横斜水清浅，暗香浮动月黄昏”的动人景色。可选用的植物有晚香玉、月见草、白玉兰、含笑、茉莉、丁香、桂花、腊梅、玫瑰等，这些植物一般布置于小广场、街心花园等夜晚游人活动较集中的场所。

本 章 小 结

世界园林的三大体系即东方体系、西亚体系、欧洲体系都有着悠久和辉煌的园林发展史，本章介绍了中外园林的发展历程，也分析了世界当代园林的发展趋势。

城市园林绿地系统是城市生态系统的重要组成部分。本章在分析园林绿地功能的基础上，介绍了城市园林绿地系统分类基本方法与各类园林绿地的基本特征以及城市园林绿地指标相关知识。

掌握园林规划设计基本原理是进行园林绿地规划设计的基本前提。本章从美学原理入手，介绍了园林美的特征与主要内容，结合实例阐述了形式美基本法则及在园林中的应用。

练 习 与 思 考 题

1. 简述中国古典园林发展的主要历程与特点。
2. 世界当代园林发展趋势是什么？
3. 园林绿地有哪些功能？
4. 城市绿地分为哪些类型？各类城市绿地具有什么特征？
5. 简述城市园林绿地的规划原则。
6. 城市绿地的指标有哪些？各是什么含义？
7. 我国城市绿地系统布局的形式有哪几种？
8. 通过调查走访，确定你所在城市绿地系统的布局模式并画出布局示意图。
9. 园林美有哪些特征？可以通过哪些因素来体现？
10. 举例说明在园林中怎样应用形式美基本法则。

第3章

园林构成要素及设计

学习目标

- 了解园林各构成要素的类型、功能和作用。
- 掌握园林各构成要素的设计原则与方法。
- 能够进行园林各构成要素的独立设计及其综合设计。

3.1 园林地形及设计

地形是地貌的近义词，意思是地球表面三度空间的起伏变化。简言之，地形是地表的外观。就风景区而言，地形包括如下类型：山谷、高山、丘陵、草原，以及平原，这些地表类型称为“大地形”。就园林范围来讲，地形包含土丘、台地、斜坡、平地或因台阶和坡道所引起的水平面变化的地形，这类地形称为“小地形”。起伏微弱的地形称为“微地形”，包括沙丘上的微弱起伏或波纹，或是道路上的石头和石块等不同地质的变化。

3.1.1 园林地形的功能

3.1.1.1 分隔空间

地形以不同的方式创造和分割外部空间。平坦地形仅是一种地形可以不同的方式创造和限制外部空间。平坦地形仅是一种缺乏垂直限制的平面因素，视觉上缺乏空间限制。而斜坡的地面较高点则占据了垂直面的一部分，并且能够限制和封闭空间。斜坡越陡越高，户外空间感就越强烈。地形除能限制空间外，它还能影响一个空间的气氛。平坦、起伏平缓的地形能给人美的享受和轻松感，而陡峭、崎岖的地形极易在一个空间中造成兴奋的感受（图3.1）。

3.1.1.2 控制视线

地形能在景观中将视线导向某一特定点，影响某一固定点的可视景物和可见范围，形成可连续观赏的景观序列，或封闭通向不悦景物的视线。为了能在环境中使视线停留在某一特殊焦点上，我们可在视线的一侧或两侧将地形增高，在这种地形中，视线两侧的较高地面犹如视野屏障，封锁了分散的视线，从而使视线集中到景物上。地形的另一类似功能是构成一系列赏景点，以此来观赏某一景物或

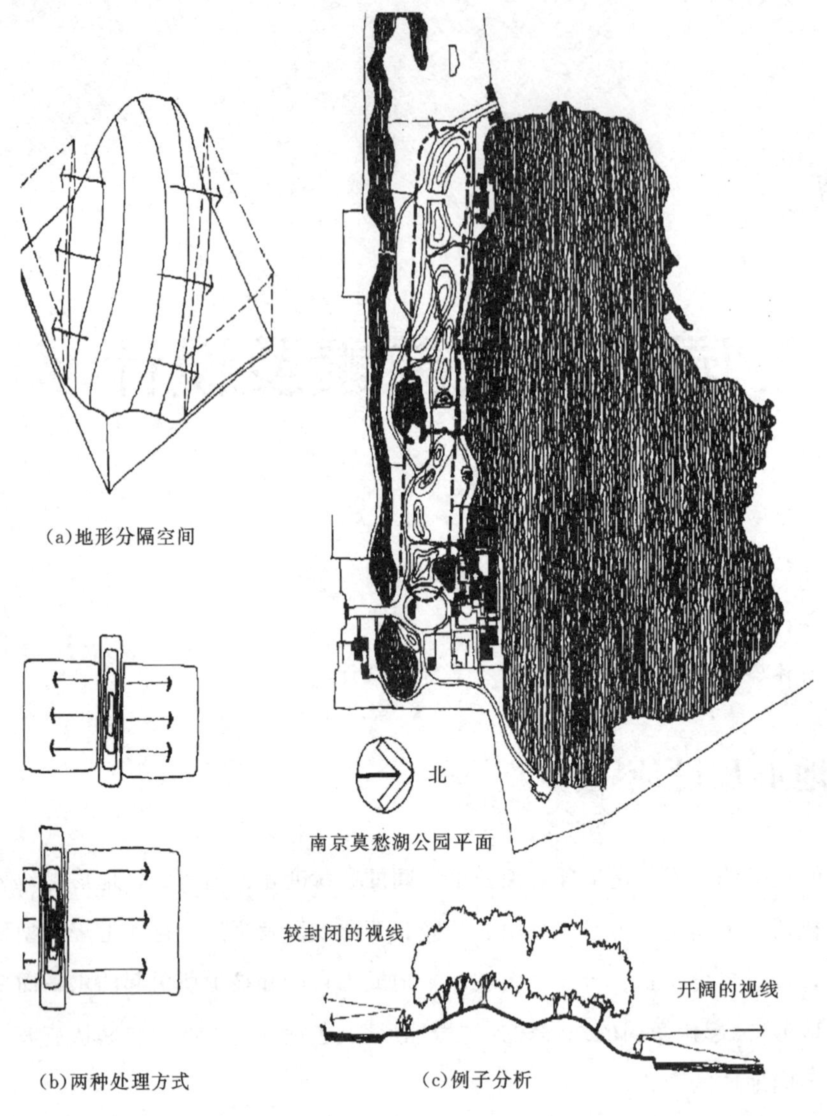

(a)地形分隔空间

(b)两种处理方式

(c)例子分析

图 3.1　利用地形分隔空间

空间（图 3.2）。

3.1.1.3　影响旅游线路和速度

地形可被用在外部环境中，影响行人和车辆运行的方向、速度和节奏。在园林设计中，可用地形的高低变化、坡度的陡缓以及道路的宽窄、曲直变化等来影响和控制游人的游览线路及速度。在平坦的土地上，人们的步伐稳健持续，无需花费什么力气。而在变化的地形上，随着地面坡度的增加或障碍物的出现，游览也就越发困难。

3.1.1.4　改善小气候

地形可影响园林某一区域的光照、温度、风速和湿度等。从采光方面来说，朝南的坡面一年中大部分时间，都保持较温暖和宜人的状态。从风的角度而言，凸面地形、脊地或土丘等，可以阻挡刮向某一场所的冬季寒风。反过来，地形也可被用来收集和引导夏季风。夏季风可以被引导穿过两高地之间形成的谷地或洼地、马鞍形的空间。

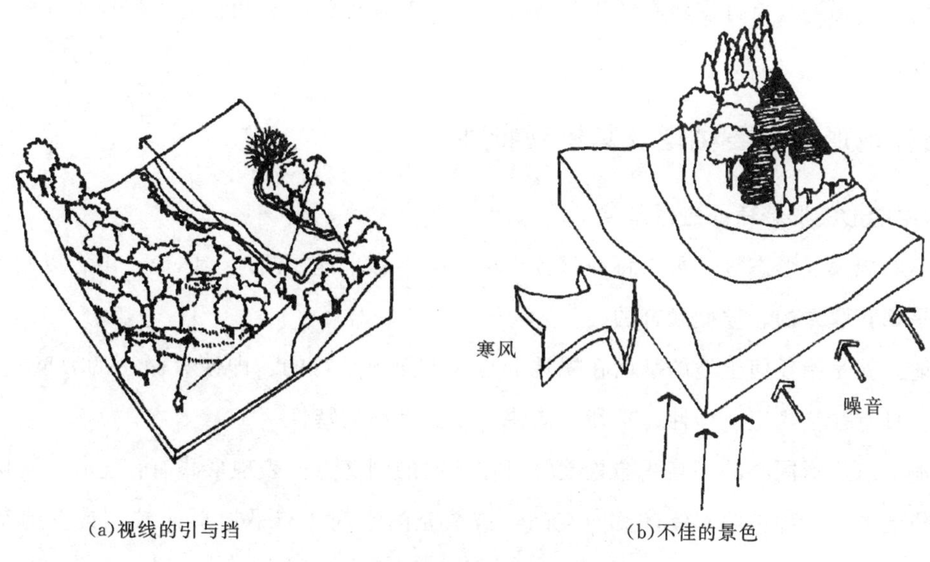

(a)视线的引与挡　　(b)不佳的景色

图 3.2　利用地形控制视线

3.1.1.5　美学功能

地形可被当作布局和视觉要素来使用。在大多数情况下，土壤是一种可塑性物质，它能被塑造成具有各种特性，具有美学价值的悦目的实体和虚体。地形有许多潜在的视觉特性。我们可将土壤塑造成柔软、具有美感的形状，这样它便能轻易地捕捉视线，并使其穿越于景观。借助于岩石和水泥，地形被浇铸成具有清晰边缘和平面的挺括的形状结构。地形的每一种功能，都可使一个设计具有明显差异的视觉特性。

3.1.1.6　骨架作用

地形是构成园林景观的骨架，是园林中所有景观元素与设施的载体，它为园林中其他景观要素提供了赖以存在的基面。地形对建筑、水体、道路等的选线、布置等都有重要的影响。地形坡度的大小、坡面的朝向也往往决定建筑的选址及朝向。因此，在园林设计中，要根据地形合理地布置建筑、配置树木等（图 3.3）。

图 3.3　依托地形起伏产生了林冠线的变化

3.1.1.7　景观作用

背景作用。作为造园诸要素载体的底界面，地形具有背景角色，如一块平地上的园林建筑、小品、道路、树木、草坪等形成一个个的景点，而整个地形则构成此园林空间诸景点要素的共同背景。

造景作用。地形还具有许多潜在的视觉特性，通过对地形的改造和组合，形成不同的形状，可以产生不同的视觉效果。

3.1.2 园林地形的主要类型及其景观特性

3.1.2.1 根据地形的形态特征进行分类

根据地形的规模及形态等，可以将地形分为如下类别：平地、凸地、凹地、山脊以及山谷。这些地形类型总是相互联系的，彼此融合的。

(1) 平地。就是指任何土地的基面在视觉上与水平面向平行的，即使有微小的坡度或轻微起伏，也包括在内。具有往往稳定、中性、平衡、愉快、重心平衡的特性。

(2) 凸地。以环形同心的等高线布置围绕所在地面的制高点。表现形式有：土丘、丘陵、山峦以及小山峰。凸地形是一种正向实体，负向空间，被填充的空间。与平地形比较，具有动态感和进行感，是现存地形中，最具抗拒重力而代表权力和力量的因素。

(3) 凹地。在景观中被称为碗状洼地，它不是一片实地，是不折不扣的空间，是景观中的基础空间，是户外空间的基础结构。空间制约的程度取决于周围坡度的陡峭和高度，以及空间的宽度。

(4) 山脊。与凸面地形相类似的另一种地形称为脊地。脊地总体上呈线状，与凸面地形相比较，其形状更紧凑、集中。脊地的特性：导向性和动势感。具有摄取视线并沿其长度引导视线的能力。脊地是分水岭，也常作为分隔物。

(5) 山谷。谷地与凹地形相似，在景观中是一个低地，具有实空间的功能，可以进行多种活动。但它也与脊地相似，也呈线状，也具有方向性。

3.1.2.2 根据地形的坡度不同进行分类

根据坡度不同，地形可分为平地、坡地、山地三种类型。

(1) 平地。园林中所指的平地，实际上是具有一定坡度的缓坡地，其坡度一般为1%～8%，以利排水。平地设计上具有更多的选择性，园林中的平坦地形设计常见有土草地面、沙石地面、铺装地面（如砖、片石、水泥、预制块等）、绿地种植地面，为了有利排水一般要保持1%～2%的坡度。

(2) 坡地。指坡度介于8%～30%之间的地形，因地面倾斜的角度不同，又可分为：缓坡，坡度在8%～10%之间；中坡，坡度在10%～25%之间；陡坡，坡度在25%～30%之间。缓坡易于与其他园林要素构成较好的结合地形，因其坡度不大，可作为园林绿化的某些活动场地。但坡度大于12%时，游人在其上开展活动较为困难。

(3) 山地。山地指坡度35%以上的地形，园林中的山地包括自然山地和人工堆山叠石。按山的主要构成材料，可以分为土山、石山和土石混合山。

3.1.3 园林地形设计原则

园林地形设计在全面贯彻“实用、美观、经济、安全”这一园林设计总原则的前提下，依据园林地形的特殊性应遵循：因地制宜，顺应自然；利用为主，改造为辅；满足使用功能要求；符合园林工程的要求；创造园林植物的种植环境的原则。

3.1.3.1 因地制宜，顺应自然

《园冶》："高方欲就亭台、低凹可开池沼"，就低挖池，就高堆山，使园林绿地的地形符合自然山水规律，达到"虽由人作，宛自天开"的境界。因地制宜，利用原有地形，利用为主，改造为辅；挖湖堆山或推平处理，挖低处，堆高处；填挖结合，土方平衡，减少工程成本。

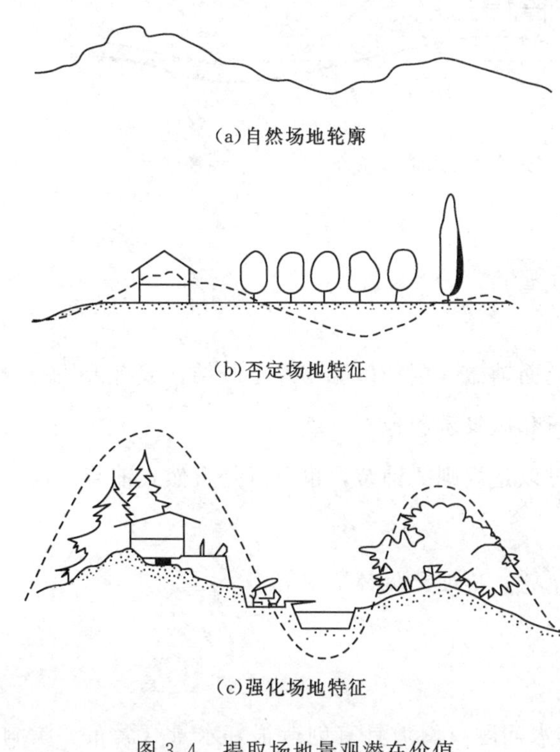

图 3.4 提取场地景观潜在价值

3.1.3.2 利用为主，改造为辅

场地规划本质是寻找最合适的场地，让场地启发规划方式，提取所有的场地潜在价值（图 3.4）。

3.1.3.3 满足使用功能要求

不同类型的园林，其功能性质不同。例如：开展集体活动需要一定面积的广场和草坪；登山远眺需要有山形登临之势；划船游泳，需要有一定面积的水体。

3.1.3.4 符合园林工程的要求

假山堆置考虑山体自然安息角、高度与地质、土壤、坡度的关系，平坦地形考虑排水问题，开挖水体深度，园林建筑设置点基础、桥址等工程技术问题。

3.1.3.5 创造园林植物的种植环境

园林植物有耐阴、喜光、耐湿耐旱等类型，充分考虑园林植物生长的土壤和环境，尽量创造适宜的生长环境。

3.1.4 园林地形的设计方法

自然地形是大自然所赋予的最适形态，它们是长期与大自然磨合的结果，适应它们就是要与适应这种地形的自然力和条件相和谐，使园林绿地的地形符合自然山水规律，达到"虽由人作，宛自天开"的境界。园林地形设计主要有平地、坡地、堆山、叠石、理水 5 个方面。

3.1.4.1 平地

1. 平地造景的特点

平地规划的限制性最小，道路不受地形限制平地无焦点，天穹是关键的景观要素，场地缺少私密感和第三维，平地易流于单调，缺乏人的尺度等。地形平坦以至单调的地方，须充分利用地形条件（图 3.5）。

2. 平地造景设计

平地规划项目主要有建筑用地、集散广场、露天剧场、体育运动场、停车场、花坛、草坪等，也可以在平地上挖湖堆山，是山地和水体的过渡，平地有利于营造植物景观，可作为统一协调园林景观的要素，要注意平地排水问题，平地要有 0.5%～2%以上的排水坡度，自然式园林中的平地面积较

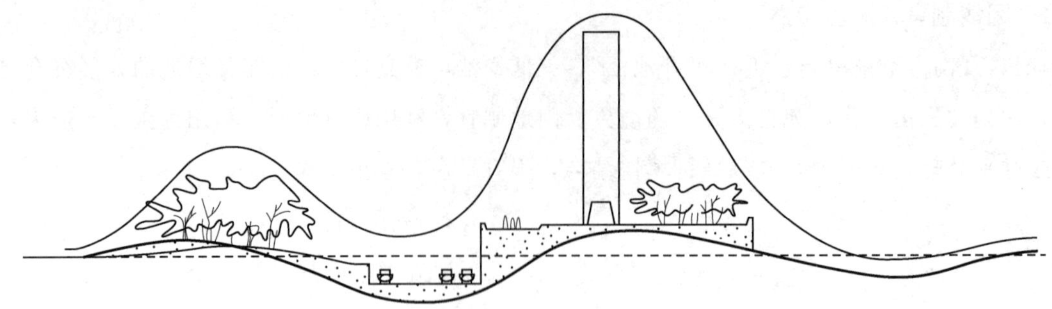

图 3.5　地形平坦单调的地方，须充分利用地形条件

大时，可有 1%～7%起伏的缓坡。

3. 平地的地面处理。

(1) 土壤地面：可设于平地林中，尽量少用。

(2) 沙石地面：为防止地表径流对土壤的冲刷，上面铺撒一层细砂砾与黏土胶结，或有天然的岩石质地，上面以卵石、砂砾找平，作为游人的活动场所和风景游憩地。

(3) 铺装地面：主要用于园林中的道路、广场。可以是规则式铺装，也可以是自然式铺装，这种地面不宜过多。

(4) 植被地面：主要是园林中可供观赏或活动的草坪、草地、疏林草地等。

3.1.4.2　坡地

1. 坡地造景的特点

坡地具有动态的景观特性（眺台、挑台），具有排水问题，斜坡具有创造很好水景（瀑布、溪涧等）的特性。

2. 坡地造景设计

(1) 缓坡地形（8%～10%）。疏林草地，观叶、观花风景林，面积不大的园林水体（长轴沿等高线）。

(2) 中坡地形（10%～25%），坡度在 12%以上。游人在上面不能集中活动，可结合露天剧场的看台，也可配置林地或花台，一般是平地与山地的过渡，常以山石、植被装饰护坡，园路做成梯道，要考虑护坡措施，小型建筑一般要顺着高线布置，可作溪流水景，植物设计以风景林为主。

(3) 陡坡地形（大于 25%）。做成较陡的梯步道路，利用岩石隙地栽种耐旱的灌木，适当点缀占地少的亭、廊、轩等风景性建筑。要注意陡坡地形存在滑坡甚至塌方的可能性。

3.1.4.3　堆山

堆山，又称掇山、迭山、叠山。园林中的山地往往是利用原有地形，适当改造而成的。因山地常能构成园林风景，组织分隔空间，丰富园林景观，故在没有山的公园尤其是平原城市，人们常常在园林中人工挖湖、堆山。这种人工创造的山称作“假山”，以满足园林功能和艺术上的要求。

1. 假山的类型

按堆叠的材料来分，有土山、石山、土石山三类。

(1) 土山：全部用土堆积而成。土山多利用园内挖池掘出的土方，堆置而成。坡度最好在土壤安息角（小于30°）之内。

（2）石山：全部用岩石堆叠成，故又称叠石，外形多变的假山。石山又可分为天然山石和人工塑石两种。天然山石有湖石类、黄石类、卵石类、石笋类、吸水石类和砂片石类。由于堆置的手法不同，可以形成高峰、妩媚、玲珑、（沧）顽拙等多变景观。

（3）土石山：以土为主体结构，表面再加以点石（一般石占30%左右）堆砌而成的山称为土石山。一般有土山点石和石山包土两种作法，如颐和园万寿山，苏州的沧浪亭均为土山点石，而苏州环秀山庄中的假山即为石山包土。

2. 假山布置要点

（1）满足功能要求。

（2）园林假山的高度，通常为10～30m即可。用作分隔空间或防止游人践踏绿地的山体，则可低些，但至少须在1.5m以上，用以隔断视线。

（3）根据地形现状，因地制宜确定山体朝向和位置。

（4）筑山应主客分明；未山先麓，脉络贯通；山观四面而异；山水相依，山体最宜东西走向，山居北面，水于南面，山坡南缓北陡（图3.6）。

（5）参照山水画法，师法自然山（图3.7）。

图3.6 假山布置要点

图3.7 某高校校园假山景观

3.1.4.4 叠石

叠石也称置石或理石，是以山石为材料作独立或附属性的造景布置，主要表现山石的个体美，以观赏为主。叠石的主要方式有以下几种（图3.8）。

（1）特置：由玲珑或奇巧或古拙的单块山石立置而成，用作主景（图3.9）。

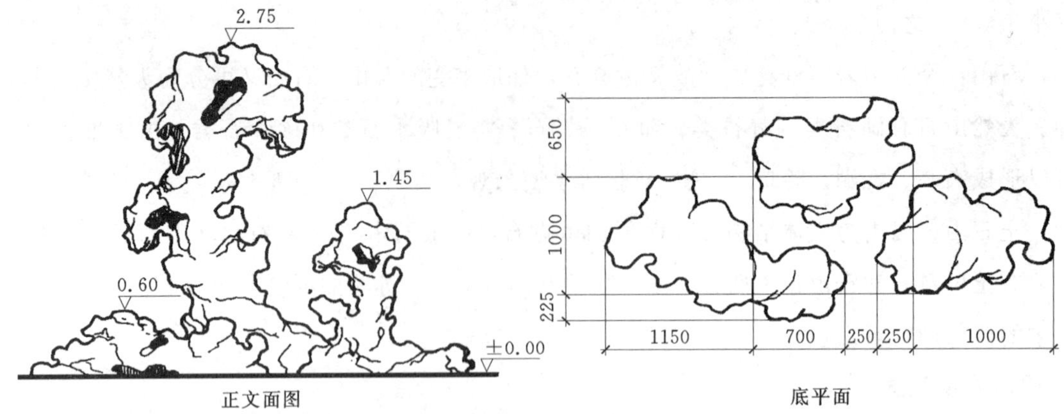

图 3.8 置石

图 3.9 特置

图 3.10 群置

图 3.11 散置黄石

图 3.12 人工塑石景观

(2) 群置：是指山石成组配置在一起，山石间有主次、有聚散、有立卧、有呼应，将山石成群布置，作为一个群体来表现（图 3.10）。

(3) 散置：“攒三聚五”“散漫理之”的布置形式。布局无定式，通常布置在廊间、粉墙前、山脚、山坡、水畔等处（图 3.11）。

(4) 人工塑石假山：以石粉及细石渣（3mm）为原料，以树脂为胶结，注模成型，用混凝土加色，内部配筋，用一次阴模制成（图 3.12）。

3.1.4.5 理水

1. 水体的分类

(1) 按水体的形式来分有自然式水体和规则式水体。自然式水体平面形状较自然，因形就势，如河流、湖泊、池沼、溪涧、飞瀑等；规则式水体平面多为规则的几何形，多由人工开凿而成，如运河、水渠、园池、水井、喷泉、壁泉等。

(2) 按水体的状态来分有动态水体和静态水体。动态水体有：河流、溪涧、瀑布、喷泉等。静态水体有：湖泊、池沼、潭、井等。

2. 常见园林水景简介

(1) 湖池。有天然和人工两种。园林中的湖池多就天然水域略加修饰而成，或依地势就低凿水而成。湖池常用作园林构图的中心，在我国古典园林中常在较小的水池四周设以建筑，如颐和园中的谐趣园，苏州拙政园、留园、上海的豫园等，这种布置手法。

(2) 瀑布。流水从高处突然落下而形成瀑布。在城市环境中，也可结合堆山叠石来创造小型人工瀑布。瀑布根据下落方式可分为3类：直落式瀑布、叠落式瀑布、散落式瀑布。瀑布可由5部分组成：上流（水源)、落水口、瀑身、曝潭、下流。

(3) 喷泉。在现代化都市及园林中，喷泉应用很广，喷泉可以美化环境，增强市容风光，调节气候，净化空气。可布置在大型建筑物前，广场中央、庭院及室内等处。园林中喷泉还往往与水池、瀑布一起布置。

(4) 溪流。溪流是自然山涧中的一种水流形式。在园林中小河两岸砌石嶙峋，河中少水并纵横交织，疏密有致地置大小石块，水流激石，涓涓而流，在两岸土石之间，栽植一些耐水湿的蔓木和花草，可构成极具自然野趣的溪流。在狭长形的园林用地中，一般采用该理水方式比较合适。

3.2 园路与园林地面铺装设计

园林道路简称园路，是园林的脉络，是联系各景点的纽带，是构成园林景色的组成部分。

3.2.1 园路的作用

园路是园林的骨架和脉络，是联系各景区、景点的纽带，是构成园林景色的重要因素。其功能具体体现在以下方面。

3.2.1.1 组织交通

园路同其他道路一样，具有基本的交通功能，它承担着游人的集散、疏导和组织交通的作用。此外还满足园林绿化建设、养护、管理等工作的运输任务，具备人、机动车辆和非机动车辆的通行的作用。

3.2.1.2 引导游览

因景设路，因路得景，园路是园林中各景点之间相互联系的纽带，使整个园林形成一个在时间上和空间上的艺术整体。它不仅解决园林的交通问题，而且还是园林景观的导游脉络。园路作为无形的艺术纽带，很自然地引导游人从一个景区到另一个景区，从一个风景点到另一个风景点，从一个风景环境到另一个风景环境（图 3.13）。

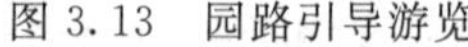
图 3.13　园路引导游览

图 3.14　园路组织划分空间

3.2.1.3　划分空间

园林中常常利用地形、建筑、植物、道路把全园分隔成各种不同功能的景区，同时又通过道路，把各景区、景点联系成一个整体。园路本身是一种线性狭长的空间，因园路的穿插划分，把园林其他空间划成不同形状、不同大小的一系列空间。通过大小、形状的对比，极大丰富园林空间的形象，增强空间的艺术性表现（图 3.14）。

3.2.1.4　构成景观

园路本身的线形和铺装、质感、色彩、尺度，可与园林植物、建筑、山水构成各种空间景色变化，既是路也是景。

3.2.1.5　其他功能

为园林中的水电工程打基础，园路的铺设园路为园林绘排水、电力电讯等管网的布置提供一定的场所或条件，还有利于园林的通风和光照等。

3.2.2　园路的分类

3.2.2.1　按平面构图形式分

园路按平面构图形式分可分为规则式园路和自然式园路两类。

（1）规则式园路：规则式道路采用严谨整齐的几何形道路布局，突出人工美（图 3.15）。

图 3.15　规则式园路

（2）自然式园路：道路以其自然曲折，无迹可循的布局，带来曲径通幽意境（图 3.16）。

3.2.2.2　按性质和功能分

园路按性质和功能可以分为主干道、次干道、游步道三类。

（1）主干道。指景区中心的道路，从入口通向全园通往各景区，路宽 3～6m，横坡 1%～4%，纵坡 8%以下，水泥或混凝土为路面材料。中小型绿地一般设置 3～5m，大型绿地一般设置 5～6m，以能通行双向机动车辆为宜（图 3.17）。

图 3.16　自然式园路

（2）次干道。深入园中各角落，散步休息，连接景区内各景点的道路，并且和各主要建筑相连。路宽 2～3m，起到组织景观的作用，一般用天然石块作为路面材料。以单向通行机动（小型服务性）车辆为宜（图 3.18）。

（3）游步道。联系景区内各景点，构成园景，引导游人深入到园林各角落，供散步休息用，道路以满足两人行走为宜。路宽一般 1.2～2m（图 3.19）；小径 0.8～1.2m（图 3.20）。一般以碎石、卵石、砖渣做路面材料。

图 3.17　主干道

图 3.18　次干道

图 3.19　游步道

图 3.20　小径

3.2.2.3 按路面铺装材料分

园路按路面铺装材料分可以大致分为以下5种。

(1) 整体路面：指用水泥混凝土或沥青混凝土进行整体浇筑的路面，平整、耐压、耐磨，用于车辆、人流集中的主路（图3.21）。

图3.21 整体路面

图3.22 块料路面

(2) 块料路面：指用各种天然块料或各种预制混凝土块料铺成的路面，适用于游步道或少量轻型车通行的路面（图3.22）。

(3) 碎料路面：指用各种碎石、瓦片、卵石等拼砌而成的路面，往往铺成一定的纹样。主要用于游步路，具有装饰性等特点（图3.23）。

图3.23 碎料路面

图3.24 特殊型园路：步石

(4) 简易路面：指由三合土煤渣等材料铺成的临时性路面，一般用于临时性或过渡性路面。

(5) 特殊型园路：包括步石、汀步、台阶等（图3.24）。各类园路的特点见表3.1。

表3.1 各类园路的特点

类型	功　能	宽度/m	材　料
主要园路	联系各景区、主要景点，导游，组织交通	3～6	混凝土、沥青（整体路面）
次要园路	联系景区内各景点，导游，构成园景	2～3	天然石块，预制混凝土块（块料路面）
游憩小路	深入园中各角落，导游，散步休息	1.2～2	碎石、卵石、砖渣（碎料路面）

3.2.3 园路的设计

3.2.3.1 园路规划设计的原则

园路规划设计的原则如下：

(1) 园路的设计应与园林的总体风格保持一致和协调。

(2) 交通性从属于游览性。

(3) 园路的布局应主次分明，密度得体在城市公园设计时，道路的比重可控制在公园总面积的10%～12%左右。

3.2.3.2 园路的布局形式

园路的布局形式可以分为以下4种。

(1) 棋盘式园路系统：主路为整个布局的轴线，次路沿轴线对称，组成闭合的“棋盘”。

(2) 套环式道路系统：主路、次路和小路构成的环路之间的关系是环环相套、互通互连关系。

(3) 条带式园路系统：主路呈条带状始端和尽端各在一方。在主路的一侧或两侧，可以穿插一些次路。

(4) 树枝式园路系统：道路系统的平面形状就像许多分支的树枝一样。

3.2.3.3 园路设计的要点

1. 分清交通性与游览性

园林中的道路布局以游览为主要目的，故不以捷径为准。主要道路的设计要参考车辆的通行安全，在道路的起伏与曲折上要考虑交通性，园路的导游作用还要借建筑、场地游览和风景视线的引导。

2. 主次分明

园路只有主次分明，主次道路的关系才清楚，才具有明确的方向性。要从宽度和铺装上分清主次道路。

3. 因地制宜，整体连贯

园林的地形变化决定道路系统的布局，园林面积的大小和景观的多少也关系到道路布局形式。

4. 注意道路的疏密要求

园林道路的疏密和景区的性质、地形、游人多少有关。

(1) 一般安静区的道路密度可小些，文娱活动区及各类游览区的道路密度大些，游人多的地方密度大些。

(2) 山地和地形复杂的地方道路密度可少些。

(3) 在城市公园中，道路的面积大致为公园总面积的10%～12%。

5. 注意道路的起伏曲折

园林道路的起伏曲折是由地形和景观空间的组织与使用功能等因素决定的。

(1) 高低的起伏变化一般在山地、丘岗随地形起伏，形成空间的竖向变化。

(2) 平地上因树丛、建筑等障景影响下也要有曲折的变化。

(3) 园林道路的起伏曲折主要是构成空间的转折和视线的转移，具有丰富的空间层次，可以在较小的范围内延长游览路线，但必须与景观空间的变化协调一致，线性设计曲折迂回，曲之有度，设置良好的道路曲线，不能为了曲折而曲折（图 3.25）。

图 3.25 曲折迂回，曲之有度

图 3.26 交叉园路交点处可设道路对景

6. 园路交叉口的处理

园路交叉有正交和斜交两种形式，在交叉口处理时必须注意以下情况。

(1) 道路相交应尽可能正交，为避免游人拥挤，可形成小广场。

(2) 避免多条道路交叉于一点，因为这样容易使游人迷失方向。

(3) 两条道路成锐角斜交时，锐角不宜过小，并使两条道路的中心线交于一点上，对顶角最好相等，以求美观。

图 3.27 建筑与园路的关系

(4) 两园路成丁字形相交时，交点处可设道路对景（图 3.26）。

(5) 道路正交时，应在端头处适当地扩大做成小广场，这样有利于交通，可以避免游人过于拥挤。

7. 处理好园路与建筑的关系

(1) 靠近道路的建筑一般面向道路，并应有不同程度的后退或形成建筑前广场（图 3.27）。

(2) 建筑可以通过专设道路与主路或次路相通，一般道路不穿越建筑，可以穿越的建筑仅限于洞门、花架门、过街楼和有支柱层的建筑。

8. 园路与水体的关系

(1) 规则式园林中。分散性水体与道路广场合为同一空间，广场中的水池、喷泉、主干道中间的带状喷泉和跌水，是道路与广场的组成部分，是这些空间的主景；较大面积的规则式水面，四周设有道路和建筑，构成较开敞的空间，运河的两岸也设有与河岸平行的道路。

(2) 自然式园林中。自然式园林由于道路与水体相对独立，彼此可分可合，大型自然水面与园路应时靠时离，不能沿水岸设环路。

9. 园林山道的设计

（1）主干道不要进入山体，次干道、小路可进入山体。

（2）当道路坡度在6%以内时，可按一般道路铺设，在6%～10%时，设盘山道，大于10%时，要间隔设台阶和缓台。

（3）陡的山道要设钢索或栏杆，或在路边砌假山石、栽植树木给人安全感。

（4）低矮的山丘布置园路，要注意延长路线，使人对山的面积产生错觉，使道路上中有下、下中有上，盘旋不绝以满足游人爬山的要求。

10. 台阶、园桥、步石、汀步设计

（1）台阶是一种特殊的道路形式，园林中的台阶主要应用在建筑入口、水旁、山路、陡坡，可结合花池、栏杆、水池、挡土墙、假山登道而设。一般坡度达到10%时，要考虑设台阶（图3.28）。台阶的尺寸标准为：一般踏面宽30～38cm，高10～15cm（图3.29）。

图3.28 台阶

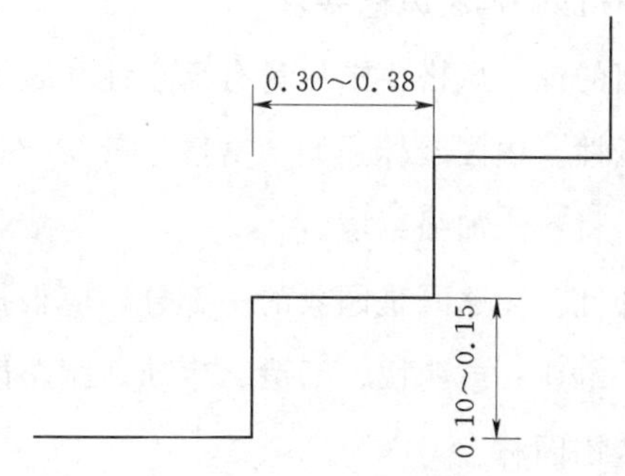

图3.29 台阶尺寸标准（单位：m）

（2）园桥用于联系交通起组织游览路线和交通功能，分隔水面空间，形成水面建筑景观，构成风景、点缀风景。按材料分为石桥、木桥、钢混凝土桥；按结构分为梁式和拱式。园林中的桥既有园路的特征，又具有建筑的特征，带有园林道路特征的桥：平桥（图3.30）、拱桥（图3.31）；带有园林建筑特征的桥：亭桥、廊桥、风雨桥。

图3.30 平桥

图3.31 拱桥

（3）步石、汀步是一种非连续的道路形式，一般主要设置在草坪上。设置在水面上称为汀步，园桥的变异形式，石块大于 40cm×40cm，间距 15cm，高出水面 6～10cm（图 3.32、图 3.33）。

图 3.32 步石

图 3.33 汀步

3.2.4 园林地面铺装设计

3.2.4.1 园林地面铺装风格要求

园林地面的铺装风格要求尽量有寓意性和装饰性。

（1）寓意性。中国园林强调“寓情于景”，在面层设计时，有意识地根据不同主题的环境，采用不同的纹样、材料来加强意境。

（2）装饰性。园路既是园景的一部分，应根据景的需要作出设计，路面或朴素、粗犷；或舒展、自然、古拙、端庄；或明快、活泼、生动。园路以不同的纹样、质感、尺度、色彩，以不同的风格和时代要求来装饰园林。

3.2.4.2 园林地面铺装的作用

地面铺装的作用主要有以下 3 点。

（1）丰富景观。铺装材料的功能作用和构图作用实用功能，美学功能，与其他设计要素配合使用。

（2）引导游览。提供方向性，铺成某种线型时，它便能指明前进的方向，将行人或车辆吸引在其“轨道上”，来引导如何从一个目标移向另目标。

（3）识别方向。铺装引导人穿越空间系列。当人离开一种特定的铺装，踏上另一种不同材料的铺装时，就意味着进入了一条新的路线。

3.2.4.3 铺装材料

所谓铺装材料，是指具有任何硬质的自然或人工的铺地材料。设计师们按照一定的形式将其铺于室外空间的地面上，满足设计的目的。

常见园林铺装材料主要可以分为（图 3.34）以下几类。

（1）现代气息：麻面花岗石、光面花岗石、广场砖、大理石。

（2）古朴气息：青石、瓦片、红砖、卵石、水磨石。

(a)防腐木　(b)青石板　(c)光面花岗岩
(d)毛面花岗岩　(e)大理石　(f)鹅卵石　(g)广场砖

图 3.34　常见园林地面铺装材料

(3) 压印混凝土：又称“强化路艺系统”，是在施工阶段运用彩色强化剂、彩色脱模剂、无色密封剂等三种化学原料对未硬化的混凝土进行固色、配色和表面强化处理后得到的一种混凝土，其强度优于其他材料的路面，甚至优于一般的混凝土路面；其图案、色彩的可选择性强，可以根据需要压印出各种图案，产生美观的视觉效果（图 3.35）。

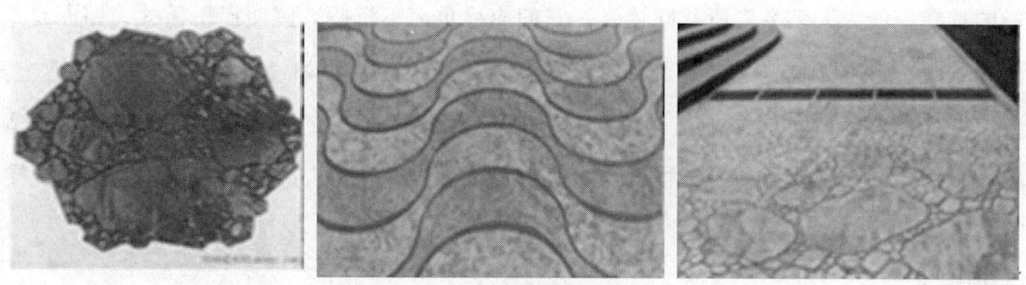

图 3.35　压印混凝土铺装

3.2.4.4　地面铺装设计要素

铺地作为空间界面的一个方面而存在着，像室内设计时必然要把地板设计作为整个设计方案中的一部分统一考虑一样，居住区道路铺地，由于它自始至终地伴随着居民，影响着居住区环境空间的景观效果，成为整个空间画面不可缺少的一部分，因此园路是园景重要的一部分。

1. 铺地质感

(1) 质感调和。铺装的好坏，不只是看材料的好坏，而是决定于它是否与环境相谐调。在材料的选择上，要特别注意与建筑物的调和。

质感调和的方法，要考虑同一调和、相似调和及对比调和。如地面上用地被植物，石子、砂子、混凝土铺装时，使用同一材料的比使用多种材料容易达到整洁和统一，在质感上也容易调和。混凝土与碎大理石、鹅卵石等组成大块整齐的地纹，由于质感纹样的相似统一，易形成调和的美感。

(2) 质感与空间。外部空间中的尺度模数，要比室内空间扩大 10 倍才合适。因此，质感也会因粗糙、刚健而有良好的配合。大空间要粗犷些，因为粗糙的往往使人感到稳重、沉着、开朗。另外，粗糙的可以吸收光线。因此，大面积铺装应粗糙些好。细滑给人以轻巧、精致的感觉，重点处可以精细些。小空间尺度小、细致，给人以精美、柔和的感觉。

(3) 质感与色彩。质感变化要与色彩变化均衡相称。如果色彩变化多，则质感变化要少一些。如果色彩、纹样均十分丰富，则材料的质感要比较简单（图 3.36）。

图 3.36　步行道与周边路缘的不同质感

图 3.37　简洁明快的色块搭配

2. 铺地色彩

色彩的选择应能为大多数人所共同接受。它们应稳重而不沉闷，鲜明而不俗气。路面夏季光线柔和，不反光刺眼。冬季又较普通混凝土路面感觉温暖。铺地的色彩如过于鲜艳、富丽，则喧宾夺主，甚至会造成混乱的气氛。色彩必须与环境统一，或宁静、清洁、安定，或热烈、活泼、舒适，或粗糙、野趣、自然。图案与线条的稳定程度，受色彩变化的大小而定。另外色彩又从属于纹样与材料（图 3.37）。

3. 铺地图案

在园林中，路面以它多种多样的形态、纹样来衬托、美化环境，增加园林的景色。纹样则起装饰路面的作用。铺地纹样常因场所的不同而各有变化。讲究路面的纹样、材料与景区的意境相结合，起加深意境的作用（图 3.38、图 3.39）。

图 3.38　不同颜色、材质铺装图案

图 3.39　几何体的铺装纹样

很难设计大量复杂的路面图案，因为这些图案不能按透视比例缩小，以至于从地面上来看，它们是倾斜的。步行路的图案太复杂，会让人难以理解其中的含义。类似于砖的一些小的单元构件为我们提供了丰富多彩的道路图案。铺路用的小方块，无论它是混凝土质的，还是花岗岩质的，都为我们铺路提供了更大的灵活性，如曲线形和圆形的路面图案。在使用它们的时候，应该充分考虑道路的具体情况，看看是否适用。使用鹅卵石时，根据它们不同的形状，可用来作防滑包饰面或铺设步行路。当鹅卵石和其他材料一起构成图案时，鹅卵石可以用来堵塞道路的转角部位。也可以单独用鹅卵石铺一些小路（图3.40）。

图3.40 碎料铺装图案

3.3 园林水体及设计

水是大地景观的血脉，是生物繁衍的条件。人类对水更有着天然的亲近感。水景是自然风景的重要因素。广义的水景包括江河、湖泊、池沼、泉水、瀑潭等风景资源（海水列人滨海风景中）。水是园林的重要组成要素。

中国园林以山水为特色，自古就有“无水不园”之说。水因山转，山因水活。水体能使园林产生很多生动活泼的景观，形成开朗明净的空间和透景线，是园林造景的重要因素之一。

3.3.1 园林水体的功能与景观特性

3.3.1.1 园林水体的属性功能

园林水体的属性功能很多，主要有如下几点。

（1）具有调节空气温度和湿度的作用，又可溶解空气中的有害气体，净化空气。

（2）多数园林水体具有蓄存园内的自然排水，对外灌溉农田的作用，有的又是城市水系的组成部分。

（3）园林中的大型水面，可进行水上活动。

（4）是水生植物的生长地域，增加绿化面积和园林景色，还可结合生产进行水面养鱼和滑冰。

3.3.1.2 园林水体的景观功能

园林水体的景观功能主要有如下3点。

（1）基底作用。大面积的水面视域开阔、坦荡，有托浮岸畔和水中景观的基底作用。利用水面的基底作用，在水面上的陆地上充分营造非水体景观，并使之倒映在水中。而且要将水中的倒影与景物本身作为一个整体进行设计，综合造景，充分利用水面的基底作用。

（2）系带作用。以水为联系纽带，将园林中多个景点有机组织成一个整体或依次展开不同的园林空间，充分将水体和周围的其他景物进行有机的结合，创造不同的水景。如南京瞻园，不同的水域空间中形成不同的景观，最终形成一个整体。

(3) 焦点作用。部分水体所创造的景观能形成一定的视线焦点。如动态水景有喷泉、瀑布、跌水、水帘、水墙、壁泉等，其水的流动形态和声响均能吸引游人的注意力。充分发挥此类水景的焦点作用，形成园林中的局部小景或主景。

3.3.1.3 园林水体的景观特性

1. 有动有静

(1) 动：飞流直下的瀑布和翻滚的溪水又具有强烈的动势。动水是引人注目的焦点（图 3.42)。

(2) 静：水平如镜的水面，给人以清澈的环境和平静、安逸的感受。静水形成景物的倒影，强调景观（图 3.41)。

图 3.41 水平如镜的水面

图 3.42 飞流直下的瀑布

2. 有声有色

(1) 声：瀑布的轰鸣、溪水的潺潺、泉水的叮咚，这些声响给人以不同的听觉感受，构成园林空间特色。

(2) 色：水本身无色透明，但它会将周围的环境色彩映入其中，还可以结合人工灯光，丰富色彩的变化（图 3.43)。

图 3.43 水面映衬天空的蓝色

图 3.44 水面扩大空间感

3. 扩大空间

园林中的水面可通过“映借”将周围的空间环境映入水中，形成另一层天地，使人感到视域扩大（图 3.44)。

3.3.2 园林水体的主要类型

3.3.2.1 按水流的状态分类

园林水体的类型按水流的状态，可以分为两类。

(1) 静态水体。静态水体反映出倒影，微波潋滟的水光给人们明洁、清宁、开朗或幽深的感受。如园林中的“海”、“湖”、池沼及潭、井等（图3.45）。

图3.45 园林静态水体

(2) 动态水体。水景有湍急的溪流、喷涌的水柱、水花或瀑布等，给人们欢快清新、变幻多彩的感受。如动态水景：喷泉、瀑布、跌水、水帘、水墙、壁泉等，其水的流动形态和声响均能吸引游人的注意力。充分发挥此类水景的焦点作用，形成园林中的局部小景或主景（图3.46）。

图3.46 动态水景

3.3.2.2 按园林水体的布局形式分类

园林水体的类型按布局形式分可以分为3类。

(1) 规则式水体。规则式水体包括规则对称式和规则不对称式两种。规则式水体是人工开凿成几何形状的水面，外形轮廓为有规律的直线和曲线闭合而成的几何形，多为圆、方、椭圆或其他形状，线条轮廓简单，水位稳定，面积可小可大。如运河、水渠、方潭、圆池、水井及几何形体的喷泉、瀑布等。驳岸多为垂直砌筑驳岸（图3.47）。

(2) 自然式水体。自然式水体外形轮廓为无规律的曲线组成，是保持天然的或模仿天然形状的河、湖、溪、涧、泉、瀑等，水体在园林中多半随地形而变化，有聚有散，有曲有直，有高有下，有动有静。主要是对原有水体的改造，是对自然界水体的高度概括、提炼和缩拟。驳岸多为自然驳岸，也有采用或局部采用垂直砌筑的规则式驳岸。主要有两种类型，拟自然式的人工湖、池塘、潭等。流线型水体有一定的运动感的溪、涧、河、瀑布、泉等（图3.48）。

(3) 混合式水体。规则式与自然式有机结合的一种水体类型，是两种形式的交替穿插或协调使用。优点富于变化，比规则式水体灵活自由，比自然式水体更易于与建筑空间环境相协调（图3.49）。

图 3.47　规则式水体

图 3.48　自然式水体

图 3.49　混合式水体

3.3.3　园林水体的表现形式

3.3.3.1　集中式

全园以水面为中心。沿水面周围环列建筑和山地，形成一种向心、内聚的格局。这一格局，可使小空间形成一种向心、内聚的效果。也可使小空间具有开朗的效果，使大面积的园林具“纳千顷之汪洋，收四时之烂漫”的气概。

水面集中于园的一侧，形成山环水抱或山水各半的格局。

3.3.3.2 分散式

将水面分割、分散成若干个块状、条状，彼此明通或暗通，可以形成各自独立的小空间，空间之间采取实隔或虚隔。也可形成曲折、开合、明暗变化的带状溪流或小河相通，具有水陆迂回、岛屿间列、小桥凌波的水乡景色。

在同一园中，既有集中式，又有分散式的水面，可以形成强烈的对比，具有自然野趣。在规则式园林中，分散的水景主要表现为喷泉、水池、迭水、壁泉等。对于水体的形状，不论是集中式还是分散式，均依据园林形式而定。

3.3.4 水体景观构成的有关要素

3.3.4.1 岛

位于水中的块状陆地。

1. 景观作用

(1) 可划分水面空间，形成几种情趣的水域，水面仍具有连续的整体性。

(2) 对于大水面，岛可以打破水面平淡的单调感。

(3) 岛的四周有开敞的视觉环境，是欣赏四周风景的中心点，又是被四周所观望的视觉焦点，所以，可在岛上与对岸建立对景。

(4) 岛可以增加水中空间的层次，具有障景的作用。

(5) 通过桥和水路进岛，又增加了游览情趣。加了游览情趣。

2. 岛的类型

(1) 山岛：在岛上设山，抬高登岛的视点。有土山岛、石山岛。小岛以石为主，大岛以土石为主。在山岛上可设建筑，形成垂直构图中心或主景。

(2) 平岛：岛上不堆山，以高出水面的平地为准，地形可有缓坡的起伏变化。面积较大的平岛可安排群众性活动，但不设桥的平岛不宜安排大规模的群众性活动。在平岛上可设建筑，形成垂直构图中心或主景。

(3) 半岛：是陆地深入水中的一部分，一面接陆地，三面临水。半岛边缘可适当抬高成石矶，增加竖向的层次感。还可在临水的平地上建廊、榭、亭，探入水中。岛上道路与陆地道路相连。

(4) 礁：是水中散置的点石。石体要求玲珑奇巧或浑圆厚重，只作为水中的孤石欣赏，不许游人登临，在小水面中可替代岛的艺术效果。

3. 岛的布局

(1) 水中设岛忌讳居中、整形，一般多设于水面的一侧或重心处。

(2) 大水面可设 1～3 个大小不同、形态各异的岛屿，不宜过多。

(3) 分布须自然疏密，与全园景观的障景、借景结合。

(4) 岛的面积要根据所在水面的大小而定，宁小勿大。

3.3.4.2 堤

堤是将大水面分隔成不同景区的带状陆地。

(1) 堤上设路，可用桥或涵洞沟通两侧水面。

(2) 长堤可多设桥，桥的大小、形式应有变化。

(3) 堤的设置不宜居中，须靠水面的一侧，把水面分割成大小不等、形状各异的两个主、次水面。

(4) 堤多为直堤，少用曲堤，可结合拦水坝设过水堤，能形成跌水景观。

(5) 堤上必须栽树，加强分隔效果。

(6) 堤身不宜过高，方便游人接近水面。

(7) 堤上还可设置亭、廊、花架及坐椅等休息设施。

3.3.4.3 桥与汀步

桥与汀步可使水面隔而不断。

(1) 小水面的分隔和近距离的浅水处多用汀步，连接岛与陆地或小水面的两岸多用桥。

(2) 较大水面，在岛与陆地的最近处建桥，小水面则在两岸最窄处建桥。

(3) 桥对水面也要有大小、主次的划分。

(4) 平桥：梁板桥、曲桥（折线桥、曲尺桥）；拱桥：单拱桥、多拱桥；亭桥、廊桥。

(5) 汀步在自然式水面多为自然石块，在规则式或抽象式水面多为整形的预制构件。

3.3.4.4 水岸

水岸与水景的效果关系密切。

(1) 水岸类型按坡度分，可以分为：①缓坡：小于土壤安息角，栽植草地和植被护坡或人工材料护坡、护岸；②陡坡：大于土壤安息角，人工砌筑保护性驳岸；③垂直：临水建筑、临水广场多采用垂直驳岸，要设置保护性栏杆或装饰小品；④悬挑：码头或临水平台采用悬挑驳岸。

(2) 水岸类型按规划形式分，可以分为①规则式水岸：以石、砖、混凝土预制块砌筑成整形岸壁；②自然式水岸：有自然曲折和高低变化，或用山石堆砌。

3.3.5 水景设计原则

3.3.5.1 满足功能性要求

水景设计要满足功能性要求。

(1) 观赏功能。水景的基本功能是供人观赏，因此它必须能够给人带来美感，使人赏心悦目，所以设计首先要满足艺术美感。

(2) 娱乐功能。水景也有戏水、娱乐与健身的功能。随着水景在住宅小区领域的应用，人们已不仅满足于观赏要求，更需要的是亲水、戏水的感受。

(3) 小气候的调节功能。小溪、人工湖、各种喷泉都有降尘净化空气及调节湿度的作用，尤其是它能明显增加环境中的负氧离子浓度，使人感到心情舒畅，具有一定的保健作用。

3.3.5.2 环境的整体性要求

水景是工程技术与艺术设计结合的产品，它可以是一个独立的作品。但是一个好的水景作品，必须要根据它所处的环境氛围、建筑功能要求进行设计，并要和建筑、园林的风格协调统一。

水景的形式有很多种，如流水、落水、静水、喷水等。其中喷水又因有各式的喷头，可形成不同的喷水效果。即使是同一种形式的水景，因配置不同的动力水泵又会形成大小、高低、急缓不同的水势。

3.3.5.3 技术保障可靠

水景设计包含了几个不同的专业：①土建结构（池体及表面装饰）；②给排水（管道阀门、喷头水泵）；③电气（灯光、水泵控制）；④水质的控制。各专业都要注意实施技术的可靠性，为统一的水景效果服务。

水景最终的效果不是单靠艺术设计就能实现的，它必须依靠每个专业具体的工程技术，因此，每个方面都是很重要的。只有各个专业协调一致，才能达到最佳效果。

3.3.5.4 运行的经济性

在总体设计中，不仅要考虑最佳效果，同时也要考虑系统运行的经济性。不同的景观水体、不同的造型、不同的水势，所需提供的能量是不一样的，即运行经济性是不同的。通过优化组合与搭配、动与静结合、按功能分组等措施都可以降低运行费用。

3.3.6 各类水景设计

水景的设计是景观设计的难点，它需要根据园林的不同性质、功能和要求，结合水体周围的其他园林要素，综合考虑工程技术、景观的需要等来确定水体在园林中的体量大小和布局形式。

3.3.6.1 静水设计

1. 水池设计

水池指陆地表面凹陷蓄水的地段，一般面积不大，水体较浅。水池属于静水，面积可大可小，形状可方可园。

（1）水池的类型分为规则式水池和自然式水池两类。

1）规则式水池：用于规则式园林中，水体的外形轮廓为有规律的直线或曲线闭合而成几何形，大多采用圆形、方形、矩形、椭圆形、梅花形、半圆形或其他组合类型，线条轮廓简单，常采用垂直水岸（图 3.50）。

2）自然式水池：外形轮廓由无规律的曲线组成，设计水体的岸线应该以平滑流畅的曲线为主，体现水的流畅柔美。驳岸及池底尽可能以天然素土为主，而且与地下水沟通，可以大大降低水体的更新及清洁的费用，自然式水池的驳岸常结合假山石进行布置（图 3.51）。

（2）水池的设计要注意两点。

1）注重形轮廓的设计（图 3.52、图 3.53）；

2）与环境的有机结合也是水池设计的一个重点。主要表现在获取水中倒影方面，水面波光粼粼，利用水池水面的倒影作借景，能丰富景物的层次，扩大视觉空间，增强空间的韵味，从而产生一种朦胧的美感。但需要确定好观赏点位置和水面大小同其他形成倒影的园林要素之间的关系。

图 3.50　规则式水体

图 3.51　自然式水体

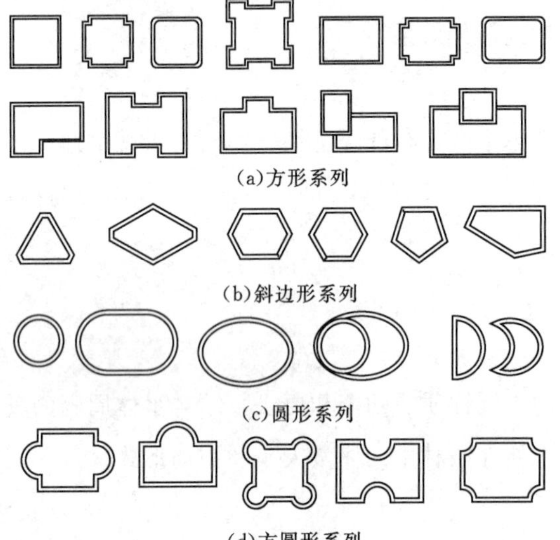

图 3.52　规则式水体

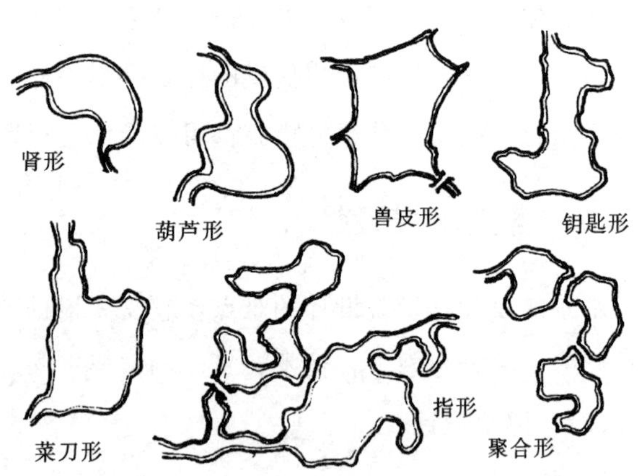

图 3.53　自然式水体

2. 湖的设计

湖是指陆地上面积较大的水洼地。也属于静水，常用作园林构图之中心，同水池一样，可以获取倒影，扩展空间。设计要点：湖体轮廓，岛、桥、礁等分隔形成水体景观。

大面积的静水设计应丰富，切忌空而无物。通常通过岛、桥、矶、礁等来分隔大水面空间，形成水体景观，避免大水面空洞呆板（图 3.54）。

3.3.6.2　动水设计

1. 溪、涧

（1）人们习惯上将从山谷中流出来的小股水流称为溪、涧。溪、涧，在自然环境中是由山间至山麓、集山上的地表水或泉水而成。溪：浅、缓、阔；涧：深、急、狭。

（2）溪、涧的设计：在平面设计上，应蜿蜒曲折，有分有合，有收有放，构成大小不同的水面或宽窄各异的河流。在立面设计上，随地形变化，形成不同高差的跌水。园林中的溪涧要集自然的特征，应弯曲萦回于山林岩石之间，环绕盘留于亭榭之侧，穿岩入洞，在整体上要有分有合、有收有放、有急有缓（图 3.55）。

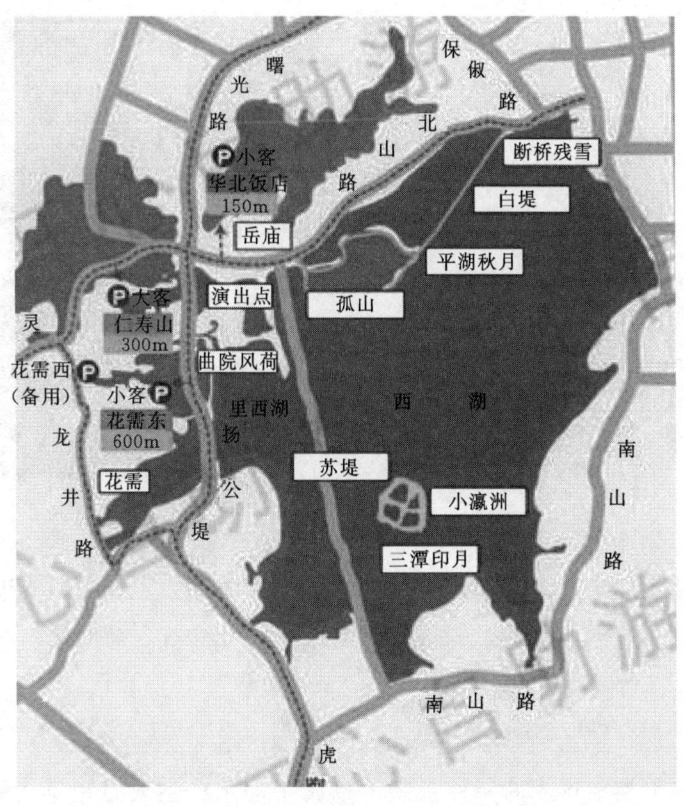

图 3.54 杭州西湖平面图

图 3.55 园林溪流设计

2. 河流

河是中国大地的动脉，著名的长江、黄河是中华民族文化的发源地。大河名川，奔泻万里；小河小溪，流水人家。大有排山倒海之势，小有曲水流觞之趣，都是不可多得的动水景观。

3. 瀑布设计

(1) 瀑布是指从山体的坚硬岩石或河溪（湖泊）的水道突然降落的地方，近乎垂直下的水体。瀑布主要是利用地形落差和砌石构成的落水，水流量的大小和落水的声音，组成独特的水景图。在人工创造瀑布景观时，是模拟自然界中的瀑布，按园林中的地形情况和造景需要，创造不同的瀑布景观(图 3.56)。

图 3.56　人工假山瀑布

(2) 瀑布的设计可以通过水泵来设计水量，设定落水口大小，形成预期瀑布景观。

瀑布按形象势态可以分为：直落式、叠落式、散落式、水帘式、薄膜式、喷射式；按大小可以分为：宽瀑、细瀑、高瀑、短瀑、涧瀑。

4. 喷泉

(1) 喷泉是将水向上喷射形成的一种景观，也属于动水。主要是用动力系统驱动水流，利用喷射的速度、方向、水花等变化创造出不同的丰富的水形，配以灯光音乐的变化，给人以神奇的感受。

(2) 喷泉形式有直射形、编织形、集射形、放射形、散射形、鼓泡形、混合形、球形等。喷泉水姿多种多样，随着现代技术的发展，出现光、电、声控以及电脑自动控制的喷泉，致使喷泉的形式更加丰富多样。

(3) 喷泉设计要注意做好喷泉与周围环境的协调、合理使用喷泉水体景观。在园林绿地中设置喷泉时，应根据总体设计意图及造景的需要，做好喷泉与周围环境的协调，合理使用喷泉这一水体景观(图 3.57、图 3.58)。

图 3.57　喷泉

图 3.58 旱喷

3.3.7 水岸的处理

3.3.7.1 自然式水岸

自然式水岸通过使用植物或非植物材料的结合，减轻坡面及坡脚的不稳定性和侵蚀，恢复为自然河岸或具有自然河流特点的可渗透性的驳岸，同时实现多种生物的共生与繁殖，有自然曲折和高低变化或用山石堆砌。

1. 自然水岸的特点

(1) 缓解内涝、补枯、调节水位。

(2) 增强水体的自净作用。

(3) 促进水陆生态系统平衡。

2. 自然水岸的分类

(1) 原始缓坡型自然水岸。对于坡度缓或腹地大的河段，可以考虑保持自然状态，配合植物种植，达到稳定河岸的目的。如种植柳树、水杉、白杨等耐水湿的树种以及芦苇、菖蒲等具有喜水特性的植物，由它们的发达根系来稳固堤岸，进而增加抗洪、护堤的能力（图 3.59)。

图 3.59 原始缓坡型自然水岸

图 3.60 砌块型自然水岸

(2) 砌块型自然水岸。对于较陡的坡岸或冲蚀较严重的地段，不仅种植植被，还采用天然石材、木材护底，以增强堤岸抗洪能力，如在坡脚采用石笼、木桩或浆砌石块（没有鱼巢）等护底，其上筑有一定坡度的土堤，斜坡种植植被，固堤护岸（图 3.60)。

3. 自然驳岸的做法

在空间允许的情况下，河岸最好不要设计成笔直直立型混凝土护岸，适当运用块石、鹅卵石、木桩等营造一个岸线曲折，岸坡起伏的形态。在岸坡上给陆生植物以及在岸边给水生植物的生长营造适宜的场地，将多种植物交替配置，实现了生物的多样性。在空间不允许，河岸不得不采用直立岸壁的情况下，要尽可能地为植物的生存创造一点空间（图 3.61）。

图 3.61　自然式处理垂直驳岸

图 3.62　规则式水岸

3.3.7.2　规则式水岸

规则式水岸指以石、砖、混凝土预制块砌筑而成的岸壁，又叫人工驳岸。

人工驳岸可以分为：垂直驳岸，缓坡驳岸，阶梯驳岸，带平台的驳岸，缓坡、阶梯复合驳岸（图 3.62）。

3.3.7.3　水岸的处理

水岸的处理要注意以下几点。

（1）山石驳岸应有坚实的基础，尤其是北方寒冷地区要防止冻胀。

（2）自然式驳岸线要富于变化，但曲折要有目的，不宜过碎。较小的水面，一般不宜有较长直线的水岸，岸面不宜离水面太高。假山石水岸常在凹凸处设石矶挑出水面，或设有洞穴，似水流出。在石穴缝间植水生、湿生植物，使其低垂水面，障景并丰富水岸景观。

（3）在建筑临水处可凸出数块叠石和灌木，打破水岸的单调感。

（4）水面宽阔的水岸，靠水边建筑附近可结合基础设施砌筑规则式驳岸，其余水岸为自然式。

（5）利用自然水系的水体，须设有进、出水口和闸门，控制水位。水深一般 1.5m，最浅 0.5m。进、出水口宜隐不宜露。

（6）栽植水生植物时，设栽植床。

（7）硬底人工水体的近岸 2.0m 范围内的水深不得大于 0.7m，达不到时应设护栏。无护栏的园桥、汀步附近 2.0m 范围内的水深不大于 0.5m。

3.3.7.4　水岸设计

常见的自然式水岸计如图 3.63～图 3.66 所示。规则式水岸计如图 3.67 所示。

图 3.63　自然式垂直驳岸

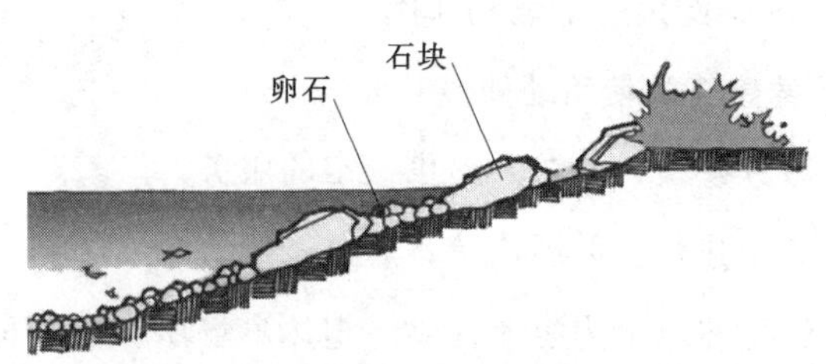

图 3.64　沙滩式自然驳岸

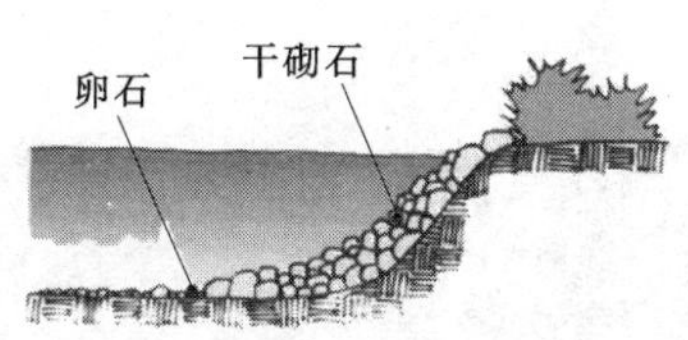

图 3.65　卵石自然驳岸

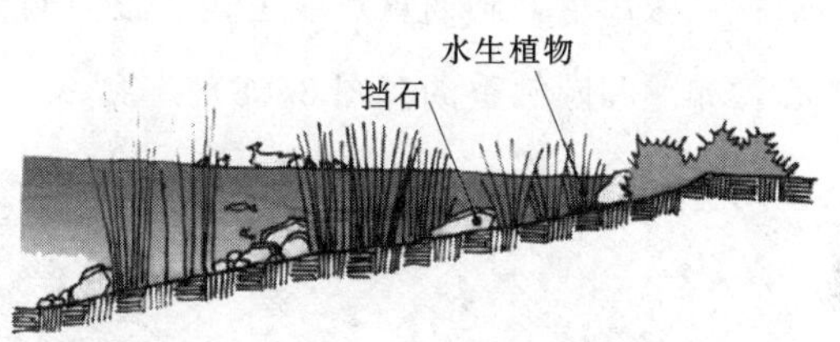

图 3.66　湿地式自然驳岸

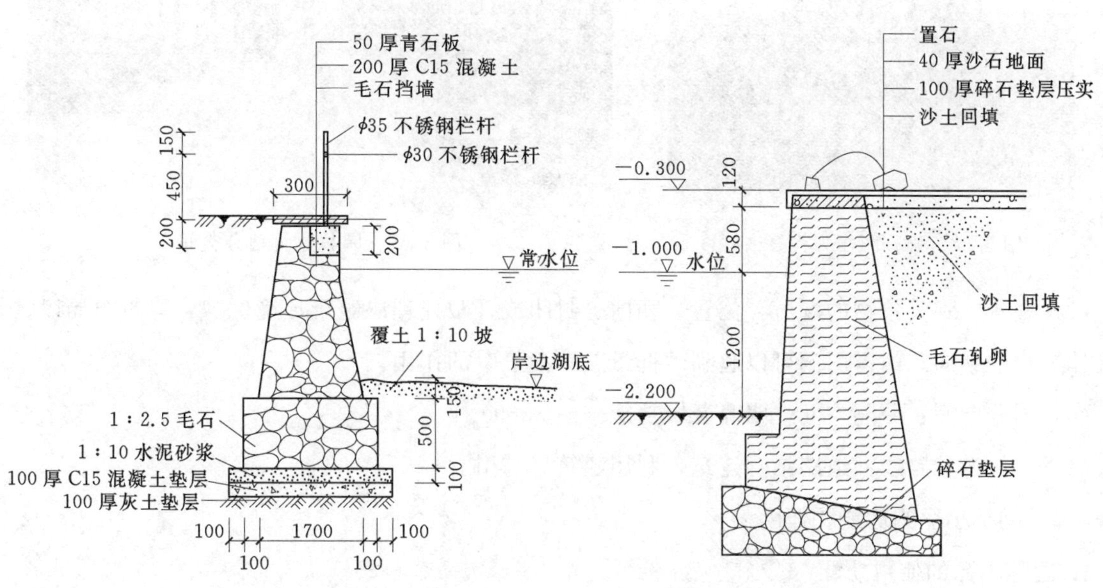

图 3.67　规则式水池驳岸设计（单位：mm）

3.4　园林建筑与小品设计

园林建筑既有使用功能，又是园林景观的重要组成内容，往往具有画龙点睛的作用，所以，园林建筑的布局与选址是园林整体构图的重点。

3.4.1 园林建筑的功能

3.4.1.1 园林建筑的功能和作用

1. 园林建筑的使用功能

(1) 服务建筑：为游人提供一定的服务。

(2) 专用建筑：如展览馆，展览专用。

(3) 休息建筑：为游人提供一定休息场所。如亭可以是纳凉、避雨的场所也可以是临时休息、观赏的场所。

2. 园林建筑的造景作用

(1) 点景：点缀风景，画面重点或主题。很多园林中一些重要的建筑常作为一定范围甚至整座园林的构景中心，如颐和园佛香阁（图 3.68)。

图 3.68 佛香阁作为构景中心

图 3.69 园林建筑划分空间

(2) 观景：观赏景物的场所，位置、朝向、封闭或开敞处理决定于环境优劣，建筑布局以赏景取得最佳风景的朝向。门窗门洞可以起到“框景”、“漏景”的作用。

(3) 划分空间：分隔空间，明确区域功能（图 3.69)。

(4) 组织游览路线：道路结合建筑，利用建筑导与引。

3.4.1.2 园林小品的功能和作用

1. 园林小品的使用功能

(1) 服务小品：灯柱、垃圾箱，具有服务功能。

(2) 休息小品：圆桌、圆凳，提供休息功能。

(3) 管理小品：围墙、栏杆，具有安全防护作用。

(4) 宣传小品：宣传廊、标志牌，宣传科普教育。

2. 园林小品的造景作用

(1) 组景：组织景观，分隔空间，景墙（图 3.70)。

(2) 服务功能：灯柱、垃圾箱等。

(3) 烘托主景：作配景烘托主景（建筑）(图 3.71)。

(4) 作为主景：园桥、雕塑（局部景观主景）(图 3.72)。

(5) 装饰作用：装饰性强、增强空间感染力（图 3.73）。

图 3.70　组景作用

图 3.71　烘托主景

图 3.72　作为主景

图 3.73　装饰作用

3.4.2　园林建筑的类型

3.4.2.1　服务类

服务类建筑为游人提供一定的服务，兼有一定的观赏作用。如摄影部、小卖部、茶室、餐厅、厕所等。

3.4.2.2　休息类

休息类建筑也叫游憩性建筑，主要指具有较强公共游憩功能和观赏作用的建筑。如亭、台、楼、阁、榭、廊、塔等。

3.4.2.3　专用建筑

专用建筑指使用功能较为单一，为满足某些功能而专门设计的建筑。如办公室、博物馆、陈列室、仓库等。

3.4.2.4　园林建筑小品

园林建筑小品指具有一定使用功能和装饰作用的建筑构筑物。如栏杆、花架、园墙、园椅、圆灯、门洞、指示牌、雕塑、园桥、垃圾箱等（图 3.74）

(a)雕塑小品　(b)垃圾箱

(c)亭　(d)电话亭　(e)指示牌

(f)花架　(g)园桥

图 3.74　园林建筑小品

3.4.3　园林建筑的设计原则

3.4.3.1　实用性原则

园林建筑设计是从使用者的需求角度考虑的，各种设施均要人性化，一切从实用出发，这是设计的前提。尤其是环境设施小品，主要目的就是给游人提供在景观活动中所需要的生理、心理等各方面的服务，如休息、照明、观赏、导向、交通、健身等。

3.4.3.2　经济性原则

经济性是指合理地利用费用、空间和时间，这是选择设计方案时要考虑的一个非常重要的因素，如节省材料的使用、在设计上力求简单化、缩短施工时间等。

3.4.3.3 美观性原则

这里的美观是指在实用、经济基础上的美观，环境小品在设计时要遵守调和、对比、统一、均衡、比例、节奏、韵律等法则，达到形象美与意境美相统一的目的。

3.4.4 园林建筑小品创作技巧要求

3.4.4.1 巧于立意

立意是环境小品设计的前提，是设计者根据功能需要、艺术要求、环境条件等综合因素而产生的设计意图，是整个设计成败的关键。它既关系到设计的目的，又是在设计过程中采用各种构图手法的根据。

3.4.4.2 注重尺度比例

尺度和比例是环境小品设计的细节，建筑小品尺度是指小品各组成部分与具有一定自然尺度的物体间的一种大小关系。

比例是各组成部分在尺度上的相互关系及其整体关系。尺度和比例紧密关联，好的环境小品设计应该做到比例恰当、尺度正确。

3.4.4.3 色彩与质感是环境小品内涵体现的保障

色彩有冷色调和暖色调，有浓色也有淡色，不同的色彩带给人不同的感受，同时色彩还有传统性特质及其象征意义。

质感虽不像色彩那样能给人带来感情上的联想和意义上的象征，但质感可以加强某些情调，如苍劲、古朴、柔媚、轻盈等。因此，色彩与质感是环境小品内涵体现的保障。

3.4.5 主要园林建筑、小品的设计

3.4.5.1 亭的设计

1. 亭的分类

(1) 按平面形态分类：三角形亭、四角形亭、五角形亭、正六边形亭、正八边形亭、扇形亭、圆形亭、矩形亭等。

(2) 按亭顶形式分类：根据亭顶形式的不同，休息亭主要分为攒尖顶（角攒、圆攒）亭、歇山顶亭、卷棚顶亭、悬山顶亭、硬山顶亭、开口顶亭、单檐与重檐的组合亭等。

(3) 按材料分类：按材料分，休息亭主要分为木亭、石亭、竹亭、茅草亭、砖亭、仿竹亭、树皮亭、钢筋混凝土结构亭、钢结构亭、玻璃亭、膜结构亭等。

2. 亭的设计要点

(1) 亭的造型：休息亭的造型多种多样，一般小而集中，独立而完整，玲珑而轻巧活泼，其特有的造型增加了环境的画意。

(2) 亭的体量：休息亭的体量不论平面、立面都不宜过大过高，一般小巧而集中。亭的直径一般为3～5m，还要根据具体情况来确定。

(3) 亭的比例：一般情况下，休息亭屋顶高度是由屋顶构架中每一步的举架来确定的。亭子的任

何一步举架不同，即使柱高完全相同，屋顶高度也会发生变化。

（4）亭的装饰：休息亭在装饰上既可以复杂也可以简单，既可以精雕细刻，也可以不加任何装饰，构成简洁质朴的亭。

3. 园亭的设计场所及方法

（1）山地建亭：视野开阔，突破山形的天际线，丰富山形的轮廓，注意大山建亭切忌视线受树木的遮挡，还要考虑游人行程能力的可能，有合理的休息距离（图 3.75）。

图 3.75　山地建亭

图 3.76　平地建亭

（2）平地建亭：平地建亭可以休息、纳凉。要结合各种园林要素，通常与山水、树林相结合，现代的亭与小广场、绿荫地相结合。眺览的意义较少，多用以休息、纳凉和游览，注意与各要素之间的结合（图 3.76）。

（3）临水建亭：静与动的对比，观赏丰富水面的景观，一般通过桥、堤岸与陆地相连。亭的体量与水密切相关，贴近水面。其中，桥上置亭是一种独特的设计手法。有一边临水、多边临水、或亭完全深入水中等多种形式。要选择好观水的视角，要注意亭在风景画面中的恰当位置，也可桥上置亭（图 3.77）。

图 3.77　临水建亭

（4）亭与植物结合：亭旁种植植物应有疏有密，要有一定的欣赏、活动空间（图 3.78）。

（5）亭与建筑的结合：亭与建筑相连，亭与建筑分离，自成一个独立的单体（图 3.79）。

4. 园亭的设计实例

木材圆亭的设计，可充分利用地方材料。亭柱可用棕榈、树干、松杉等，体现自然、朴实、粗犷的质感（图 3.80～图 3.82）。

图 3.78 亭与植物相结合

图 3.79 亭与建筑相结合

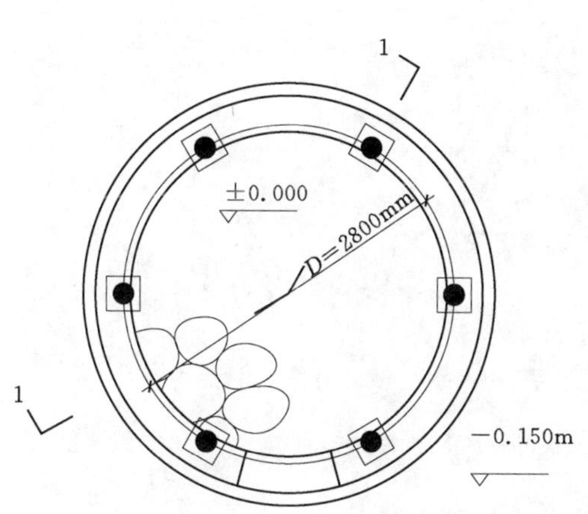

图 3.80 圆亭平面图

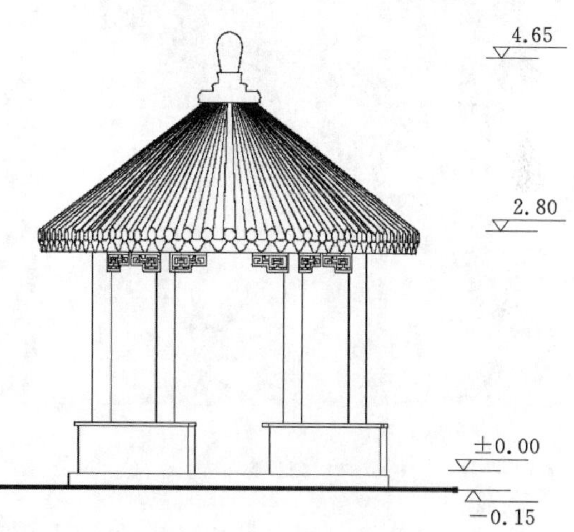

图 3.81 立面图（单位：m）

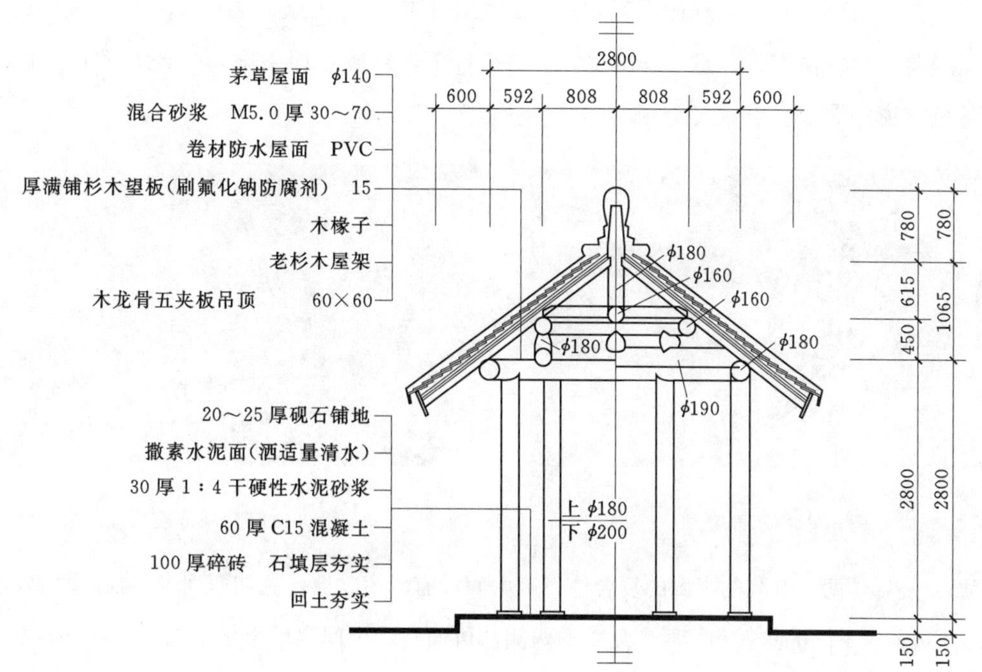

图 3.82 圆亭构造设计（单位：mm）

3.4.5.2 廊的设计

廊是带形的室内道路。游人在廊内可走、可停、可望，并能遮阴避雨。可独立存在，可连结其他单体建筑，具有围合与虚分空间、增加景观层次的作用。园廊是园亭的延伸，是联系各个景点建筑的纽带，随山就势，迂回曲折，逶迤蜿蜒。园廊既能引导视角多变的导游交通路线，又可划分景区，丰富空间层次，增加景深，是中国园林建筑群体中的重要组成部分。

1. 廊的分类

（1）按平面形式分。根据平面形式的不同，廊主要分为直廊（图 3.83）、曲廊（图 3.84）、爬山廊、抄手廊、回廊等。

图 3.83　直廊

图 3.84　曲廊

（2）按结构型式分。根据结构形式的不同，廊主要分为以下 5 种。

1）空廊：有柱无墙，开敞通透，适用于景色层次丰富的环境，使廊的两面有景可观。空廊又可分为两种。一是：双面空廊，从立面上看，空廊的檐下只有柱，无墙、无窗，并且开敞而通透，在廊的柱间常设坐凳、栏杆供游人休息（图 3.85）。二是：单面空廊，即半廊，一面开敞，一面靠墙，墙上又设有各色漏窗门洞或设有宣传橱柜（图 3.86）。

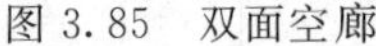

图 3.85　双面空廊

图 3.86　单面空廊

2）复廊：复廊是两道并列的半廊的复合体，廊中间没有漏窗之墙，犹如两列半廊复合而成，两面都可通行，廊的两边各属不同的景区和场所。复廊的两侧都可通行，中间隔墙上设漏窗。复廊不仅可以分隔空间、分隔景区，而且可以通过中间墙上的漏窗使这一景区与另一景区相互联系（图 3.87）。

图 3.87 复廊

图 3.88 双层廊

3）双层廊：又称复道阁廊，有上下两层，便于联系不同高度的建筑和景物，增加廊的气势和景观层次（图 3.88）。

4）单支柱式廊：这类廊屋顶两端略向上反翘，或作折板或作独立几何状连成一体，落水管设在柱子之间，其造型各具形态，体型轻巧、通透，是园林建筑中较受欢迎的一种形式。

5）暖廊：此类廊设有可装卸的玻璃门窗，这样既可以防风雨又能保暖隔热，最适合气候变化大的地区及有保暖要求的建筑。

图 3.89 平地建廊

2. 廊的位置选择

在园林的平地、水边、山坡等不同的地段上建廊，由于不同的地形与环境，其作用及要求亦不相同。

（1）平地建廊：平面上应争取多曲折变化，要以分隔景区空间为主，并作为景观的导游路线，连接各风景点之间（图 3.89）。

（2）临水建廊：岸边的水廊，尽量与水接近，沿着水边成自由式格局。驾临水面上的廊称为桥廊，可分隔水面、形成倒影（图 3.90）。

（3）山地建廊：可连接建筑，形成通道避雨防滑；廊因地形而蜿蜒高低，丰富空间构图（图 3.91）。

图 3.90 临水建廊

图 3.91 山地建廊

3. 廊的构造设计

(1) 柱子：廊的柱子只有前后（或左右）檐柱，并且柱子的截面做成梅花角的形式，因此一般称为“梅花柱”，每隔三或四排柱，需将一对柱子的柱脚伸入柱顶石内，以加强游廊的稳定性。

(2) 梁檩：卷棚屋顶的廊，在每对（排）前后檐柱上一般采用四架梁，在四架梁上立瓜柱或托墩，再施以月梁，承托两根脊檩。

(3) 屋面基层：卷棚屋顶的脊檩上采用的是罗锅椽（图 3.92）。

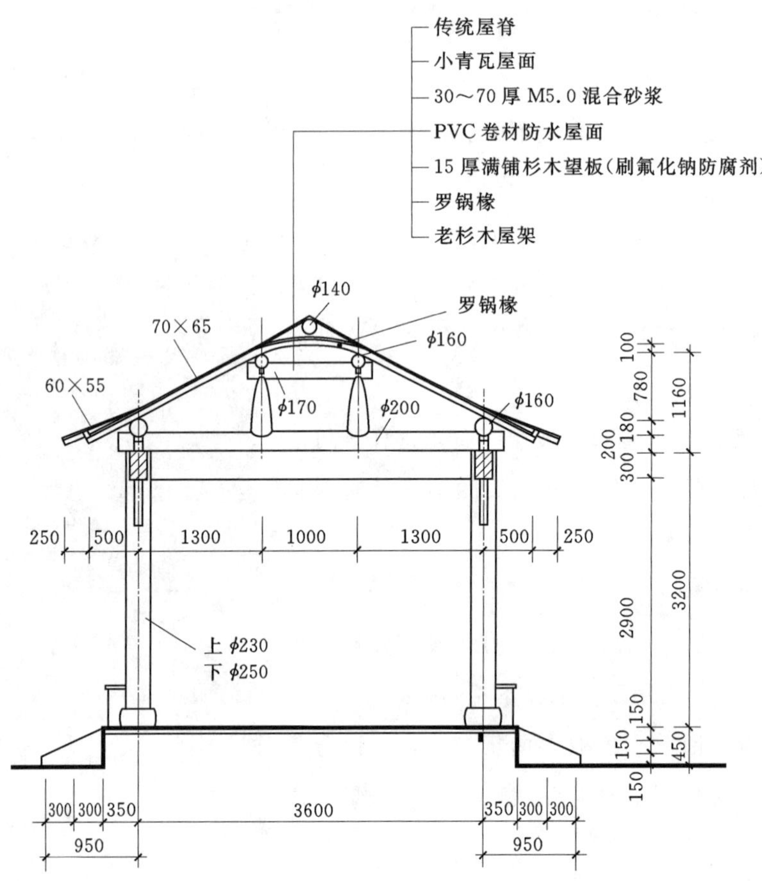

图 3.92　廊的构造设计（单位：mm）

3.4.5.3　花架设计

花架又称为绿廊、凉棚，由立柱和顶部构筑物的形式构成，是能使藤蔓类植物攀缘并覆盖的环境小品设施。花架可作遮阴休息之用，又可点缀园景，所以花架是最接近于自然的景观小品。

(1) 概念：花架是指攀援植物的棚架，是建筑与植物结合的构筑物，因而与自然环境易于协调。

(2) 花架位置：花架的位置选择较灵活公园隅角、水边、园路一侧、道路转弯处、建筑旁边等。

(3) 花架形式：单片式、独立式、直廊式、组合式等。

(4) 花架的功能：组织空间、构成景观、遮阳休息（图 3.93）。

(5) 花架的设计要点：花架多与休息座椅组合设计，除了要把自然美与外观美相结合外，还需要考虑到其功能性的特点，所以在设计时应考虑以下几点。

1) 应根据环境空间的性质确定设施的形态、尺度、体量、色彩等，还应该考虑到其是观赏空间、

图 3.93 花架组成空间、构成景观

休息空间还是娱乐空间。

2）考虑设施对相邻空间加以限定、引导的影响。

3）运用各种要素装饰布置空间。

4）考虑环境的特点，最大限度地发挥各项设施的多功能性特征。

5）花架不仅要在绿荫的掩映下好看且好用，在落叶之后亦要如此。

6）花架的体型不宜太大。

7）根据攀缘植物的特点和整体环境来构思花架的形体。

（6）花架的设计：花架的开间和进深、高度大致为开间：3.4m；进深：2.7m、3m、3.3m；高度：3m左右。花架的构造包括架顶、立柱、基础、地面铺装、种植穴等（图3.94、图3.95）。

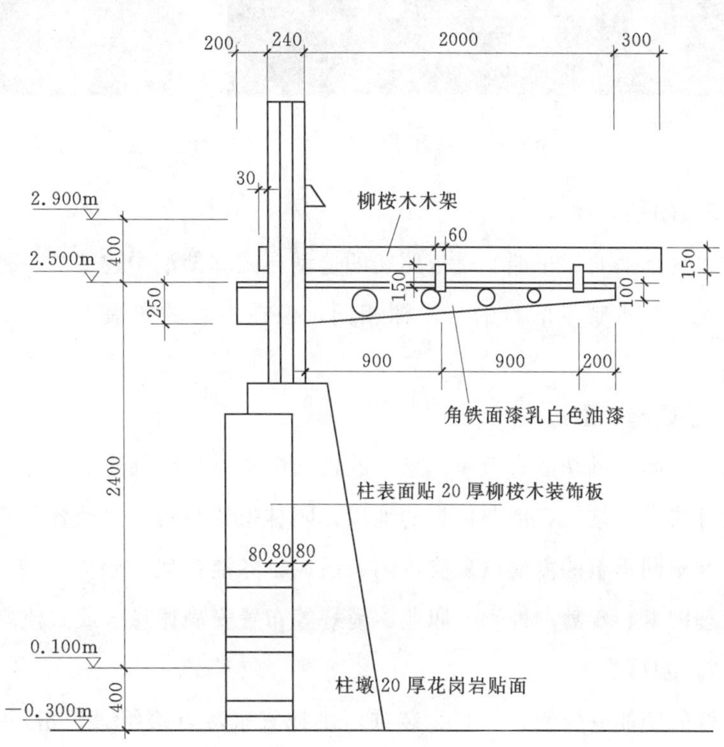

图 3.94 花架单个立柱立面图（单位：mm）

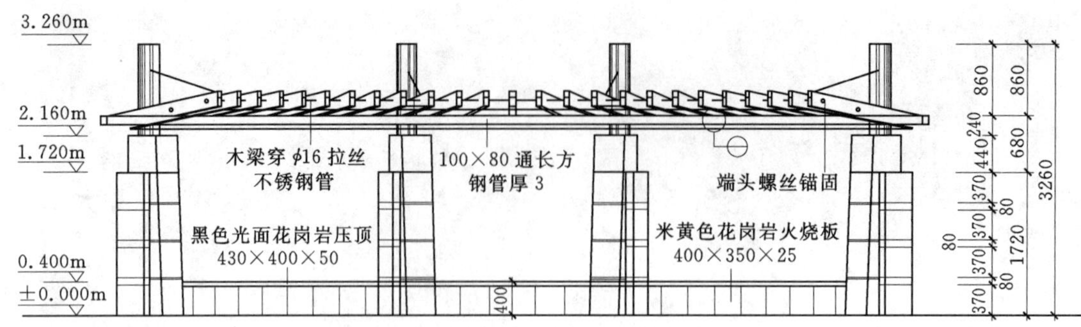

图 3.95 弧形花架立面图（单位：mm）

3.4.5.4 水榭

榭是一种临水的建筑物。目前园林中的榭多居水边，沿岸形挑出水面一部分，或有平台挑出，设美人靠、桌椅，供品茶观水景，所以向水的一面应是开敞空间，靠陆地的一侧可以是闭锁空间，也可以是用花地或草地构成的开敞空间。

水榭的形式：一面临水、两面临水、三面临水、四面临水（图 3.96）。

图 3.96 水榭

图 3.97 船舫

3.4.5.5 船舫

舫也称不系舟、旱船。是依照船的造型在园林湖泊中建造的一种船形建筑物。大部分深入水中的舫式建筑。沿水观景的目的与水榭相同，但在视野的扩展上和室内外空间的变化上更胜一筹（图 3.97）。

3.4.5.6 园椅、园凳

园椅、园凳的功能有就座休息、欣赏周围景物、装饰小品，点缀园林环境等。

设计要点：选择在需要休息的地段；园林景致布局上以及各种活动场所的需要；要考虑地区的气候特色及不同季节的需要（夏能遮阴、通风，冬能避风，晒太阳等）；要考虑游人的心理，根据游人不同心理因素、年龄、性别、职业、爱好等布置安静休息区或人流集中区（图 3.98 和图 3.99）。

3.4.5.7 园灯

园灯的功能有照明、点缀、装饰，烘托气氛，点缀组景、指示和引导游人、强调特定景观（喷泉、雕塑、建筑图案）、突出组景重点等作用。

图 3.98 园椅

图 3.99 园凳、园桌

园灯造型要求：造型应与环境相协调，结合环境；赋予一定的寓意，成为富有情趣的园林建筑小品；造型应不拘一格，凡具有一定装饰趣味，符合园林要求，均可采用，同一园林中除作重点点缀的灯除外；各种灯的格调应大致相协调常见高杆灯、矮杆灯、庭院灯、墙头灯，室外灯与室内灯等（图3.100）。

图 3.100 园灯造型

3.4.5.8 景墙、漏窗、门洞

景墙的功能有造景，围护、限定范围和装饰环境等。漏窗、门洞的功能有采光、交通，分隔联系两个空间，组织游览路线，构成框景、对景，同时也起着装饰各种墙面，使墙垣造型生动优美，使园林空间通透、富有层次的作用。

景墙、漏窗、门洞的设计要求：造型要完整、构图要统一、形象应与环境协调一致；造型根据取材和断面的不同，有高矮、曲折、虚实、光滑、粗糙、有檐与无檐等。与周围环境协调统一，要借助周围的花草、树木、山石、水池等为陪衬（图 3.101）。

其中南方园墙多用薄砖空斗砌筑，白粉墙面、灰色瓦顶、配褐色门窗、绿色植物，色淡清雅。北方园墙多什锦灯窗（墙面上的点缀），窗外安装玻璃，成“灯窗”，白天观景、夜晚照明。

3.4.5.9 其他建筑小品设计

1. 雕塑小品设计

雕塑泛指带有塑造、雕琢的物体形象，并具有一定的三度空间和可观性。雕塑是一种具有强烈感

图 3.101　景墙

染力的造型艺术，园林雕塑美化人的心灵，陶冶人的情操，赋予园林生动的主题、独特的精神内涵及艺术魅力（图 3.102）。

图 3.102　雕塑小品

2. 指示牌、标志牌的设计

（1）指示牌属于功能类景观小品，它首先考虑的是实用性，所以在任何地方，确定有用的指示牌的数量和摆放的位置都应该经过深思熟虑后再决定。带有指示或标志性质的牌匾，形式活泼、内容丰富（图 3.103 和图 3.104）。

图 3.103　指示牌

（2）指示牌、标志牌设计要求：①指示牌一般设立于各路口，协助游人顺利到达目的地；②指示牌的位置要求突出，颜色、造型醒目，且指示方向应准确；③指示牌上的文字一定要指示性、易读性及精炼性都很强，从而起到引导、控制或提醒的作用。

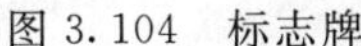
图 3.104 标志牌

图 3.105 垃圾箱

3. 垃圾箱设计

精美的艺术品都会在微妙处体现其人性化的一面，好的景观也不会回避人在生活上的某种需要（图 3.105）。

3.5 园林植物种植设计

园林植物是指在园林中作为观赏、组景、分隔空间、装饰、庇阴、防护、覆盖地面等用途的植物，包括木本植物和草本植物。园林植物种植设计就是根据园林布局要求，按植物的生态习性，合理地配置园林中的各种植物，包括乔木、灌木、藤本、花卉、草皮和地被植物等。按照植物树冠形态，主要有以下几种类型（图 3.106）：圆柱形、水平展开形、圆锥形、垂枝形、圆球形、风致形。

3.5.1 乔木的种植设计

1. 孤植

孤植是指乔、灌木的孤立种植方式，也叫孤立树。可以是 2～3 株紧密栽植，但要具有统一的单体形态，必须是同一树种，相距不超过 5m。注意：孤植树下不能配置灌木，可设石块和座椅（图 3.107）。

孤植树选择的基本条件：植株体形高大优美，枝叶茂密，树冠开阔，没有分蘖或具有特殊观赏价值的树木，生长健壮，寿命长，能经受住较大自然灾害、病虫害少的树种，抗性强，喜阳，不含毒素，不易落污染性花果的树种。园林中常用的孤植树主要有雪松、白皮松、油松、圆柏、白桦、元宝

(a)圆柱形　　(b)水平展开形　　(c)圆锥形

图 3.106　树形

图 3.107　孤植乔木

枫、白蜡、冷杉、栾树、悬铃木、乌桕、鹅掌楸等。

2. 对植

两株树按照一定的轴线关系相互对称均衡或不对称均衡的栽植。对植的目的是强调园林、建筑、广场的入口，对植永远以配景的地位出现（图 3.108）。对植分为对称和非对称两种形式。

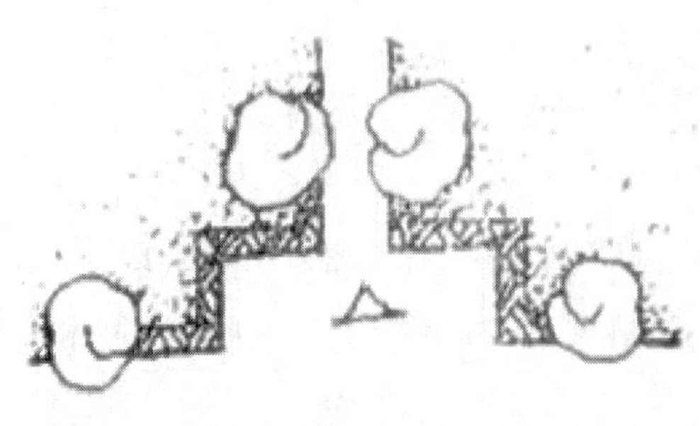

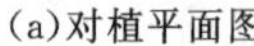
(a)对植平面图

(b)雪松对植

图 3.108　乔木的对植

1）对称栽植：常用在规则式构图中，是利用同两株同种同龄的树木对称栽植在入口旁（图3.109）。

2）非对称栽植：多用在自然式构图中，运用不对称均衡原理，轴线两边的树木在色彩、体形大小上有差异，但在轴线两边须取得均衡。同时要保证树木的生长空间，一般乔木距离建筑5m以上，灌木在2m以上。

图 3.109　强调建筑入口的桂花对植

3. 行列式栽植

乔灌木按一定的株距成行成排的栽植。是规则式的种植方式，形式上景观整齐一致，气势雄伟。常设在规则式园林中的道路、广场、河边、建筑周围。

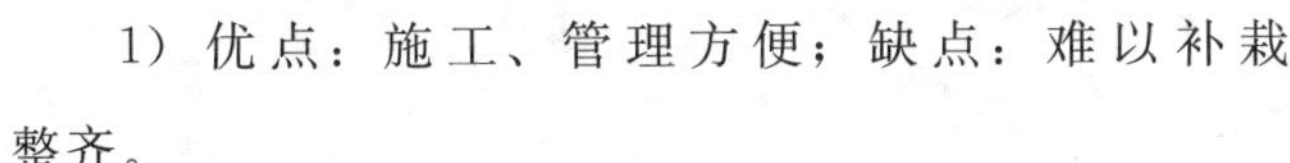

1）优点：施工、管理方便；缺点：难以补栽整齐。

2）树种选择：应选用树冠形体整齐的树种。如圆形、卵圆形、塔形、柱形等，不宜选择枝叶稀疏的树种。

3）行列式种植间距：其株行距应该依据树种的树冠大小而定，一般乔木为3～8m，有时为了取得近期的景观效果，常用3～5m，待其长大以后，隔株去除，成为6～10m的株距。也可采用乔灌木间隔栽植的方法，具有简单的交替节奏变化。灌木之间的距离一般1～5m。

4）行列式栽植的基本形式：等行等距栽植有正方形栽植和品字形栽植；株距相等，行距不等常用于规则式向自然式栽植的过渡（图3.110）。

(a)规则式广场上行列式栽植

(b)道路两侧的列植

图 3.110　乔木行列式栽植

4. 丛植

丛植是由两株到十几株的乔木或乔灌木组合种植的类型，主要用于自然式园林中。在自然式草地、路旁、水边、山地和建筑四周。丛植也叫树丛，表现树木群体组合的形态美，也相互衬托表现个体美，在变化中求统一的组合艺术。其单株树木的选择与孤植相似。丛植的类型有同一树种和不同树种的丛植两类。

丛植的形式主要有二、三、四、五株的配置，两种或几种元素构成统一体，要达到统一变化，就应先考虑“通相”，再分析“殊相”，以“通相”达到统一，以“殊相”求得变化。

1）二株树丛。应采用同一树种，但形态、大小、动势上有所差异，其间距应小于两树冠的半径之和。不同种的树木如果外观上十分相似，也可配置在一起（图 3.111）。

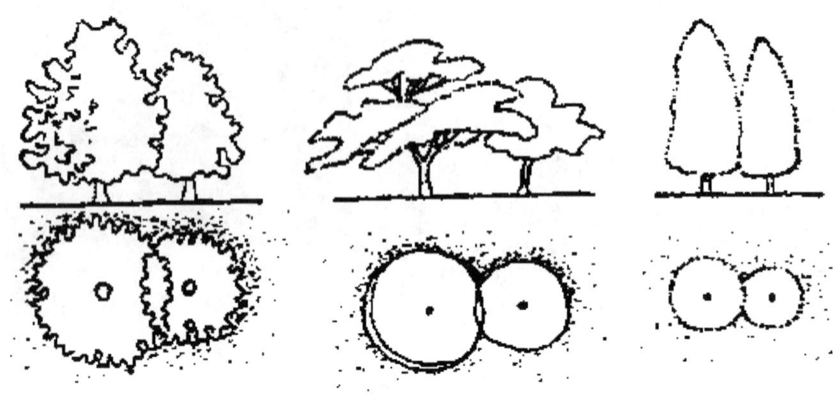

图 3.111　二株丛植

2）三株树丛。宜采用姿态、大小有差异的同一树种。如果采用两个树种也应同为常绿或同为落叶树、同为乔木或同为灌木。占两株数量的为树丛的主体，占一株的为陪衬。三株树丛忌讳差异大的三个树种，直线栽植等腰栽植，等边栽植。

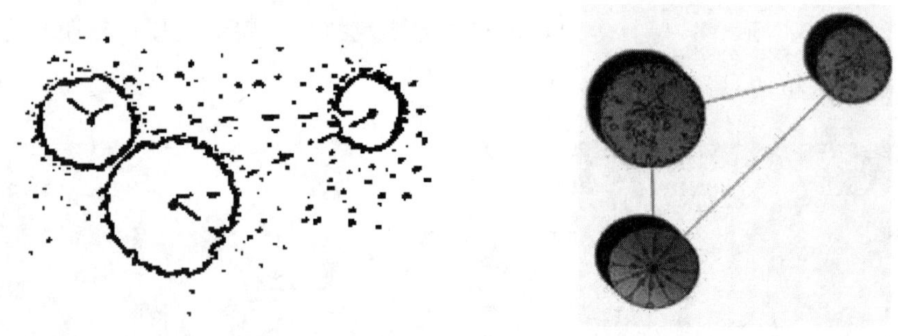

图 3.112　三株丛植

其中，最大株与最小株较近为一组，中等一株远离一些为另一组。两组在动势上呼应，平面构成任意三角形。如果是两个树种，则最小株为单独树种。忌最大株为单独树种，否则难分主次（图 3.112）。

3）四株树丛。仍以同树种为“通相”，在不同的“姿态、大小、疏密”关系中求“殊相”；如果采用两个不同树种，必须同为乔木或同为灌木；如果采用三个树种必须有两种外观极相似。原则上不要乔灌木合用。

树种相同时，分为两组：成 3：1 的组合；三组：成 2：1：1 的组合，最大株在两株一组中。忌 2：2 的组合以及三株在一条直线上。

树种不同时，其中三株为一树种，一株为另一树种。单独树种的这株树不能是最大株，不能单独成一组，必须与另外树种组成一个三株的混交树丛，在这组中，该株应与另一株树靠拢、居中，不能靠外边。最小株与最大株都不宜单独成为一组（图 3.113）。

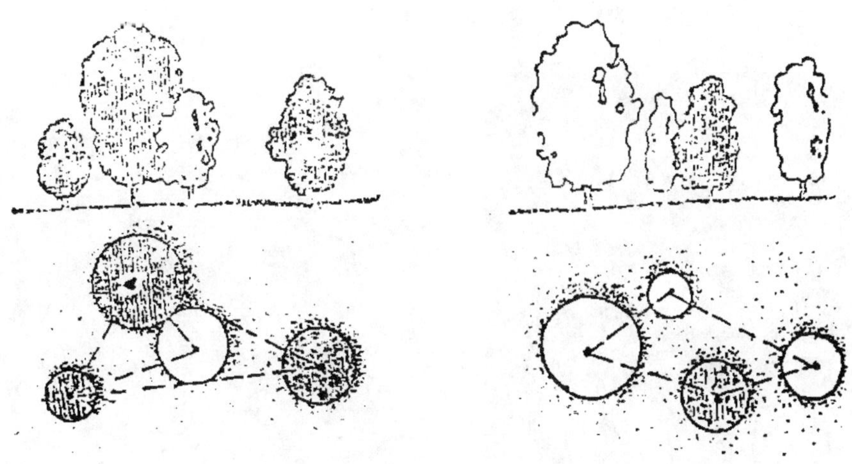

图 3.113　四株丛植

4）五株树丛。树种相同时，每株树的形体、姿态、动势、大小、栽植距离都应力求差异。把这五株树从大到小分为 1、2、3、4、5 号，有两种组合方式：①3∶2 组合：即三株一组和两株一组。其中，三株一组可以是 1、2、4 号或 1、3、4 号或 1、3、5 号。可见最大株必在三株一组中，这组是主体，二株这组是从属。这两组必须各有动势，构图取得均衡，构成一体。不同树种组合，除最大株在三株这一组中，两个树种均应分布于两组中，相互穿插呼应构成一个整体，应该三株为一个树种，两株为一个树种，不能一株为单独树种，否则不易均衡；②4∶1 组合：单独一组的这株树不能是最大株也不能是最小株，这种组合方式的主次悬殊较大，所以两组距离不能过远，并在动势上要有呼应。不同树种种植，单独一株为一组的树种最好是三株的那个树种，如果把两株的那个树种安排成单独一组，则其中的另一株应该在四株一组的包围中（图 3.114）。

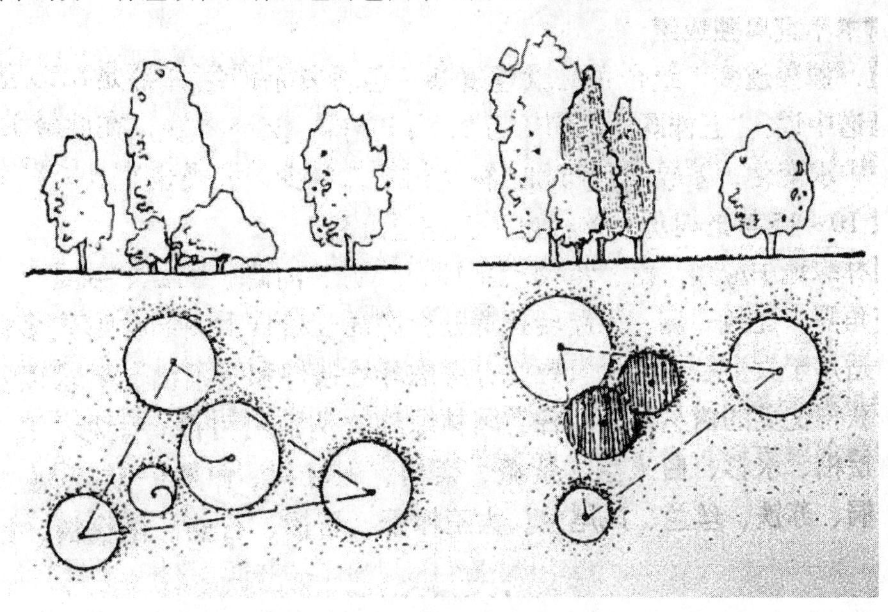

图 3.114　五株丛植

树丛可作为主景，也可与其他景观形成对景；在道路交叉口和道路的转弯处可作为障景；园林入口可结合不对称的大门建筑配置树丛；树丛又是园林建筑、园林雕塑的小品设施的背景。树丛基本上是暴露的，应选用适应性和抗性强的树种（图 3.115 和图 3.116）。

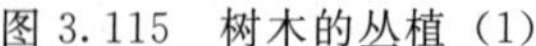

图 3.115　树木的丛植（1）

图 3.116　树木的丛植（2）

5. 群植

1）群植是指由几十株树木组合种植的一种配植树形式。组成树群的树木株数一般在 20～30 株。树群以表现群体美为主，是构图上的主景，可以分隔、围合空间。常设在大面积的草坪、水边、水中岛屿、土丘或山坡上。其主要观赏面应有树群高度的 4 倍、树群宽度的 1.5 倍的视距，以便游人观赏。

图 3.117　树木群植景观

2）树群分为单纯树群和混交树群：单纯树群，由一种树木组成，可以应用宿根花卉作为地被植物；混交树群，是树群的主要形式，可分为五个组成部分：乔木层，树冠姿态要丰富，使天际线（林冠线）富于变化；亚乔木层：树种应开花繁茂或叶色美丽；大灌木层：应以花木为主；小灌木层：应以花木为主；多年生草本层：应该是多年生野生花卉。也可以分为乔木、灌木、草本三层（图 3.117）。

3）树群组合的原则：高度采光的乔木层应该分布在中央，亚乔木在四周，大灌木、小灌木在外缘。树群内植物的栽植距离要有疏密变化，要构成不等边三角形，切忌成行、行排、成带地栽植，常绿、落叶、观叶、观花的树木应用复层混交及小块混交与点状混交相结合的方式。树群的外貌要高低起伏有变化，要注意四季的季相变化和美观。

6. 林植

凡成片、成块大量栽植乔灌木，构成林地或森林景观的称为林植或树林。林植多用于大面积公园安静区、风景游览区或休、疗养区卫生防护林带。树林可分密林和疏林两种，密林的郁闭度达 70％，疏林的郁闭度在40%～70%，密林和疏林都有纯林和混交林。密林纯林应选用最富于观赏价值而生长健壮的地方树种（图3.118）。

图3.118 林植景观

图3.119 林带景观

7. 林带

树群的长轴与短轴之比达到4∶1以上便成为自然式林带。它属于连续的风景构图。它的组成原则同树群，只是功能不同（图3.119）。

林带的分类。按树种组成分：单纯树种和混交树种林带；按演进形式分：单侧演进和双侧演进林带；按树木结合形式分：紧密结构林带（垂直郁闭度达1.0，不透视线，能防尘、隔音、屏障视线、实分空间、背景作用）和疏松结构林带（防风、虚分空间）。

3.5.2 灌木的种植设计

灌木的种植设计主要是绿篱和绿墙。凡是由灌木或小乔木以近距离的株行距密植，栽成单行或双行，紧密结合的规则的种植形式，称为绿篱或绿墙。

1. 绿篱及绿墙的类型

1）根据高度可分为：绿墙，高度在人眼以上，一般成年人的视线不能通过；高篱，高度在120～160cm，人不能过，视线可过；中篱，高度在50～120cm，人能过，但费劲；矮篱，高度在50cm以下。

2）根据功能要求与观赏要求可分：常绿绿篱、花篱、观果篱、刺篱、落叶篱、蔓篱与编篱等。

2. 绿篱的作用与功能

1）范围与围护作用：园林中常以绿篱作防范的边界，可用刺篱、高篱或绿篱内加铁刺丝。绿篱可以组织游人的游览路线，按照所指的范围参观游览。不希望游人通过的可用绿篱围起来（图3.120）。

2）作为规则式园林的区划线：以中篱作分界线，以矮篱作为花境的边缘、花坛和观赏草坪的图案花纹。

图3.120 绿篱的作用与功能

3）分隔空间和屏障视线：园林中常用绿篱或绿墙

进行分区和屏障视线，分隔不同功能的空间。这种绿篱最好用常绿树组成高于视线的绿墙。如把儿童游戏场、露天剧场、运动场与安静休息区分隔开来，减少互相干扰。在自然式布局中，有局部规则式的空间，也可用绿墙隔离，使强烈对比、风格不同的布局形式得到缓和。

4）作为花境、喷泉、雕像的背景：园林中常用常绿树修剪成各种形式的绿墙，作为喷泉和雕像的背景，其高度一般要与喷泉和雕像的高度相称，色彩以选用没有反光的暗绿色树种为宜，作为花境背景的绿篱，一般均为常绿的高篱及中篱。

5）美化挡土墙：在各种绿地中，在不同高度的两块高地之间的挡土墙，为避免立面上的枯燥，常在挡土墙的前方栽植绿篱，把挡土墙的立面美化起来。

3.5.3 草本花卉的种植设计

花卉在园林中的应用是根据园林绿地的规划布局及园林风格而定的。

1. 草本花卉种植的布置方式

草本花卉种植的布置方式可以分为规则式布置和自然式布置。

（1）花卉的规则式布置：花坛、花池或花台、花坛群以及带状花坛等。

（2）花卉的自然式布置：假山花台、花镜、花丛、花群和花池等。

2. 草本花卉种植设计

（1）花坛。指在具有一定几何形轮廓植床内，种植各种不同色彩的观赏植物，构成华丽色彩或精美图案的一种花卉种植类型。花坛主要类型有以下几种。

1）花丛花坛（盛花花坛）：是以观花草本植物。花朵盛开时，花卉本身群体的艳丽色彩为表现主题。

2）模纹花坛（毛毡花坛或五色草花坛）：它所表现的主题不以观赏植物本身的个体美或群体美，而是用植物所组成的绚丽复杂的图案纹样（图 3.121）。

图 3.121　模纹花坛

3）标题式花坛：在形式上同模纹花坛，只是其表现的主题不同。模纹花坛是完全装饰性的图案，没有明确的思想主题，而标题式花坛有时由文字组成，有时由具有一定意义的图徽或绘画，有时是肖像等，通过一定的艺术形象，表达一定的主题思想。标题式花坛分：文字花坛、肖像花坛、图徽花坛。

4）装饰物花坛：也是模纹花坛的一种，只是这种花坛具有一定的实用目的。

5）草坪花坛：在经过艺术处理的种植床内铺上阜坪为基调，把花丛花坛或模纹花坛镶嵌在重点位置的草坪上，称为草坪花坛。

(2) 花池和花台。花池和花台是花坛的特殊种植形式，高者为台，低者为池（图 3.122 和图 3.123）。

图 3.122 花池

图 3.123 花台

(3) 花境。花境是以多年生草花为主，结合观叶植物和一二年生草花，沿花园边界或路缘设计布置而成的一种园林植物景观，其外形较规整，内部花卉的布置成丛或成片，自由变化，多为宿根、球根花卉，也可点缀种植花灌木、山石、器物等（图 3.124）。

图 3.124 花境

图 3.125 花丛

(4) 花丛。用多种花卉进行密植成丛状，按园林的景观需要呈点状、规则式或自然式布置在园林绿地的草坪中。花丛是自然式园林中的花卉栽植形式，按花卉植物的自然生长丛状布置在庭院、道路、水旁、山石、墙边（图 3.125）。

(5) 花群。由几十株乃至几百株的花卉种植在一起成群状。布置在林缘、草坪中或水边及山坡上。

(6) 花地。指较大面积的花卉景观群体，常布置在坡地上、林缘或林中空地以及树林草地中（图

3.126)。

图 3.126　花地

图 3.127　地被

3.5.4　地被植物及草坪

1. 地被植物

指那些株丛密集、低矮，繁殖力强、经简单管理即可用于代替草坪覆盖在地表。包括球根、宿根花卉、矮生灌木及爬蔓植物。如麦冬、草坪、高羊茅、早熟禾、黑麦草、野牛草、结缕草、马尼拉、白三叶、铃兰、葱兰、小叶扶芳藤、草花、野花组合等（图 3.127）。

2. 草坪

图 3.128　草坪

草坪是用多年生矮小草本植株密植，并经修剪的人工草地。今多指园林中用人工铺植草皮或播种草子培养形成的整片绿色地面。18 世纪中，英国自然风景园中出现大面积草坪。中国近代园林中也出现草坪。

草坪设计中要明确草坪的生长环境，选择合适的草种，一般草坪草喜阳，因此在林下荫地，需选择耐阴性较强的草种，如野牛草、养胡子草，明确草坪的用途，考虑草地踩踏与人流量的问题，考虑草地的坡度与排水的问题，同时需考虑艺术构图因素，是草地的地形与周围的景物统一起来（图 3.128）。

本　章　小　结

本章主要讲解了地形、园路与地面铺装、水体、园林建筑与小品、园林植物五大园林构成要素的内容和设计。地形是构成园林的骨架，地形要素的利用和改造，将影响到园林的形式，建筑的布局，植物配置，景观效果等。园林道路与建筑有机组织，对于园林形式的形成起着决定性的作用，园路与地面铺装构成了园林的脉络，并且起着园林中组织交通和导游线的作用。水体是地形组成中一个不可缺少的部分，是园林的灵魂，水体可以简单地划分为静水和动水两种类型。园林建筑小品是园林构成中主要的部分，小品使园林景观更具有表现力，能起到画龙点睛的作用。植物是园林中有生命的构成要素，植物的四季景观，本身的形态、色彩、芳香等都是园林造景的题材，园林植物与地形，水体，建筑，山石等有机的配置，形成优美的环境。园林构成要素设计是园林景观设计的重点，要求在理解园林布局及设计要点的基础上，结合实训项目设计练习，提高学习效率。

练习与思考题

1. 园林地形设计包括哪几方面的内容？
2. 园林道路的类型有哪些？
3. 熟悉园林地面铺装材料。
4. 主要水体景观的设计。
5. 水岸的设计。
6. 主要园林建筑、小品的设计。
7. 植物种植设计的基本形式有哪些？

第4章

园林规划设计程序

学习目标

- 了解园林绿地系统规划任务。
- 熟悉园林设计前提工作内容。
- 掌握总体设计方案阶段主要涉及图纸。
- 掌握园林建设工程预算。

园林规划设计是指在建造某具体绿地之前，设计者根据绿地系统规划及当地的具体情况，把要建造这块绿地的想法，通过各种图纸简要说明，把它表达出来，使大家知道这块绿地将建成什么样，以及施工人员根据这些图纸和说明，可以将这块绿地建造出来。这一系列技术经济过程就是园林规划设计程序。

4.1　园林设计的前提工作

在进行规划设计时，首先必须对建设地区的自然条件、周围环境等有关资料进行搜集调查和深入研究。

4.1.1　自然条件的调查

自然条件的调查包括以下几个方面。

（1）气象。包括每月最高、最低及平均气温，每月降水量，无霜期、结冰期和化冰期，冻土厚度，风力、风向及风玫瑰图。

（2）地形。调查地表面起伏，包括山的形状、走向、坡度、位置、面积、高度及土石情况，平地，沼泽地状况。

（3）土壤。土壤的理化性质，坚实度、通气、透水性，氮、磷、钾含量，土壤的pH值，土层深度等。

（4）水质。现有水面及水系的范围，水底标高，河床情况，常水位、最低及最高水位，水流方向，水质及驳岸情况，地下水状况等。

（5）植被调查。现有园林植物、古树、大树种类、数量、分布、高度、覆盖范围、生长情况，姿态及观赏价值的评定等。

4.1.2 社会条件调查

园林与周边环境、地理人文存在着紧密且不可分割的联系。因此，在园林设计中社会条件调查不可或缺。

（1）交通。调查待建区域与城市交通的关系，游人来向、数量，以便确定服务的范围半径及设施的内容。包括交通线路、交通工具、停车场、码头、桥梁等状况的调查。

（2）现有设施。如给排水设施、能源、电源、电信的情况；用房调查，原有建筑物的位置、面积、用途；城市文化娱乐设施的调查。

（3）工农业生产情况。主要调查对设计区域发生影响的工业或农业，如公园周围有什么工厂，工厂有无污染，污染的方向、程度等。

（4）城市的历史、人文资料中涉及公园的内容，如根据城市的历史、人文资料及名胜古迹，可在公园内设墓园、纪念馆等。

4.1.3 设计条件调查

1. 城市规划资料的调查

比例为1：5000～1：10000的城市现状图。比例为1：5000～1：10000的城市规划图。规划图上必须有城市绿地系统的规划，对于绿地系统和公园，规划的要求与城市规划的关系等，应附详细说明。

2. 地形及现状图

（1）精心总体规划所需的测量图。画出原有地貌、水系、道路、原有建筑物等。

（2）技术设计所需的测量图。比例为1：500～1：200，最好是方格测量，方格距为20～50m，等高距为0.25～0.50m。并标出道路、广场水平地面、建筑物地面标高，画出各种建筑物、公用设备网、岩石、道路、地形、水面、乔木、灌木群的位置。

（3）施工平面测量图。比例为1：200～1：100，按20～50m设方格桩。平坦地形方格间距可以大一些，复杂地形方格间距可以小一些，等高距为0.25m，必要的地点等高距为0.10m。画出原有乔木的个体位置及树冠大小，成群及独立灌木、花卉植物群的轮廓和面积。图内还应包括各种地下管线设施及井位等，对于地下管线、除地下图外还需要有剖面图，并需注明管径的大小、管底、管顶的标高、坡度等。

3. 图纸资料

（1）地形图：提供园址范围内的1：2000，1：1000，1：500的平面地形图。包括：设计范围（红线范围、坐标）、等高线、标高、现状物（现有建筑、构筑、山体、水系及进出口、植物、道路、水井、电源）。

（2）四周环境情况：与市政交通相联系的道路的走向、宽窄、标高、排水；周围单位、机关、居住区名称、规模及今后发展规划。

（3）局部放大图：1：200，细部设计用。

（4）要保留地物的平面图、立面图。

（5）原有树木分布位置图（1：200，1：500）。主要标明要保留树木的位置，并注明品种、胸径、生长状况和观赏价值等。有较高观赏价值的树木最好附一张彩色照片。

（6）地下管线图（1：200或1：500，水、电、信、气、暖），一般要求与施工图比例相同。图内应包括要保留的上水、雨水、污水、化粪池、电信、电力、暖气沟、煤气、热力等管道位置及井位等。除平面图外还要有剖面图，并需要注明管径的大小，管底或管顶标高，压力、坡度等。

4. 现场踏查

无论面积大小，设计项目的难易，在进行园林规划设计之前，设计者一定要到现场进行实地踏查。一方面核对、补充所收集的资料。如：现状的建筑、树木等情况，水文、地质、地形等自然条件。另一方面，设计者到现场，可以根据周围环境条件，进入艺术构思阶段。根据情况，如面积较大，情况较复杂，有必要的时候，踏查工作还要进行多次。

5. 设计标准及投资额度

与甲方经过沟通商议，明确设计标准及投资额度及设计相关注意事项。

4.2 编制总体设计任务书

这是设计的前期阶段，确定建设任务的初步设想，应由建设方提供。任务书要说明建设的要求和目的，建设的内容和项目、设计期限。设计任务书确定建设项目和编制设计文件的重要依据。按规定，没有批准的设计任务书，设计单位不能进行设计。设计任务书具体应该说明的项目有以下几项。

（1）设计区域在城市绿地系统中的关系。

（2）设计区域所处地段的特征及四周环境。

（3）设计区域的面积及游人量。

（4）设计区域总体设计的艺术特色和风格要求。

（5）设计区域地形设计，包括山体水系。

（6）设计区域分期建设计划。

（7）设计区域建设的投资匡算。

（8）设计区域地貌处理和种植规划要求。

（9）设计区域分期实施的程序。

4.3 总体设计方案阶段

1. 主要设计图纸内容

（1）位置图。属于示意图纸，表示该公园在城市区域内的位置，要求简洁明了。

（2）现状图。（1：500～1：2000）根据掌握的全部资料，经分析、整理、归纳后，分成若干空间，对现状作综合评述。可用圆形圈或抽象图形将其概括地表示出来。例如：经过对四周道路的分析，根据主、次城市干道的情况，确定出入口的大体位置和范围。同时，在现状图上，可分析公园设计中有利和不利因素，以便为功能分区提供参考依据。

(3) 功能分区图。根据总体设计的原则、现状图分析，根据不同年龄段游人活动规划，不同兴趣爱好游人的需要，确定不同分区，划出不同的空间，使不同空间和区域满足不同的功能要求，并使功能与形式尽可能统一。另外，分区图可以反映不同空间，分区之间的关系。该总体设计图，属于示意说明性质，可以用抽象图形或圆圈等图案予以表示。

(4) 总体规划设计方案图。要表示出如下几点：公园与周围的环境关系；主次要出入口与市政关系，位置，内外广场、停车场大小；地形总体规划；道路系统规划；全园建筑物、构筑物类型及布局植；全园植物种植设计（乔灌花草、专类园、盆景园）。面积 $100hm^2$ 以上，比例多采用 1：2000～1：5000；面积在 $10～50hm^2$ 左右，比例 1：1000；面积在 $8hm^2$ 以下，比例可用 1：500。

(5) 地形设计图。比例 1：200 和 1：500～1：1000 全面反映公园的地形结构，进行空间组织，根据造景需要确定山地形体、制高点、山峰、山脉走向，岗、坞、湖、池、涧、溪、滩等的造型、位置、标高等。

(6) 道路系统图。首先在图上确定公园的主要出入口，次要出入口和专用出入口。还有主要广场的位置及主要环路的位置，以及作为消防的通道。同时确定主干道、次干道等位置以及各种路面的宽度、排水纵坡。并初步确定主要道路的路面材料，铺装形式等。图纸上虚线划出等高线，再用不同的粗线、细线表示不同级别的道路及广场，并注明主要道路的控制标高。

2. 鸟瞰图

鸟瞰图要尽量准确反映景物形象，园外临景。

3. 总体设计说明书

(1) 公园的位置、现状、面积。

(2) 设计的性质、目的、原则。

(3) 功能分区的内容、面积比例。

(4) 设计内容：出入口、道路系统、山石水体、竖向设计、绿化种植等。

(5) 管线、电讯规划说明。

(6) 管理机构。

4. 工程总匡算

土建工程项目概算：园林建筑及服务设施、娱乐体育设施、道路交通、水、电、通讯；山水景观工程、园林设施；其他：园林征地费用、挡土墙、管理区改造绿化工程项目概算。

4.4 技术设计阶段

技术设计是根据已批准的初步设计编制的。技术设计所需研究和解决的问题与初步设计相同，不过是更深入更精确的设计。

(1) 平面图。首先，根据公园和工程的不同分区，化除若干局部，每个局部根据总体设计的要求，进行局部详细设计。一般比例为 1∶500，等高距 0.5m，用不同等级粗细的线条画出：园路、广场、建筑、水池、湖面驳岸、树林、草地、灌木丛、花坛、花卉、山石、雕塑等。

详细设计平面图要求标明建筑平面、标高及周围环境的关系；道路宽度、形式、标高；主要广场、地平形式、标高；花坛、水池面积大小和标高；驳岸的形式、宽度、标高。同时平面上标明雕塑、园林小品的造型。

（2）横纵剖面图。为了更好地表达设计意图，在局部艺术布局最重要部分，或局部地形变化部分，做出断面图，一般比例为 1∶200～1∶500。

（3）局部种植设计图。在总体设计方案确定后，着手进行局部景区、景点的详细设计，同时，要进行 1∶500 的种植设计工作。一般 1∶500 比例在图纸上能较准确地反映乔木的种植点、种植数量、树种。树种主要包括密林、疏林、树群、树丛、园路树、湖岸树的位置。其他种类类型，如花坛、花镜、水生植物、灌木丛、草坪等的种植设计图，可选用 1∶300 或 1∶200 比例。

4.5 施工设计阶段

1. 施工设计图纸要求

图纸规范，图纸要尽量符合国家建委的《建筑制图标准》的规定，一般情况下，不允许变化图纸规格，特殊情况下可以加长，但加长部分应为边长的 1/8 及其倍数。

一般图纸均应明确画出设计项目范围，画出坐标网及基点、基线的位置，以便作为施工放线的依据。基点、基线的确定应以地形图上坐标网或现状图上，工地的坐标点、现状建筑屋角、前面、构造物、道路等为依据，必须纵横垂直，一般坐标网依图面的大小每个方格网交点所确定的坐标，作为施工放线的依据。

施工图纸需要有图头、图例、指北针、比例、标题栏及简要的图纸设计内容说明。图纸要求字迹清楚、整齐，不得潦草，图面清晰、整洁，图线要求分清粗实线、中实线、点画线、折断线等线形，并准确表达对象。图纸上文章、阿拉伯数字最好用打印字剪贴复印。

2. 施工放线总图

主要标明各设计因素之间具体的平面关系和准确位置。图纸包括保留利用建筑物、构筑物、树木、地下管线等；地形等高线、标高点、水体、驳岸、山石、建筑物、构筑物的位置、道路、广场、桥梁、涵洞；树种的种植点、园灯、园椅、雕塑等设计内容。

3. 地形设计总图

地形是全园的骨架，要求能反映出公园的地形结构。自然的山水园要求表达山体水系的内在有机联系。根据分区要求进行空间组织；根据分区需要进行空间组织；根据造景需要确定山体的形体、制高点、山峰、山脉、山脊走向、丘陵起伏、缓坡、微地形以及坞、岗、岘、岬、岫等陆地地形。同时，地形还要表示出湖、池、潭、港、湾、涧、溪、滩、沟、渚以及堤、岛等水体造型，并要标明湖面的最高水位，常水位，最低水位线。此外，图上标明入水口、排水口的位置（总排水方向、水源及雨水聚散地）等。也要确定主要园林建筑所在地的地坪标高，桥面标高，广场高程，以及道路变坡点标高。还必须标明公园周围市政设施、马路、人行道以及与公园临近单位的地坪标高，以便确定公园与四周环境之间的排水关系。

4. 水系设计

除了陆地上的设计，水系设计也是重要的组成部分。平面图应标明谁提的平面位置、形状、大小、类型、深浅以及工程设计要求。进水口、溢水口和泄水口的位置。主、次湖面，堤、岛、驳岸造型，溪流、泉水及水体附属物的平面位置，以及水池循环管道的平面图。纵横剖面图要表示出水体驳岸、池底、山石、汀步、堤、岛等工程施工图。

5. 道路、广场设计

面图要根据道路系统的总体设计，在施工图的基础上，画出各种道路、广场、地平、台阶、盘山路、山路、汀步、道桥等的位置，并注明每段的高程、纵坡、横坡的数字。一般园路分主路、支路和小路三级。园路最低宽度为0.9m，主路一般6～8m，支路一般3～5m。国际康复协会规定残疾人使用的坡道最大纵坡为8.33%，所以主路纵坡上限为8%。山地公园主路纵坡应小于12%。支路和小路纵坡宜小于18%，超过18%纵坡宜设台阶、梯道。通行机动车的园路宽度应大于4m，转弯半径不小于12m，一般室外台阶比较舒服的高度为12cm，宽度为39cm，纵坡为40%。一般混凝土路面纵坡在0.3%～5%横坡在15%～25%，原石和拳头石路面纵坡在0.5%～9%，天然土路纵坡在0.5%～8%，横坡在3%～4%。除了平面图，还要求用1：20的比例会出剖面图，主要表示各种路面、山路、台阶的宽度及其材料、道路的结构层（面层、垫层、基层等）厚度及做法。

6. 园林建筑设计

要求包括建筑的平面设计（反映建筑的平面位置、朝向、周围环境的关系）、建筑底层平面、屋顶平面、必要的大样图、建筑结构图等。

7. 种植设计图

根据总体设计图的布局，设计原则，以及苗木的情况，确定全园的总构思。种植总体设计内容主要包括不同种植类型的安排，如密林、草坪、疏林、树群、树丛、孤立树、花坛、花镜、园界树、园路树、湖岸树、园林种植小品等内容。还有以植物造景为主的专类园，如月季园、牡丹园、香花园、观叶园、盆景园、观赏或生产温室、爬蔓植物观赏园、水景园；公园内的花圃、小型苗圃等。同时，确定全园的基调树种、骨干造景树种，包括常绿、落叶的乔木、灌木、花草等。

8. 给水、排水、用电管线布置图及其他

根据总体规划要求，解决全园的上水水源的引进方式，水的总体用量（消防、生活、造景、喷灌、浇灌、卫生等）及管网的大致分布、管径大小、水压高低等。以及雨水、污水的水量，排放方式，管网大体分布，管径大小及水的去处等。大规模的工程，建筑量大。北方冬天需要供暖，则要考虑供暖方式，负荷多少，锅炉房的位置等。

9. 假山及园林小品

假山及园林小品也是园林造景中的重要因素，最好做成山石模型或者雕塑小样，便于施工过程中，能较理想地体现设计意图。在假山及园林小品设计中，主要指出设计意图、高度、体量、造型构思、色彩等内容，以便与其他行业相配合。

4.6 建设工程预算

1. 种植工程

（1）苗木购置费。根据设计图纸列出所需各种苗木的规格、数量、单价，按株算出苗木购置费 A。

（2）草皮购置费。绿化设计通常规定有“黄土不露天”这项原则，公园绿地中除了运用各类乔木、花灌木外，在接近地面的下层，一般要求大量运用草皮及其他的地被植物、草木花卉进行覆盖。这部分通常按单位面积造价计算出所需费用 B。

（3）苗木、草皮的挖掘、运输、栽植费用。这些工程费用一般按购置费的 30%计算，即 $(A+B)\times 30\%=C$。

（4）种植总造价 $D=A+B+C$。

2. 工程设施

（1）园林建筑、构筑物及小品。这部分费用可以根据单位面积造价或使用材料造价多少算出 E。

（2）公园道路广场。根据铺设面积大小及所用材料造价多少算出 F。

（3）水景工程。一般根据水池面积大小计算，配有泉涌、喷泉等机电设备的另算 G。

（4）照明设施。根据所用地下电缆的长短、园林灯具以及附属设备的价格算出 H。

（5）各项工程设施施工费用为 I。

工程设施直接费 $J=E+F+G+H+I$；综合管理费 $K=J\times 15\%$；工程设施总造价 $L=J+K$。

3. 规划设计费

根据国家有关规定，该项费用按整个绿化投资的 3%～6%这一标准收取，即 $M=(D+L)\times(3\%\sim 6\%)$。

4. 不可预见费

$N=(D+L+M)\times 5\%$。

5. 绿化工程总造价

$X=D+L+M+N$。

本 章 小 结

园林设计程序随着园林绿地类型的不同而繁简不一。园林规划设计，首先要考虑该绿地的功能，即目的。要和使用者的期望与要求相符合。设计者必须对该地区人民现在和未来的生活环境做出全面探讨，还要明确该园林绿地在改善人们生活环境方面的价值。其次园林规划还要对该地区特性作充分的了解，找出适当的环境，做出恰当的规划。

练 习 与 思 考 题

1. 园林绿地规划设计说明书包括哪些内容？
2. 一般公园设计必须提供哪些图纸材料？
3. 园林绿地系统规划任务有哪些？

第5章

庭 院 设 计

学习目标

- 了解庭院设计的基本知识。
- 熟悉庭院设计及施工的具体流程。
- 掌握庭院规划设计的原则。
- 能够进行各类风格庭院的绿地规划设计。

随着我国经济的飞跃发展，物质的极大丰富，国际间文化的交流，使得大众审美心理要求越来越高。因此，当今设计强调实用功能性和审美功能的艺术性。而其中庭院设计，更是要创造宜人的健康环境，提供优质的户外活动空间，从而陶冶情操，求得身心平衡的设计。而庭院是人为化的自然空间，是建筑室内空间的延续，人们除了室内空间的活动外，还需到室外空间中呼吸新鲜空气、接受阳光的抚慰，以及聊天、散步、娱乐等日常休闲活动，庭院空间恰好就为这些活动提供了理想的场所(图5.1)。

5.1 庭院规划设计原则

庭院设计是一项具有一定专业性的工作，对于想建造自己理想的“桃花源”的人来说，先学习一下庭院设计的基本原则是很有必要的。

(1) 多样统一原则。“统一”用在庭院中所指的方面很多，例如形式与风格、造园材料、色彩、线条等，从整体到局部都要讲求统一，但过分统一则显呆板，疏于统一则显杂乱。所以常在“统一”之上加上“多样”，意思是需要在变化之中求统一，免于成为大杂烩。

目前世界上主要流行以下三类庭院。①自然式庭院：20世纪人们提出“回归自然”的口号，衣食住行都狂热地追求自然，庭院的形式亦不例外；②西式庭院：又称规整式庭院；在现行经济发达的社会里该庭院逐渐兴盛起来，而且愈演愈烈，以致形成大面积人为造作的非自然景观；③混合式庭院：本来混合与统一是相互矛盾的，但目前自然式与西式在同一庭院内混合应用已经相当流行，而且成为一种设计风格。

(2) 均衡原则。均衡是人对其视觉中心两侧及前方景物具有相等趣味与感觉的份量。如前方是一

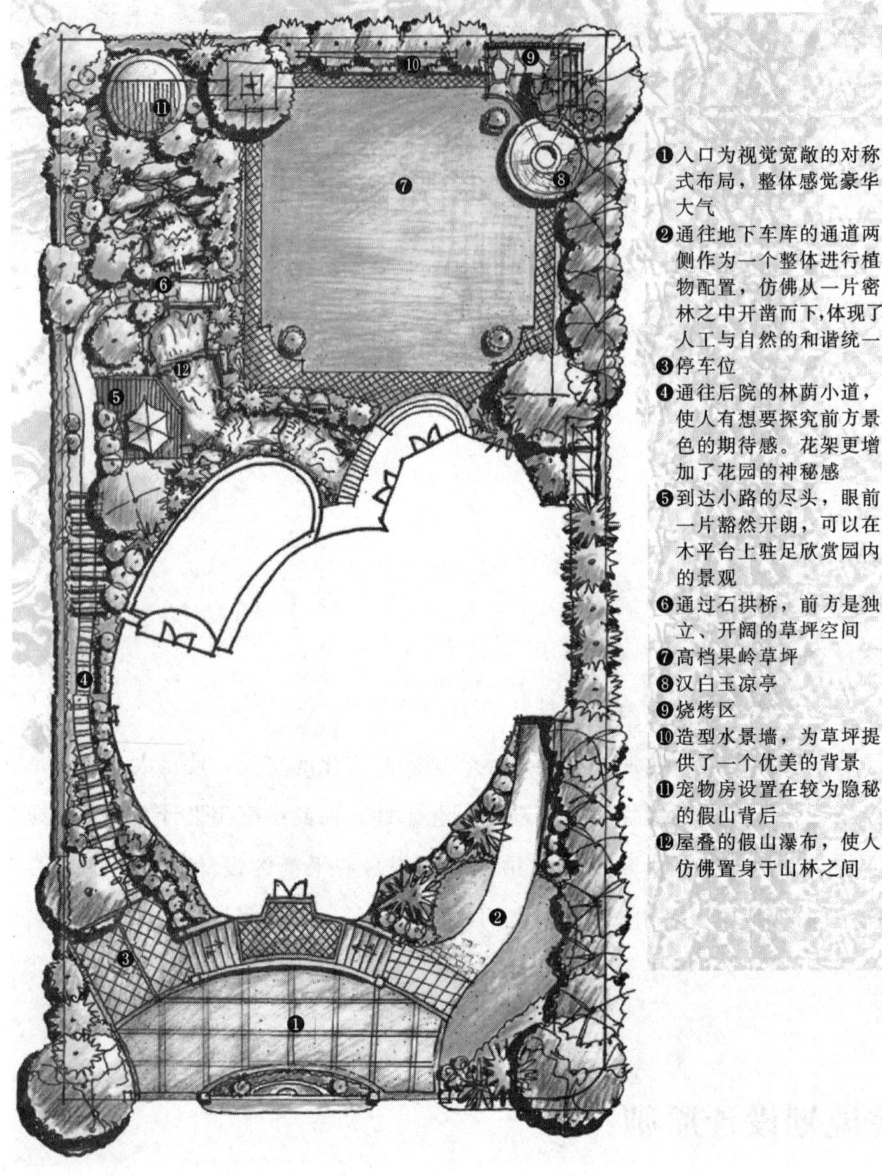

图 5.1　小别墅庭院平面图

对体量与质量相同的景物，一对石狮，即会产生均衡感。庭院设计中也要注意这一原则。

(3) 比例原则。庭院中到处需要考虑比例的关系，大到局部与全局的比例，小到一木一石与环境的小局部。一旦失去比例，品评者很容易发觉。

(4) 韵律原则。在音乐或诗词中按一定的规律重复出现相近似的音韵即称为韵律。设计庭院也是如此，只有巧妙地运用多种韵律的同步，才能使游人获得韵律感。

(5) 对比原则。在庭院设计中，为了突出园内的某局部景观，利用体形、色彩、质地等与之相对立的景物与其放在一起表现，以造成一种强烈的对比效果，同时也给游人一种鲜明的审美情趣。

(6) 和谐原则。和谐是指庭院内景物在变化统一的原则下，色彩、造型、体量等在时间和空间上都给人一种和谐感（图 5.2）。

(7) 质地原则。质地是指庭院中生物与非生物体表面结构的粗细程度，以及由此引起的感觉。如细软的草坪、深绿色的青苔均匀而细腻，让人舍不得去触碰它，如果在旁边一片河沙中放一块光润的顽石，这一组质地相近的景物显然会呈现协调之美。

(8) 简单原则。“简单”一词用在庭院设计中是指景物的安排以朴素淡雅为主。自然美是庭院设计中刻意追求和模仿的要点，自然美被升华为艺术美要经过一番提炼。正如西方造园家提出“简单也是美”的道理一样，应当在朴素淡雅的原则之下取舍。

(9) 满足“人看人”的原则。“人看人”成为行为学的理论是近20年来才提出的新课题，而且直截了当地引申到庭院设计中来。也就是说，庭院设计中最引人注目的设计原则应当首先考虑“人”的行为问题。一个好的设计应当能对人的需要最敏感地做出反应，使游览者能尽情地游玩，满足他们行为的需要。

(10) 意境原则。庭院这类艺术品在成“境”之后就成为欣赏者游乐之所。一座耐人寻味的庭院可连续几百年成为游人乐往之地，可见创作的形象和情趣已经触发游人的联想和幻想，换言之就是有“意境”，而且是持久隽永的意境，突出表现为：①诗情，常说“触景生情”，意思是有了实景才触发情感，也包括联想和幻想而来的情感；②画意，庭院是主体的画卷，对于庭院中自由漫步的游人来讲，只有“八面玲珑”才能使人满意。

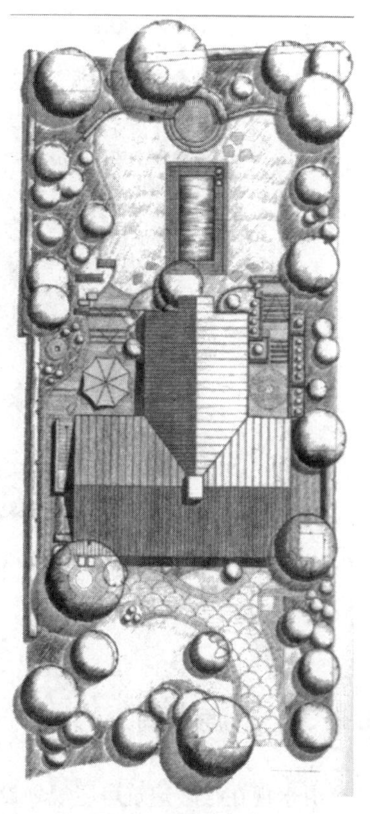

图5.2 小庭院设计平面图

5.2 庭院设计开展时需要注意的要点

5.2.1 空间设计

从某种意义上说，庭院设计又是空间设计，最重要的就是使小空间显得更大些。在光秃秃的铁篱笆或砖墙围成的庭院里散步，如果一眼就能看穿庭院，空间就会显得很小。要改善这样的视觉成功的秘诀在于“消隐”边界。而最快捷，最简单的方法是利用颜色。如果围栏是白色或亮色的，光反射过来，围栏就很显眼；如果涂上深色系的油漆，就会发现围栏退后了，而且和周围的景色融合了。

5.2.2 场地设计

对于矩形和正方形这种常见的场地来说，调整轴线方向是种常用的手法。对于正方形来说，轴间角自然是45°。若是矩形场地，可以连续使用45°对角线。因为对角线相对较长，使人的视觉上造成了景深假象，空间上很容易就变大了。使用铺地砖时，这样做的优点更是显而易见的（图5.3）。

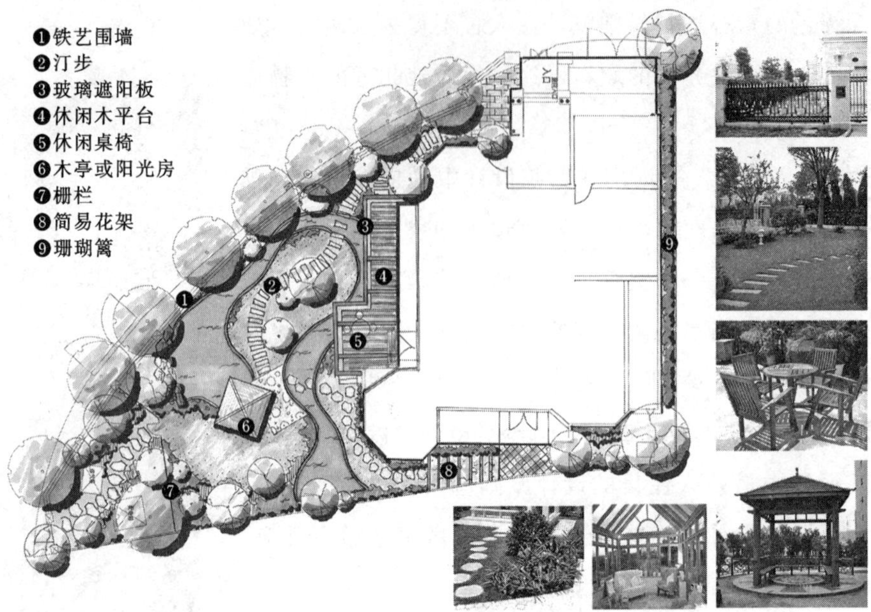

图 5.3 庭院景观设计及意向图

5.2.3 过渡空间

由于现在很多建筑房屋规划设计中的脱节，室内与室外相交的地方成为盲点。比如：建筑入口处，平台，阳台，露台等位置的细节设计，经常被设计师忽视，因而缺之深入的设计处理。在环境行为学的研究中表明，人类愿意在半公共，半私密的空间内逗留，这样可以既有对私有空间的参与感，又能看到外面人群或自然公共空间中的各种活动。好的过渡空间设计能够极大的提高空间的可利用性和灵活性。

5.3 庭院施工展开时需要注意的要点

1. 铺装

庭院的地面或其他硬质景观要尽量简洁，除非希望制造一种特定效果，否则尽量不要使用过多的材料，色彩要淡雅，使之成为住宅和植物完美的陪衬。时下有许多不同的铺地材料，它们的形状、质感、色彩各异，选择余地相当大。那么首先要考虑的是住宅自身的特征，以求统一。但要注意的是铺地前应安装好照明线和水管设施（图 5.4）。

（1）砖。用途最广泛，可以拼出各种图案，产生不同的效果。这也体现出整体调和、局部对比，大大增加了庭园的活跃度。

（2）卵石。能增添情趣，且很适合填充硬地边缘的不规则边角地。当然也可在专门开辟一条卵石拼成的健身步道。很适合有老人的家庭。

（3）砾石。适用于任何形状的庭院和角落，看上去非常自然，而另一方面，路面必须牢固且需保持恒定的边界。通常是铺 5～10cm 厚的砾石在路基上，然后滚压或找平。踩在砾石上会有嘎嘎的声，很有野趣。但小砾石也容易粘在鞋底带进室内，所以直接通向室内的路面不宜使用。直径在 12～14mm 的石块比较理想。

（4）木材。虽然木材一直用在建筑上，但在庭院设计中防腐木材铺设的平台，是把室内空间延伸到室外的好办法。可直接利用它自身的特性，使温暖充满整个庭院。平台的高度可以和室内地坪一致，这样就不必操心如何遮掩防潮层。将面板置于不同高度是把人们的视觉引入另一平面花园的最简单途径之一。最简单的建造技术是在第一层上用螺钉或柱子再加一层，这样就增加了第二层面板的观赏点，丰富了庭院的竖向景观，每层不同面板对角线变化的纹理，也增强了动感的效果。

（5）草皮铺装称为软铺装。用草覆盖地面的好处不能不令人怦然心动，其柔软的表面是娱乐和休闲的理想场所，对孩子的游戏来说也是必不可少的。住宅草坪在庭院中出现相对较晚。

图 5.4　砖与卵石结合铺装

2. 创造绿色

处理小空间有两种最好的方式：一是布置水景，配以繁茂的植物；二是设置高于地面的种植池（花台），使植物得以更好地生长。抬高的种植池增加了植物的种植范围。而且座椅可以和花台结合起来设置，使人感受被植物环抱的怡人舒适。另外，抬高种植池对背景不佳或难以处理的时候都不失为一种好方法。可以在种植池内种植一些适于近距离观赏的，栽培上要求排水良好的植被，如宿根花卉等；大多数岩生植物也可以一起搭配。在植物设计中，不同颜色，不同高度，不同质感，不同造型的植物有机地结合起来，既丰富了原来简单的固定绿化空间，又保证了四季有景，三季有花的基本原则。

3. 水景

水景的布置是外理小空间的最好方式之一，不要因为环境会变阴湿，不那么令人满意而放弃水景。现在一般家庭庭院的面积都很有限，所以壁泉是比较合适的造景手法，其构造分壁面、落水口、水池三部分。壁面附近墙面凹进一些，用石料做成装饰，有浮雕及雕塑。落水口可用兽形及人物雕像或山石来装饰，其落水形式需依水量的多少来决定。水多时，可设置水幕，使成片落水；水少时成柱状落，水更小则点滴落下（图 5.5）。

图 5.5　阳台庭院景观设计

4. 庭院照明

灯光照明给庭院的夜间效果带来了新景象。庭院灯既可用于庭院装饰效果，又可照亮台阶，入口等处，增添不一样的情趣。

5. 庭院家具

室内有室内的家具及饰品，庭院空间内也有。一个没有家饰的庭院是不完整的。它的家饰都应能体现主人的喜好，并给庭院增添魅力元素。

(1) 雕塑与装饰物，往往成为吸引视线的焦点，还起到增添情趣的作用。也起到室外与室内的一种延续作用。

(2) 院椅，不仅可用作休息，同时也是装饰点缀院子的要素。一般配置在树荫下，当然也可结合种植池。夏天有阴凉，冬天有阳光。

(3) 垃圾筒，造型要与其他设施的造型、材料相协调。设计时要考虑到丢垃圾的方便，也要适当遮掩。

(4) 凉亭和棚架，其主要功能是：休憩，乘凉，具有蔽荫，透风的特点。构成材料多为木材和金属。棚架的高度一般不低于2.5m，若攀援了植物须再加高一些。

(5) 户外烧烤炉，如果主人乐于与朋友分享，那么还可以在花园合适的位置设计一个烧烤架。可以用普通的砖来堆砌，使用时加上一个金属烧烤网就可以了。不用时可以作为花台来放置盆栽花草。在这样一个节奏飞快，工作压力大的生活环境下，每一个人都会憧憬和谐美丽的花园生活。

本 章 小 结

随着经济的发展，生活水平的提高，人们逐渐开始注重私家生活的质量，越来越多的别墅主人或公寓一层住户开始将自己的私有庭院加以美化利用，作为家庭生活的重要场所。繁忙工作之余可以与家人一起分享一份独有的生活体验。将业主对非一般的居住理想与亲近自然、向往自然的深度渴求回归到原始生态、质朴本真的生活本位上来，力求用精练的笔触勾勒无限意境。同时确保了景观语言在别墅庭院、私家花园里的上佳表现。

练 习 与 思 考 题

1. 简述庭院设计的原则。
2. 简述庭院设计的方法。
3. 简述庭院景观施工是要注意的要点。

实 训 操 作 题

实训项目一　庭 院 景 观 设 计

1. 调查研究

(1) 自然环境的调查：主要调查所在城市庭院周围的环境以及居住区整体建筑风格。

(2) 社会环境的调查：针对庭院所在地的家庭人员基本情况，年龄结构等基本情况进行调查，了解住户的生活习惯、文化传统等因素，总结整理以便为后期的设计构思提供素材。

2. 设计构思

(1) 假设所给底图位于当地所在城市，确定规划设计区域的景观空间形态，处理好空间．小别墅与环境之间的关系。对规划设计区的景观空间脉络和空间形态作整体的结构分析。

(2) 对公共空间（道路）的种植布局，景观环境与特色风貌，重要的环境节点和小品等要素提出概念性的构思方案。

(3) 寻求规划设计区内资源利用的可持续发展模式，注重庭院的生态性和使用功能性的关系。

(4) 重点研究庭院绿化布置。

3. 作业成果要求

(1) 图纸：A2 纸（420mm×594mm）2～3 张。

内容包括：庭院平面图（1∶100～1∶200）及相应效果图，剖面图（1～2 个）。

(2) 详细设计说明书（A4）

内容包括：设计依据与原则、详细方案介绍等。

(4) 进度安排：共 3 周，14 学时。

(5) 设计底图（图 5.6）。

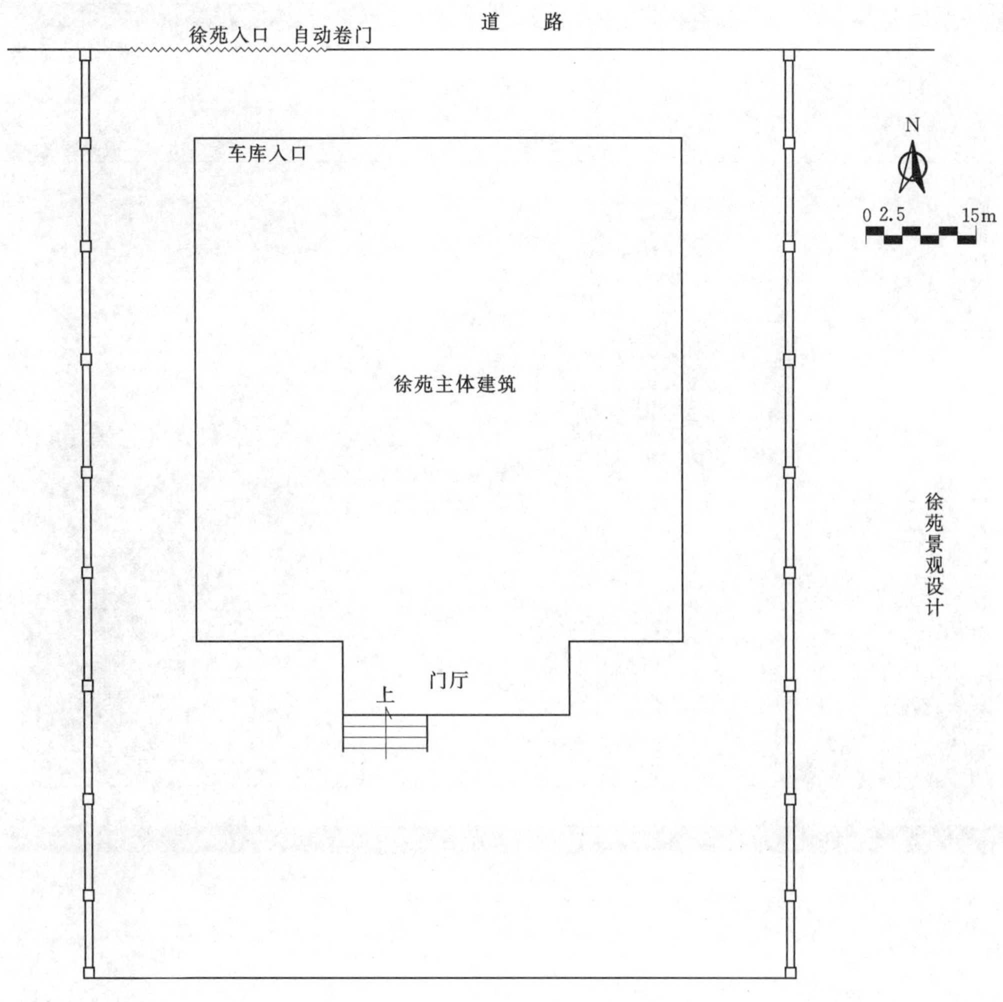

图 5.6　庭院景观设计底图

（6）作业样图（图 5.7～图 5.12）。

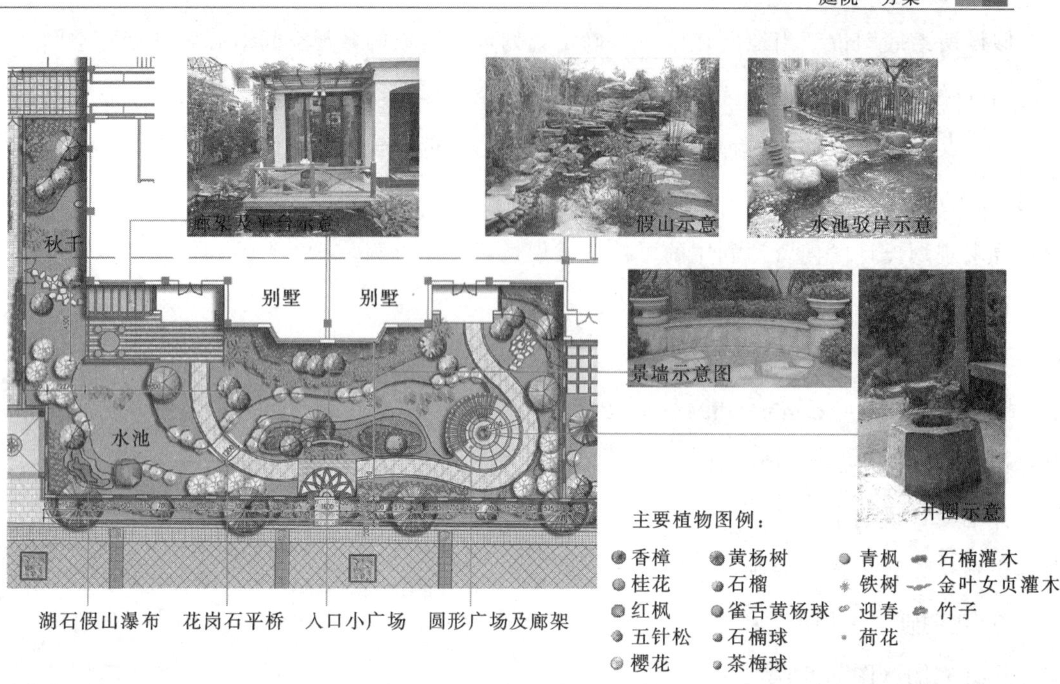

图 5.7　庭院景观（1）

图 5.8　庭院景观（2）

庭院二方案图

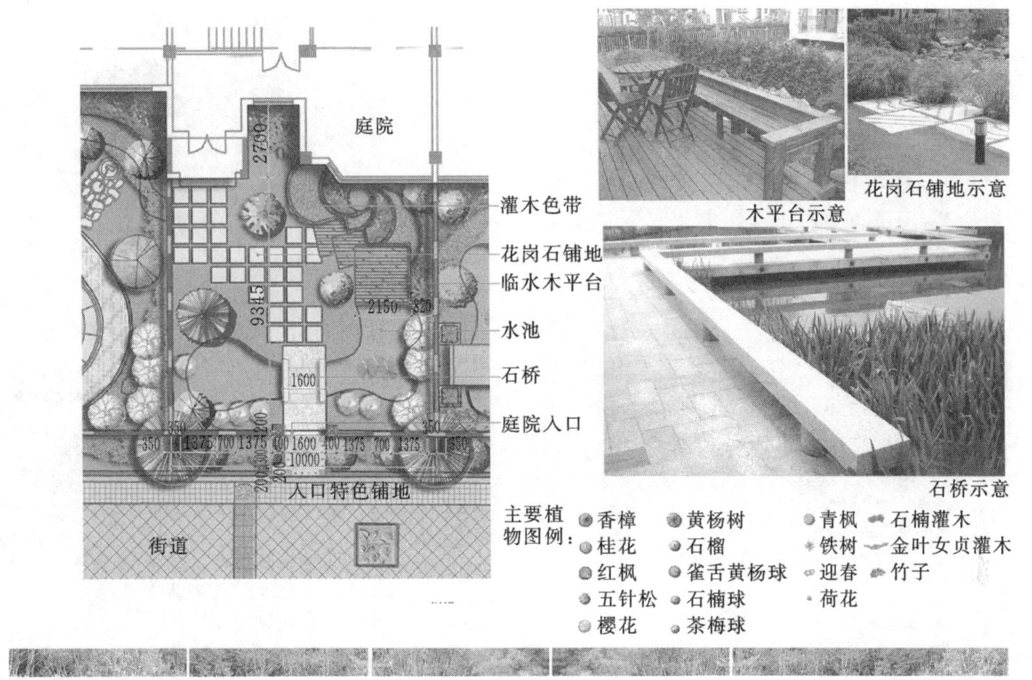

图 5.9 庭院景观（3）

庭院二效果图

图 5.10 庭院景观（4）

庭院三方案图

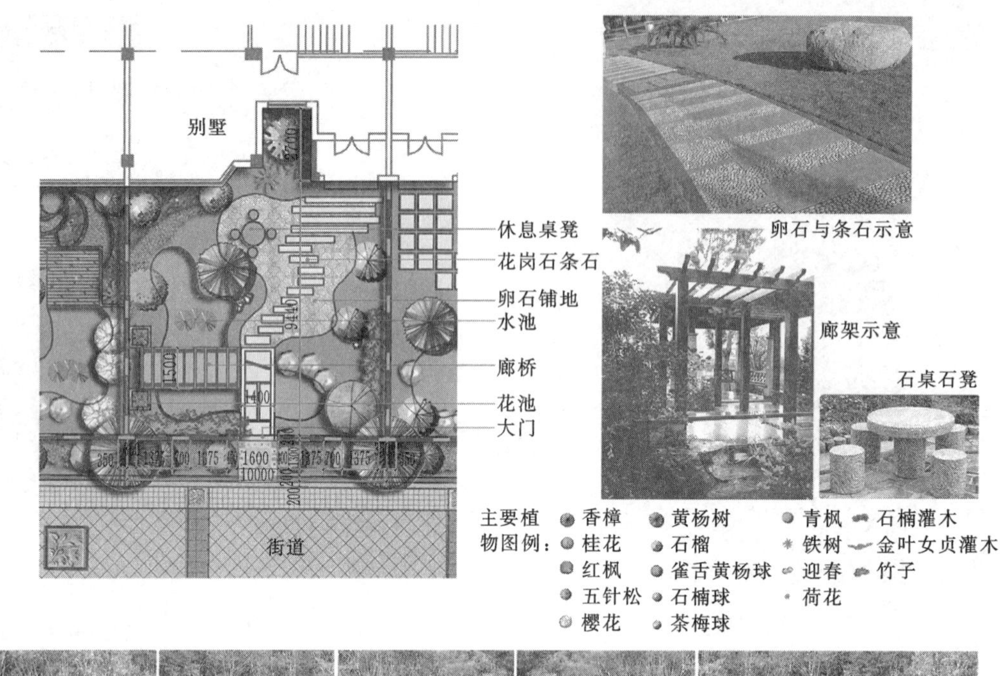

图 5.11　庭院景观（5）

庭院三效果图

图 5.12　庭院景观设计（6）

第6章

道路绿地规划设计

学习目标

- 了解城市道路绿地设计的专用语以及横断面布置形式。
- 熟悉城市道路绿地规划设计的原则与类型。
- 能够进行各类城市道路绿地的规划设计。

6.1 城市道路绿地规划设计基本知识

6.1.1 城市道路绿化的作用

城市道路是城市的骨架、交通的命脉、城市结构布局的决定因素。城市道路绿地是城市园林绿化系统的重要组成部分，它的好坏直接决定城市面貌，是城市物质文明、精神文明建设的重要组成部分。它通过穿针引线，联系城市中分散的“点”和“面”的绿地，织就了一片城市绿网，更是改善城市生态景观环境，实施可持续发展的主要途径。

6.1.1.1 卫生防护作用

城市道路绿地还起着卫生防护的作用。

（1）净化空气。机动车是城市废气、尘土等的主要污染源，随着工业化程度的提高，机动车辆增多，导致城市污染现象日趋严重。而道路绿地线长面广，对道路上机动车辆排放的有毒气体有吸收作用，可净化空气、减少灰尘。据测定，在绿化良好的道路上，距地面1.5m处的空气含尘量比没有绿化的地段低56.7%。

（2）降低噪音。城市环境噪声70%～80%来自城市交通，有的街道噪声达到100dB，而70dB对人体就十分有害了，具有一定宽度的绿化带可以明显减弱噪声5～8dB。

（3）改善小气候。绿化还可以调节道路附近的温度、湿度，改善小气候；可以减低风速、降低日光辐射热。

（4）延长道路使用寿命。道路绿化可以降低路面温度，延长道路使用寿命。

6.1.1.2 组织交通，保证安全

在道路中间设置绿化分隔带可以减少对向车流之间的互相干扰；在机动车和非机动车之间设置绿化分隔带，有利于解决快车、慢车混合行驶的矛盾；植物的绿色在视野上给人以柔和而安静的感觉，

在交叉口布置交通岛，常用树木作为诱导视线的标志，还可以有效解决交通拥挤与堵塞问题；在车行道和人行道之间建立绿化带，可避免行人横穿马路，保证行人安全，且给行人提供优美的散步环境，也有利于提高车速和道路通行能力，利于交通。

6.1.1.3 美化市容市貌

道路绿化可以美化街景，烘托城市建筑艺术，软化建筑的硬线条，同时还可以利用植物遮蔽影响市容的地段和建筑，使城市面貌显得更加整洁生动、活泼可爱。一个城市如果没有道路绿化，即使它的沿街建筑艺术水平再高、布局再合理也会显得寡然无味；相反，在一条普通的街道上如果绿化很有特色，则这条街道就会被人铭记。在不同街道采用不同的树种，由于各种植物的体形、姿态、色彩等差别，可以形成不同的景观。很多世界著名的城市，优美的街道绿化，给人留下深刻印象。如郑州、南京用悬铃木作行道树，显得浓荫凉爽；江西南昌、湖南娄底用樟树作行道树，四季常青，郁郁葱葱；湛江、新会的蒲葵行道树给人留下南国风光的印象；长春的小青杨行道树在早春把城市点缀得一片嫩绿。

6.1.1.4 提供休闲场所

城市道路绿化除行道树和各种绿化带以外，还有面积大小不同的街道绿地、城市广场绿地、公共建筑前的绿地。这些绿地内经常设有园路、广场、坐凳、宣传廊、小型休息建筑等设施，有些绿地内还设有儿童游戏场，成为市民休闲的好场所。市民可以在此锻炼身体、散步、休息、看书、聊天、陪儿童玩耍等。这些绿地与大公园不同，距居住区较近，所以利用率很高。在公园分布较少的地区或在没有庭院绿地的楼房附近，人口居住密度很大的地区，均应发展街头绿地、广场绿地或者发展林荫路、滨河路，以弥补城市公园的面积不足或分布不均衡。

6.1.1.5 生产作用

道路绿化在满足各种功能要求的同时，还可以结合生产创造一些物质财富。如有些树木可提供油料、果品、药材等经济价值很高的副产品，如七叶树、银杏、连翘等。还有树木修剪下来的树枝，可供薪材之用。

6.1.1.6 防灾、战备作用

道路绿化为防灾、战备提供了条件。在地震时用于搭棚，洪灾时用作救命草，战时可砍树搭桥或提供伪装、掩蔽场所等。

6.1.2 城市道路绿地设计专用术语

常用的专业术语如下（图 6.1）。

(1) 道路红线。即城市道路（含居住区级道路）用地的规划控制线。任何建筑物和构筑物不得越过道路红线。一般来说，道路红线之间包括：通行机动车、非机动车以及行人交通所需的道路宽度；预设地下、地上工程管线；其他城市公用设施所需增加的宽度和种植行道树所需的宽度。

(2) 道路总宽度。也称路幅宽度，即规划建筑线（红线）之间的宽度。是道路用地范围，包括横断面各组成部分用地的总称。

(3) 分车带。车行道上纵向分隔行驶车辆的设施，用以限定行车速度和车辆分行。

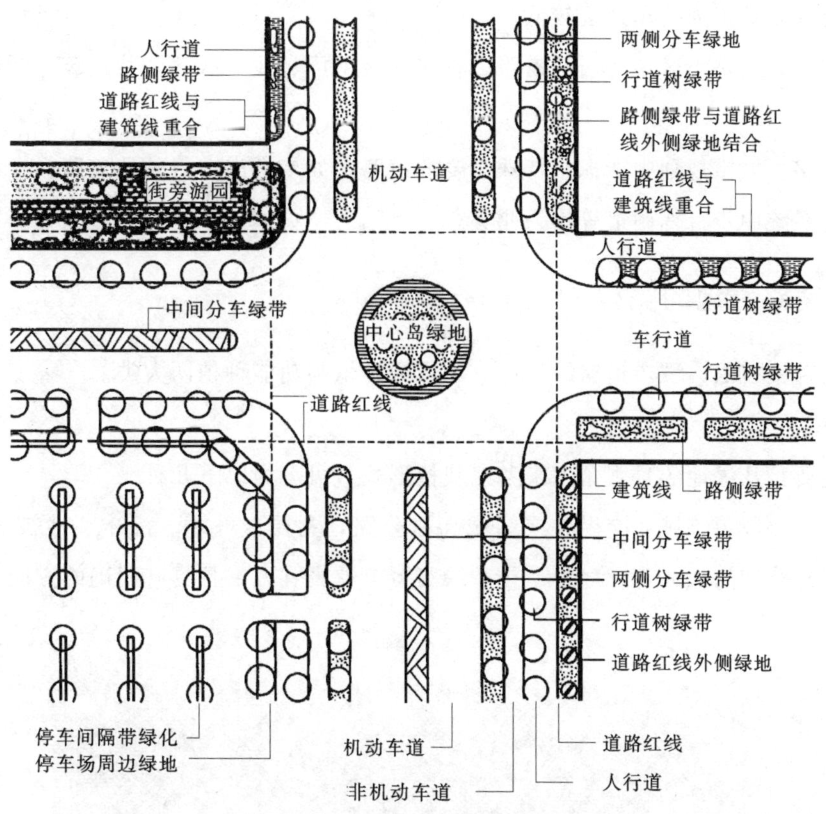

图 6.1　道路绿地专用术语示意图

（4）交通岛为便于管理交通而设于路面上的一种岛状设施。一般用于混凝土或砖石围砌，高出路面 10cm 以上。

（5）道路绿带。道路红线范围内的带状绿地。道路绿带分为分车绿带、行道树绿带和路侧绿带。

（6）基础绿带。又称基础栽植，是紧靠建筑的一条较窄的绿带。它的宽度为 2～5m，可栽植绿篱、花灌木，分隔行人与建筑，减少外界对建筑内部的干扰，美化建筑环境。

（7）道路绿地率。道路红线范围内各种绿带宽度之和占总宽度的百分比。

6.1.3　城市道路的分类

城市规模、性质、发展状况不同，其道路也有多种多样。根据道路在城市中的地位、交通特征和功能可分为不同类型。一般分为城市主干道、市区支道、专用道三大类型。

（1）城市主干道。分为高速交通干道、快速交通干道、普通交通干道、区镇交通干道。

1）高速交通干道。特大城市、大城市设置这类干道，为城市各大区之间远距离高速交通服务。

2）快速交通干道。在特大城市或大城市设置，与近郊 1～2 级公路连接，位于城市分区的边缘地带。

3）普通交通干道。这种干道是大中城市道路系统的基本骨架。大城市又分为主要交通干道和一般交通干道。

4）区镇交通干道。大中城市分区或一般城镇的生活服务性干道。主要是满足生产货运和上下班客运交通的需要。其特点为行车速度较低。

(2) 市区支道。这是小区街坊内的道路，直接连接工厂、住宅区、公共建筑。断面变化较多，车道划分不规则。

(3) 专用道路。城市规划中考虑有特殊需要的道路。如专供汽车行驶的道路，专供自行车行驶的道路和城市绿地系统中步行林荫道等均为此类。

6.1.4 城市道路绿地的类型

根据不同的种植目的，城市道路绿地可分为景观种植与功能种植两大类。

1. 景观栽植

景观栽植主要是从绿地的景观角度来考虑栽植形式，可分为以下几种。

(1) 密林式。一般用于城乡交界处或绕城高速公路，主要以乔木、灌木、地被等相结合形成林带。行人或汽车走路期间如入森林之中，夏季绿荫覆盖凉爽宜人，且具有明确的方向性，因此引人注目（图 6.2）。

图 6.2 密林式景观栽植

图 6.3 自然式景观栽植

(2) 自然式。用自然式的绿地形式模拟自然景色，比较自由，主要根据地形与环境来决定。在一定宽度内布置自然树丛，树丛由不同植物种类组成，具有高低、浓淡、疏密和各种形体的变化，形成生动活泼的气氛（图 6.3）。

（3）花园式。沿道路外侧布置成大小不同的绿化空间，有广场，有绿荫，并设置必要的园林设施。

（4）田园式。道路两侧的园林植物都在视线以下，空间全面开敞。可直接与农田、菜田、苗圃、果园相连。多适用于城市公路、铁路、高速干道绿化。这种形式开朗、自然、富有乡土气息，可欣赏田园风光，在在路上高速行车，视线较好（图6.4）。

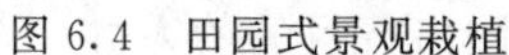

图6.4 田园式景观栽植

图6.5 滨河式景观栽植

（5）滨河式。道路的一面临水，空间开阔，环境优美，是市民休息游憩的良好场所（图6.5）。

2. 功能栽植

功能栽植是通过绿化栽植来达到某种功能上的效果。一般这种绿地设计都有明确的目的，如为了遮蔽、装饰、遮阴、防噪、防风、防火、地面的植被覆盖等。

（1）遮蔽式栽植。遮蔽式栽植是考虑需要把视线的某一个方向加以遮挡，以免见其全貌。如街道某一处景观不好，需要遮挡；城市的挡土墙或其他构造物影响道路景观等，种上一些树木或攀援植物加以遮挡。

（2）遮阴式栽植。我国许多地区夏天比较炎热，街道上的温度也很高，所以对遮阴树的种植十分重视。

（3）装饰栽植。装饰栽植可以用在建筑用地周围或道路绿化带、分隔带两侧做局部的间隔与装饰之用。

（4）地被栽植。即使用地被植物覆盖地表面，如草坪等，可以防尘、防土、防止雨水对地面的冲刷，在北方还有防冰冻作用。由于地表面性质的改变，对小气候也有缓和作用。

（5）其他。防噪音栽植，防风、防眩光栽植等。

6.1.5 城市道路绿地指标

（1）园林景观路绿地率不得小于40%。

（2）红线宽度大于50m的道路绿地率不得小于30%。

（3）红线宽度在40～50m的道路绿地率不得小于25%。

（4）红线宽度小于40m的道路绿地率不得小于20%。

6.1.6 城市道路绿地规划设计原则

城市道路绿地规划设计原则如下。

（1）道路绿地要与城市道路的性质、功能相适应。城市从形成之日起就和交通联系在一起，交通的发展与城市的发展是紧密相连的。现代化的城市道路交通已成为一个多层次的复杂系统。由于城市的布局、地形、气候、地质、水文及交通方式等因素的影响，会产生不同的路网。这个路网是由不同性质与功能的道路所组成。对于一个大城市，有快速道路系统、交通干道系统等。也有人提出建立自行车系统、公共交通系统、步道系统等。

（2）充分发挥城市道路绿地的生态功能。改善道路及其附近地域的小气候条件、滞尘与净化空气、降温遮阳、防尘减噪、防风防火、防灾防震是道路绿地特有的生态防护功能，是城市其他硬质材料无法替代的。规划设计时可根实际需要采用遮阳式、遮挡式、阻隔式设计手法，结合密林式、疏林式、地被式、群落式、行道式等栽植形式。

（3）道路绿地设计要符合行人（或使用者）的行为规律与视觉特性。道路空间是供人们生活、工作、休息、相互往来与货物流通的通道。在交通空间中有各种不同出行目的的人群，设计人员应当根据其不同的出行目的与乘坐相应交通工具（驾驶或骑坐等）时所产生的行为规律与视觉特性加以研究，并从中找出规律，作为道路景观与环境设计的一个依据。

（4）道路绿地要与其他的街景元素协调，形成完美的景观。街景由多种景观元素构成，各种景观元素的作用、地位都应恰如其分。一般情况下绿地应与道路环境中的其他景观元素协调，单纯地作为行道树而栽植的树木往往收不到好的效果。道路绿地设计应符合美学要求。通常道路两侧的栽植应看成是建筑物前的种植，应该让使用者从各方面来看都有良好的效果。有些街道树木遮蔽了一切，绿化成了视线的障碍，用路者看不清街道面貌，这就是街道景观元素的不协调。道路绿地除具有特殊功能方面的要求以外，还应将道路性质、街道建筑、气候及地方特点等作为道路环境整体的一部分来考虑，这样才能收到良好的效果。

（5）道路绿地要选择适宜的园林植物，形成优美稳定的城市景观。道路绿地中的各种园林植物，因树形、色彩、香味、季相等不同，在景观、功能上也有不同的效果。根据道路景观及功能上的要求，要实现三季有花、四季常青，就需要多品种配合与多种栽植方式的协调。道路绿地直接关系着街景的四季变化，要使春、夏、秋、冬均有相宜的景色，应根据不同使用者的视觉特性及观赏要求处理好绿化的间距、树木的品种、树冠的形状以及树木成年后的高度及修剪等问题。

（6）道路绿地应与街道上建筑、附属设施和地下管线等协调考虑。为了交通安全，道路绿地中的植物不应遮挡司机在一定距离内的视线，不应遮蔽交通管理标志，要留出公共站台的必要范围，以及保证乔木有适当高的分枝点，不致刮碰到大轿车的车顶。在可能的情况下利用绿篱或灌木遮挡汽车灯的眩光。要考虑沿街各种建筑对绿地的个别要求和全街的统一协调，其中对重要公共建筑的美化和对居住建筑的防护尤为重要。

（7）道路绿地建设应考虑近期和远期效果相结合。道路绿化从开始建设到形成较好的绿化效果一般需要十几年的时间。因此，道路绿化规划设计要有长远观点，绿化树木不应经常更换、移植。同时，道路绿化建设的近期效果也应重视，使其尽快发挥功能作用。这就要求道路绿化远近期结合，互不影响。

（8）树种选择要适地适树。适地适树是指绿化要根据本地区气候、栽植地的小气候和地下环境条件选择适于在该地生长的树木，以利于树木的正常生长发育，抗御自然灾害，保持较稳定的绿化效果。植物伴生是自然界中乔木、灌木、地被等多种植物相伴生长在一起的现象，形成植物群落景观。

（9）注意保护道路绿地内的古树名木。古树是指树龄在百年以上的大树。名木是指具有特别历史价值或纪念意义的树木及稀有、珍贵的树种。道路沿线的古树名木可依据《城市绿化条例》和地方法规或规定进行保护。

6.1.7 城市道路绿地断面布置形式

不同的城市道路适用不同的布置形式，常见的形式有以下几种。

（1）一板二带式。即一条车行道、两条绿化带（图6.6）。这是道路绿化中最常用的一种形式，是在车行道两侧人行道分隔线上种植行道树。优点是简单整齐、用地经济、管理方便。缺点是当车行道过宽时遮阴效果较差，景观单调，不能解决机动车和非机动车混合行驶的矛盾，不利于组织交通。多用于小城市或者车辆少的街道。

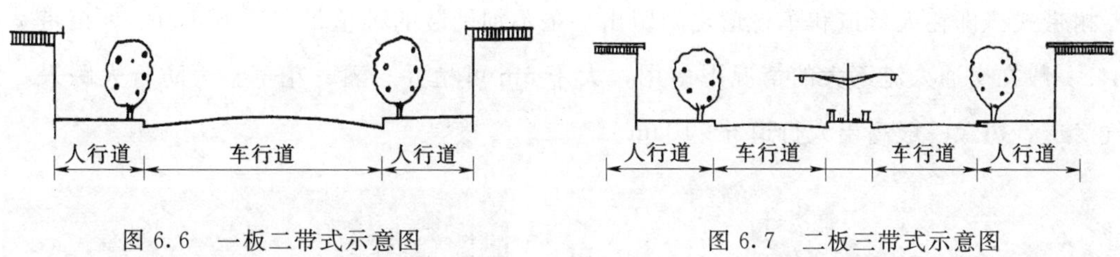

图6.6 一板二带式示意图　　图6.7 二板三带式示意图

（2）二板三带式。在分隔单向行驶的两条车行道中间绿化，并在道路两侧布置行道树（图6.7）。其优点是可以减少对向车流之间相互干扰。和避免夜间行车时对向车流之间头灯的眩目照射而发生车祸，有利于绿化、照明、管线铺设。缺点是仍解决不了机动车辆与非机动车辆混合行驶、互相干扰的矛盾。这种形式多适用于高速公路、入城公路和环城道路等比较宽阔的道路。

（3）三板四带式。利用两条分隔带把车行道分成三块，中间为机动车道，两侧为非机动车道，连同车道两侧的行道树共为四条绿带（图6.8）。

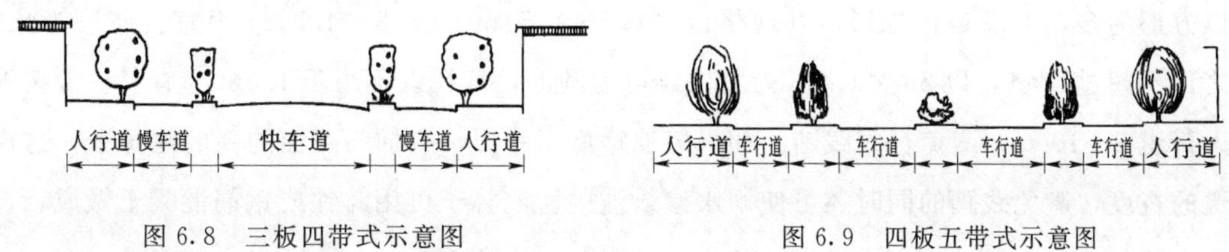

图6.8 三板四带式示意图　　图6.9 四板五带式示意图

（4）四板五带式。利用三条分隔带将车行道分为四块而绿化带规划为五条，以便各种车辆上行、下行互不干扰，利于限定车速和交通安全（图6.9）。

6.2 城市道路绿带设计

城市道路绿带设计包括行道树绿带设计，分车绿带设计，路侧绿带设计，交叉路口、交通岛绿地设计等部分。

6.2.1 行道树绿带设计

1. 行道树的选择

（1）能适宜当地生长环境，移植成活率高，生长迅速而健壮的乡土树种。

（2）能适应粗放管理，对土壤、水分、肥料要求不高，耐修剪、病虫害少、抗性强的树种。

（3）树干端直、树形端正、树冠优美、冠大荫浓、遮阴效果好的树种。

（4）要求发叶早、落叶迟的树种。

（5）要求为深根性、无刺、无毒、无臭味、无飞毛、少根蘖的树种。

（6）适应城市生态环境、树龄长、病虫害少、对烟尘、风害等抗性强的树种。

（7）种植行道树其苗木胸径一般快长树不得小于5cm，慢长树不宜小于8cm。

2. 行道树的种植方式

（1）树带式。即在人行道和车行道之间留出一条不加铺装的种植带（图6.10）。种植带宽度不小于1.5m，一般在交通人流不大的情况下多用，大于5m可植乔、灌、花草。为防行人踩入，影响水分和空气渗透，边缘一般高出人行道6～10cm。

图6.10　树带式种植设计

图6.11　树池式种植设计

（2）树池式。在交通量较大，行人较多而人行道又窄的情况下多用树池式（图6.11）。一般树池的形状以方形为多，可以是正方形，其规格以（1.2～1.5）m×（1.2～1.5）m为宜。亦可为长方形，长短边之比不超过2∶1，以2m×1.2m为宜。还可为圆形，直径以不小于1.5m为宜。一般树池边缘应高出人行道8～10cm，避免行人践踏。如果树池略低于路面，应加与路面同高的池箅子，这样可增加人行道的宽度，避免践踏的同时还可使雨水渗入池内。池箅子可用铸铁或钢筋混凝土做成，设计时应当简单大方。

3. 行道树的株距与定干高度

（1）株距。行道树的株距确定要根据树种的不同特点、苗木规格、生长速度、交通和市容要求等因素来确定。目的是充分发挥行道树的作用，方便苗木管理，保证植物生长需要的空间。一般采用4～8m为宜。即最小种植株距应为4m。通常的株距为5m、6m、8m等。如在南方用一些高大乔木，常采用6～8m株距。故视具体条件而定，以成年树冠郁闭效果好为准。

（2）行道树种植与工程管线的关系：树木与建筑、构筑物水平间距应符合有关规范要求（见表6.1和表6.2）；要考虑绿带宽度对减弱噪声、减尘及街景等因素的影响；还应综合考虑园林艺术和建筑艺术的统一。

表6.1　　树木与地下管线外缘最小水平距离　　单位：m

管线名称	距乔木中心距离	距灌木中心距离
电力电缆	1.0	1.0
电信电缆（直埋）	1.0	1.0
电力电缆（管埋）	1.5	1.0
给水管道	1.5	—
雨水管道	1.5	—
污水管道	1.5	—
燃气管道	1.2	1.2
热力管道	1.5	1.5
排水盲沟	1.0	—

表6.2　　树木与其他设施最小水平距离　　单位：m

设施名称	距乔木中心距离	距灌木中心距离
低于2m的围墙	1.0	—
挡土墙	1.0	—
路灯杆柱	2.0	—
电力电线杆柱	1.5	—
消防龙头	1.5	2.0
测量水准点	2.0	2.0
排水明沟外缘	1.0	0.5
邮筒、路牌、车站标志	1.2	1.2
人防地下室出入口	2.0	2.0

注：表中乔木与地下管线的距离是指乔木树干基部的外缘与管线外缘的净距离。灌木或绿篱与地下管线的距离是指地表处分蘖枝干中最外的枝干基部的外缘与管线外缘的净距。

6.2.2 分车绿带设计

在分车带上进行绿化，称为分车绿带，也称隔离绿带（图6.12）。其位于上下行机动车道之间的为中间分车绿带；位于机动车道与非机动车道之间或同方向机动车道之间的为两侧分车绿带。分车绿带的宽度没有硬性规定，依行车道的性质和街道的宽度而异。高速公路分车带的宽度可达5～20m，一般也要4～5m，最低宽度不宜小于1.5m。

1. 分车绿带设计原则

（1）分车绿带的植物配置应形式简洁，树形整齐，排列一致。乔木树干中心至机动车道路缘石外

图 6.12 分车绿带设计

侧距离不宜小于 0.75m。

(2) 中央分车绿带应阻挡相向行驶车辆的眩光，在距相邻机动车道路面高度 0.6～1.5m 的范围内，配置植物的树冠应常年枝叶茂密，其株距不得大于冠幅的 5 倍。

(3) 两侧分车绿带宽度大于或等于 1.5m 的，应以种植乔木为主，并宜乔木、灌木、地被植物相结合。其两侧乔木树冠不宜在机动车道上方搭接。分车绿带宽度小于 1.5m 的，应以种植灌木为主，并与地被植物相结合。

(4) 被人行横道或道路出入口断开的分车绿带，其端部应采取通透式配置。

2. 分车绿带种植设计形式

(1) 封闭式种植。形成以植物封闭道路的效果，在分车带上种植单行或双行的丛生灌木或慢生常绿树，当株距小于 5 倍冠幅时，可起到绿色隔墙作用。在较宽的隔离带上，种植高低不同的乔木、灌木和绿篱，可形成多种树冠搭配的绿色隔离带，层次和韵律较为丰富。

(2) 开敞式种植。分车带上种植草皮、低矮灌木或较大株行距的大乔木、以达到开朗、通透的境界，大乔木的树干应该裸露。

(3) 半开敞式种植。介于封闭式种植与开敞式种植之间，根据车行道的宽度、所处环境等因素，利用植物形成局部封闭的半开敞空间。

6.2.3 路侧绿带设计

图 6.13 路侧绿带设计

路侧绿带是指位于道路侧方，布设在人行道边缘至道路红线之间的绿带（图 6.13）。路侧绿带包括基础绿带、防护绿带、花园林荫路、街头小游园等。当街道具有一定的宽度，人行道绿带也就相应地宽了，这时人行道绿带上除布置行道树外，还有一定宽度的地方可供绿化，这就是防护绿带。若绿化带与建筑相连，则称为基础绿带。一般防护绿带宽度小于 5m 时，均称为基础绿带，宽度大于 10m 以上的，可以布置成花园林荫路。

防护绿带宽度在 2.5m 以上时，可考虑种一行乔木和一行灌木；宽度大于 6m 时可考虑种植两行乔木，或将大、小乔木，灌木以复层方式种植；宽度在 10m 以上的种植方式可以更多样化。

基础绿带的主要作用是为了保护建筑内部的环境及人的活动不受外界干扰。基础绿带内可种灌木、绿篱及攀援植物以美化建筑物。种植时一定要保证植物与建筑物的最小距离、保证室内的通风和采光。

花园林荫路是指那些与道路平行且具有一定宽度的带状绿地，也可称作带状街头休息绿地。主要供附近居民和行人休息散步，内有简单的园林设施，对改善城市小气候有较大作用，同时可以组织交通、丰富街景，增加绿地面积。

1. 花园林荫路的布置类型

园林荫路的通常有以下几种布置形式。

(1) 设在街道中间的林荫道（布置在道路中轴线上）。即两边为上下行的车行道，中间有一定宽度的绿化带。其优点是街道整齐对称美观，对组织上下行车流有利；缺点是人们进入林荫道时必须横穿车道，对车辆行驶、人身安全不利，特别是儿童，因此在交通干道上不宜采用，只适用步行为主或车辆稀少的街道。

(2) 设在街道一侧的林荫道（便于居民和行人使用的一侧为原则）。其优点是行人不横穿街道就可进入；缺点是缺乏对称感，在要求庄严、整齐的主干道上不宜采用。由于林荫道设立在道路的一侧，减少了人行与车行路的交叉，在交通比较频繁的街道上多采用此种类型，往往也因地形情况而定。

(3) 设在街道两侧的林荫道。设在街道两侧的林荫道与人行道相连，可以使附近居民不用穿过道路就可达到林荫道内，既安静又方便。但此类林荫道占地过大，目前使用较少。

2. 花园林荫路的设计原则与要点

(1) 设置绿色屏障。为了保证游息林荫道宁静、卫生、安全的环境，在它的一侧或两侧必须有乔木和植篱组成绿色屏障与车行道隔开。

(2) 必须设游步道。路宽 8m 时有一条游步道；路宽 8m 以上时以两条游步道为宜。

(3) 设置建筑小品。林荫道中除了布置游步道外，还可考虑儿童游戏场，坐椅、花坛、喷泉、阅报栏、花架等小品。

(4) 留有方便的出入口。为便于行人出入游息林荫路，应适当分段，一般以两旁主要建筑出入口相应而设，但分段不宜过多，以保持内部的安全与卫生，长度以 75～100m 为宜，每段布置应有特色，但总的气氛要达到统一。

(5) 两端出入口经常与街道广场或公园相连，因此布置的形式、大小、装饰特点要与周围统一。设在中间分段的出入口，在不影响视线的情况下，宜小不宜大。

(6) 植物配置要丰富多彩。一般道路广场占 25%～35%，乔木 30%～40%，灌木 20%～30%，草地 10%～20%，花坛类 2%～5%。南方常绿树可多些。北方考虑到冬季对阳光的需要，落叶树多些为宜。

(7) 林荫道宽度在 8m 以上时，可考虑采用自然式布局；8m 以下时，多规则式布局。

6.2.4 交叉路口、交通岛绿地设计

1. 交叉路口绿地设计

交叉路口指两条或者两条以上道路相交之处，是交通咽喉。交叉路口绿地由道路转角处的行道树、交通岛以及一些装饰性的绿地组成。为了保证行车安全，在进入道路的交叉口时，必须在道路转

角空出一定的距离，使司机在这段距离内能看到对面开来的车辆，并有充分的刹车和停车的时间而避免撞车。这段从发现对方立即刹车到刚好停车所经过的距离，称为“安全视距”。视距的大小，随着道路允许的行驶速度、道路坡度、路面质量情况而定，一般采用30～35m的安全视距为宜；机动车与机动车交叉口应留够安全视距。机动车与非机动车安全视距可较少；机动车与铁路交叉口应加大安全视距，以50m为宜。

安全视距计算公式：

$$D=a+tv+B, B=v^2/2g\phi$$

式中 D——最小视距，m；

a——汽车停车后与危险带之间的安全距离，m，一般采用4m；

t——驾驶员发现目标必须刹车的时间，s，一般为1.5s；

v——规定行车速度，m/s；

B——刹车距离，m；

g——重力加速度，9.8m/s；

ϕ——汽车轮胎与路面的摩擦系数（结冰情况下采用0.2，潮湿时0.5，干燥时0.7）。

根据两相交道路的两个最短视距，可在交叉口平面图上绘出一个三角形，称为视距三角形（图6.15）。在此三角形内不能有建筑物、构筑物、树木等遮挡司机视线的地面物。在布置植物时其高度不得超过0.65～0.70m，宜选择低矮灌木、丛生花草种植，或者在三角形视距之内不要布置任何植物。

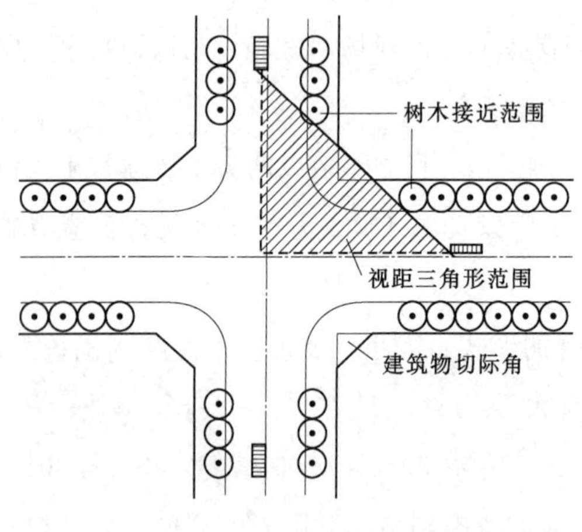

图6.14 视距三角形示意图

2. 交通岛绿地设计

交通岛俗称转盘，设置在道路交叉口处。目前我国大中城市所采用的圆形中心岛，一般直径为40～60m，一般城镇的中心岛直径也不能小于20m。需要特别注意的是。中心岛一般为封闭式绿化，不能布置成供行人休息用的小游园、广场或吸引人的地面装饰物。常以嵌花草皮花坛为主或以低矮的常绿灌木组成色块图案或花坛布置成装饰绿地，切忌用常绿小乔木或灌木充塞其中以免影响视线，应保持各路口之间的行车视线通透（图6.15）。导向岛绿地常配置地被植物（图6.16）。

3. 立体交叉绿地设计

进行立体交叉绿化布置时，一般应遵循以下原则：

（1）立交绿化的实施对象是立交范围内的主线、匝道、三角区及其他空白地带，保证立交范围“黄土不见天日”，以达到片状绿色效果。

（2）立交绿化应根据立交所在的位置、环境、自然景观、功能及其结构造型的不同，采用不同的构图方式和配植方式，合理规划，适宜布置，使绿化效果各具特色，并能让立交增辉。

图 6.15 中心岛绿地设计

图 6.16 导向岛绿地设计

(3) 立交绿化既要强调平面完整有序，又要力求立面层次丰富，但要注意的是植被的布置决不能影响行车的通视条件。

(4) 植被的图案和色彩不宜过分丰富，以免使司机“驻足”观赏，分散其注意力而影响行车安全。独特的植被色彩和图案仅作为点缀，以达到醒目的目的。

(5) 立交植被应易栽、易活、易养、易管，耐寒耐热、固土保水。

根据以上布置原则，立体交叉绿地主要设计要点为：

(1) 在立体交叉处，绿地布置要服从该处的交通功能，使司机有足够的安全视距。例如出入口可以有作为指示标志的种植，使司机看清入口；在弯道外侧，最好种植成行的乔木，以便诱导司机的行车方向，同时使司机有一种安全的感觉；但在匝道和主次干道汇合的顺行交叉处，不宜种植遮挡视线的树种。

(2) 立交中的大片绿化地段称作绿岛。一般绿岛下不允许种植过高的绿篱和大量的乔木，以免产生阴暗郁闭感，种植开阔的草坪（这样可衬托立交），上面点缀有较高观赏价值的常绿树和花灌木，或种植观叶植物组成的纹样色带和宿根花卉（图 6.17）。有的立体交叉口还利用立交桥下的空间，设一些小型的服务设施。如果绿岛面积比较大，在不影响交通安全的前提下，可按街心花园的形式进行

图 6.17 立体交叉绿地设计

布置，设置园路、花坛、坐椅等。

(3) 立体交叉的绿岛处在不同高度的主次干道之间，往往有较大的坡度，这对绿化是不利的，可设挡土墙减缓绿地的坡度，一般坡度以不超过5%为宜。此外，绿岛内还需装设喷灌设施。

(4) 立体交叉外围绿化树种的选择和种植方式，要和道路伸展方向的绿化结合起来考虑。在立体交叉与建筑红线之间的空地，可根据附近建筑物的性质进行布置，并与周围的建筑物、道路、路灯、地下设施及地下各种管线密切配合。做到地上地下合理布置，才能取得较好的绿化效果。

6.3 公路、高速公路、铁路绿地规划设计

6.3.1 一般公路绿地规划设计

一般城郊路、联系城镇、风景区的路称公路。公路绿化设计原则与要点如下：

(1) 路面宽度不大于9m时，树木不能种在路肩上；路面宽度大于9m时，可在距路面0.5m以上的位置种树，也可种于边坡上（图6.18）。

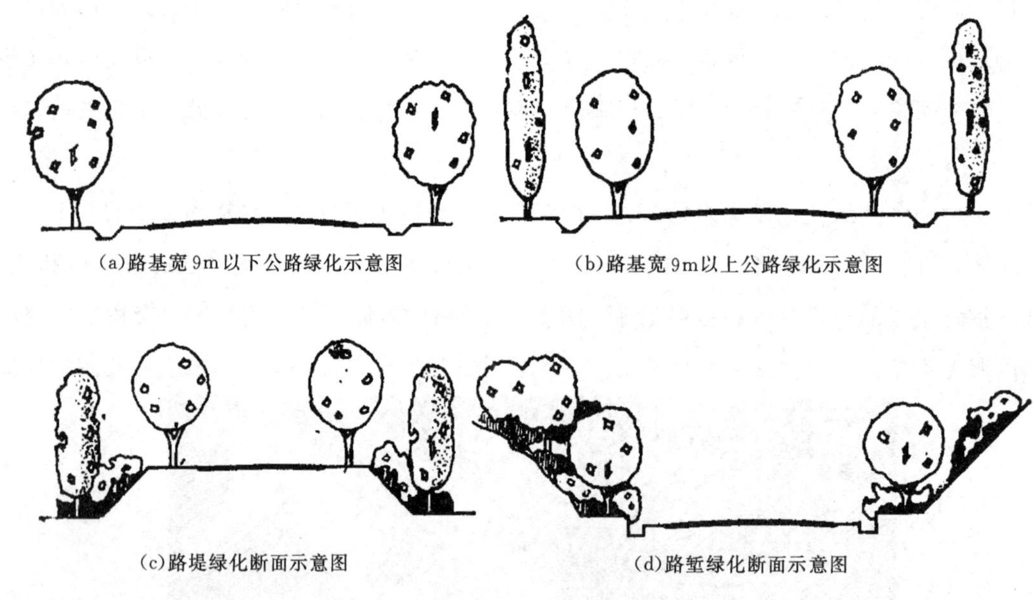

(a)路基宽9m以下公路绿化示意图　(b)路基宽9m以上公路绿化示意图

(c)路堤绿化断面示意图　(d)路堑绿化断面示意图

图6.18　公路绿化断面示意图

(2) 在交叉口处必须留足安全视距，弯道内侧只能种低矮灌木及地被植物。在桥梁、涵洞等构筑物附近5m内不能种树。

(3) 由于公路较长，为了有利于司机的视觉和心理状况，避免病虫害大面积地感染，丰富景色变化，一般2～3km或利用地形的转换变换树种，树种以乡土树种、病虫害少为佳，布置方式可乔灌木结合。

(4) 在风景区附近或风景区内部的道路上，植物种植不应阻挡风景视线。

(5) 公路绿化可结合生产种植核桃、枣、花椒、玫瑰等油料、香料植物或种植速生树种，定期更新得到干材外也可种植能采收枝条的树种，如紫穗槐、荆条等。

6.3.2 高速公路绿地规划设计

1. 高速公路的横断面

高速公路是指具有中央分隔带及四个以上车道立体交叉和完备的安全防护设施，专供车辆快速行驶的现代公路。高速公路的横断面包括中央隔离带（分车绿带）、行车道、路肩、护栏、边坡、路旁安全地带和护网（图 6.19）。

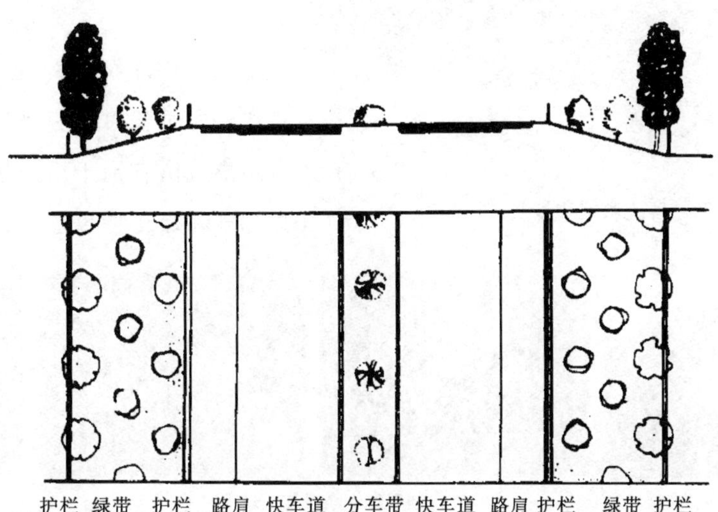

图 6.19 高速公路横断面示意图

2. 高速公路绿地规划设计

（1）中央分隔带。中央分隔带一般宽 1～5m，其主要目的是按不同的行驶方向分隔车道，防止车灯眩光干扰，减轻对开车辆接近时司机心理上的危险感，或因行车而引起的精神疲劳；另外，还有引导视线和改善景观的作用。中央分隔带的设计一般以常绿灌木的规则式整形设计为主，有时配合落叶花灌木的自由式设计，地表一般用矮草覆盖。在增强交通功能并能够持久稳定方面，主要通过常绿灌木实现，选择时应重点考虑耐尾气污染、生长健壮、慢生、耐修剪的灌木（图 6.20，图 6.21）。

图 6.20 高速公路绿化景观效果

图 6.21 高速公路绿化景观效果

（2）边坡种植设计。除应达到景观美化效果外，还应与工程防护相结合，起到固土护坡、防止雨水冲刷的目的。填方边坡采取一般绿化处理，可保留杂草或种植草皮及花灌木。目前高速公路边坡复绿多用喷播边坡复绿技术（图 6.22 和图 6.23）。

图 6.22　客土喷播边坡复绿

（3）公路两侧绿化。在公路用地范围内栽植花灌木，在树木光影不影响行车的情况下，可采用乔灌结合，形成垂直方向上郁闭的植物景观，空间围合较好，绿量大，改善生态环境效果好，这种形式应为主要设计方式。

（4）特殊路段绿化。长距离直线路段：直线路段过长时，应进行标示栽植，每隔一定距离栽植有别于沿途植被的树木，形成明显标志和绿化特色，减轻景观单调感，变化景观以提醒及警示驾驶员；缓曲线路段：长而缓的曲线景观绿化线形能自然地诱导视线，给人以舒适的感觉，弯道外侧应以大乔木作引导视线种植，内侧则用低矮花灌木保证视线通畅。

挂网客土喷播施工过程

挂网客土喷播植物生长过程

挂网客土喷播三个月后效果

图 6.23　客土喷播边坡复绿示意图

（5）服务区绿化。以庭院绿化形式为主，形式开敞，以现代形式结合局部自然式栽植。可采用线条流畅、舒缓的剪形绿篱突出时代气息，局部的自然式植物配置便于服务区的人们近观品味。

（6）互通区绿化。在互通区大环的中心地段，在不影响视距的范围内，设计稳定的树群，可常绿与落叶树相结合，乔木与灌木相搭配，既增加绿量，又形成良好的自然群落景观，自然而壮阔，同时可减少人工抚育管理。

3. 高速公路绿地种植设计类型

(1) 视线诱导种植。通过绿地种植来预示或预告线形的变化，以引导驾驶员安全操作，提高快速交通下的安全，这种诱导表现在平面上的曲线转弯方向、纵断面上的线形变化等。

(2) 遮光种植。也称防眩种植。因车辆在夜间行驶常由对向灯光引起眩光，在高速道路上，由于对向行驶速度高，这种眩光往往容易引起司机操纵上的困难，影响行车安全。

(3) 适应明暗的栽植。当汽车进入隧道时明暗急剧变化，眼睛瞬间不能适应，看不清前方。一般在隧道入口处栽植高大树木，以使侧方光线形成明暗的参差阴影，使亮度逐渐变化，以缩短适应时间。

(4) 缓冲栽植。目前路边防护设有路栅与防护墙，但往往发生冲击时，车体与司机均受到很大的损伤，如采用有弹性的、具有一定强度的防护设施，同时种植又宽又厚的低树群时，可以起到缓冲的效果，以免车体和驾驶者受到大的损伤。

(5) 其他栽植。高速公路其他的种植形式，有为了防止危险而禁止出入穿越的种植，坡面防护的种植，遮挡路边不雅景观的背景种植，防噪声种植，为点缀路边风景的修景种植等形式。

6.3.3 铁路绿地规划设计

铁路绿化是沿铁轨沿伸方向进行的，目的是保护铁轨枕木少受风、沙、雨、雷的侵袭。还可保护路基。铁路绿地规划与设计基本原则为：

(1) 种植乔木应距铁轨 10m 以上，6m 以上可种植灌木。

(2) 在铁路、公路平交的地方应预留 50m 的安全视距，且公路中心 400m 之内不得种植阻挡视线的乔灌木。

(3) 以平交点为中心构成 100m×800m 的安全视域，使汽车司机能及早发现过往车辆。

(4) 铁路拐弯内径 150m 内不得种乔木，可种小灌木、草本地被。

(5) 在距机车信号灯 1200m 内不得种乔木，可种小灌木及地被。

(6) 在通过市区的铁路左右应各有 30～50m 以上的防护绿化带阻隔噪声，以减少噪声对居民的干扰。绿化带的形式以不透风式为好。

本 章 小 结

城市道路是一个城市的骨架，而城市道路绿化水平的好坏，不仅影响着整个城市形象，而且还能反映出城市绿化的整体水平。城市道路绿地是城市园林绿地系统的重要组成部分。他们给城市居民提供了安全、舒适、优美的生活环境，而且在改善城市小气候，保护环境卫生、丰富城市景观效果、组织城市交通以及社会效应方面有着积极作用。城市道路绿地是城市总体规划设计与城市物质文明和精神文明建设的重要组成部分。

练 习 与 思 考 题

1. 名词解释：道路红线、道路绿带、基础绿带、园林景观路。

2. 简述城市道路绿地规划设计原则。

3. 城市道路绿地横断面布置形式有几种？各自有什么优缺点？

4. 行道树绿化应注意哪些要点？

5. 简述分车绿带的设计原则与注意事项。

6. 交通岛的作用是什么？试述设计要点。

实训操作题

实训项目二　道路绿地规划设计

1. 实训目的

了解道路绿地设计的特点，基本要求和内容，掌握道路绿地的设计方法。

2. 实训的教学设备及材料

(1) 实训设备：数码照相机、激光测距仪。

(2) 绘图工具：1 号图板，900mm 丁字尺，45°三角板、60°三角板，曲线板，模板，圆规，分规，比例尺，鸭嘴笔。绘图铅笔和粗、中、细针管笔。

(3) 计算机辅助设计软件 AutoCAD、3ds max、Photoshop。

(4) 其他：各类辅助工具。

(5) 图纸：园林制图采用国际通用的 A 系列幅面规格的图纸。

3. 实训内容步骤

(1) 选择所在城市具有代表性的 2～3 个道路绿地并组织参观。

(2) 以小组为单位，每组 2～3 人。进行调查、记载，内容包括植物的应用、设计形式的选择等，并对其现状及设计进行评价。

(3) 对所调查得到的资料进行整理、汇总，每组派代表上讲台给同学们汇报本组所收集的资料情况。

(4) 对所调查的其中一条道路绿地进行改造设计。

(5) 设计平面图，对道路绿地进行植物种植设计。

(6) 最后完成整个设计效果图的绘制。

(7) 写出设计说明书：包括整体设计说明，局部景点的设计说明，植物的选择及植物种植设计说明等。

(8) 要求每组设计一套图纸，包括设计的平面图、效果图、局部立面图、植物种植设计图（附植物名录），并编写设计说明书。

4. 作业

调查报告一份，设计图纸一套，设计说明书一份。

图纸要求：

(1) 符合园林绿地性质，充分考虑周边环境的关系，有独到的设计理念，特点鲜明，布局合理。

(2) 种植设计树种选择正确，能因地制宜地运用种植类型，符合构图要求，造景手法丰富，能与道路、地形地貌、山石水体和建筑小品结合。空间效果较好，层次、色彩丰富。

(3) 图面表现能力强，设计图种类齐全，设计深度能满足施工的需要，线条流畅，构图合理，清洁美观，图例、文字标注和图幅符合制图规范。

(4) 说明书语言流畅，言简意赅，能准确地对图纸补充说明，体现设计意图。

(5) 方案、绿化材料统计基本准确，有一定的可行性。

实训项目三　道路绿地规划设计

图 6.24 为中国南方某中小城市月塘街 100m 标准段的平面示意图，道路为东西走向，请对该路段作绿化设计。A2 图纸，比例自定。

(1) 画出该道路绿化设计断面图。

(2) 完成该路段绿化设计平面图，标明绿化植物名称。

(3) 写出 300 字以内的简要设计说明。

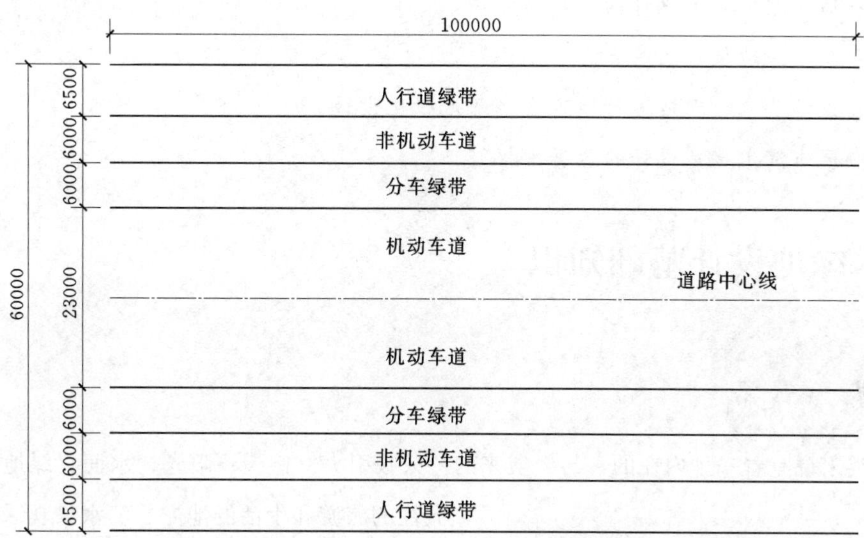

图 6.24　某中小城市月塘街 100m 标准段平面示意图

第7章

滨水绿地设计

学习目标

- 能够掌握城市滨水绿地设计的内容与方法。
- 掌握城市滨水绿地设计的特点。
- 能够根据设计要求合理地进行城市滨水绿地绿化设计。
- 能够绘制城市滨水绿地设计的各类图样。

7.1 滨水绿地设计基础知识

7.1.1 概念

水对于人类来说有着一种内在的，与生俱来的持久吸引力。蓝天、阳光、水面、绿地大都是人们最向往的旅游和生活的地方。滨水景观绿地就是在城市中临河流、湖沼、海岸等水体的地方建设而成的具有较强观赏性和使用功能的一种城市公共绿地形式。

图7.1 滨水公园

滨水绿地是城市的生态绿廊，具有生态效益和美化功能。滨水绿地多利用河、湖、海等水系沿岸用地，多呈带状分布，形成城市的滨水绿带（图7.1）。

7.1.2 分布位置

滨水绿地一般均位于城市中河流、湖沼、海岸等水体的周围。

7.1.3 特点

滨水绿地毗邻自然环境，其一侧临水、空间开阔、环境优美，是城市居民休息游憩的地方，吸引着大量的游人，特别是夏日和傍晚，其作用不亚于风景区和公园绿地（图7.2）。

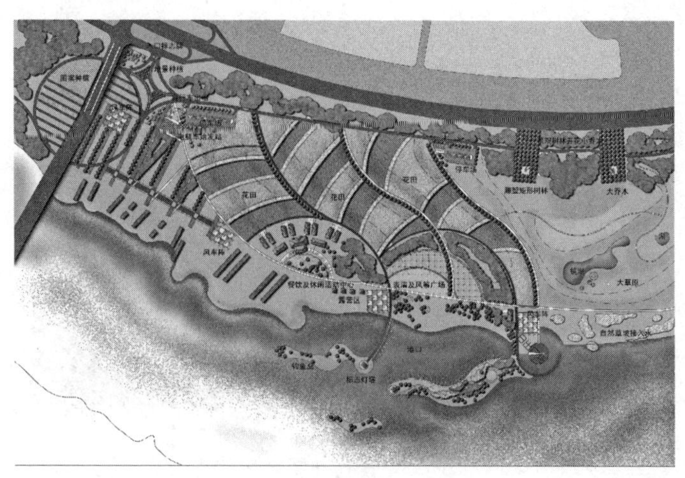

图 7.2　城市滨水景观

7.2　滨水绿地在城市中的作用

滨水绿地在城市中的作用主要体现在以下几个方面。

(1) 美化市容，形成景色。滨水绿地可以与城市水系结合起来，营造良好的城市亲水空间。

(2) 保护环境，提高城市绿化面积。

(3) 防浪、固堤、护坡，避免水土流失。

7.3　滨水景观绿地设计的内容和方法

城市滨水绿地是一个包含水域和陆域，富含丰富的景观和生态信息的复合区域。滨水绿地的生态规划设计的内容主要包括对绿地内部复合植物群落、景观建筑小品、道路铺装系统、临水驳岸等基础元素的设计与处理。

7.3.1　滨水绿地的景观风格的定位

滨水绿地的景观风格主要包括古典景观风格和现代景观风格两大类。在进行滨水绿地设计时首先应正确定位景观的风格。滨水绿地景观风格的选择，关键在于与城市或区域的整体风格的协调。

1. 古典景观风格的滨水绿地

这类绿地往往以仿古、复古的形式，体现城市历史文化特征，通过对历史古迹的恢复和城市代表性文化的再现来表达城市的历史文化内涵，该种风格通常适用于一些历史文化底蕴比较深厚的历史文化名城或历史保护区域。例如扬州市古运河滨河风光带的规划，由于扬州是拥有 2500 年历史的国家历史文化名城，加之古运河贯穿城市的历史保护区域，所以该滨河绿地的景观风格定位是以体现扬州“古运河文化”为核心，通过古运河沿岸文化古迹的恢复、保护建设，再现古运河昔日的繁华与风貌，滨河绿地内部与周边建筑均以扬州典型的“徽派”建筑风格为主（图 7.3）。

图 7.3　扬州古运河

2. 现代景观风格的滨水绿地

这类绿地常用于一些新兴的城市或区域。例如上海黄浦江陆家嘴一带的滨江绿地和苏州工业园区金鸡湖边的滨湖绿地等，虽然上海、苏州同样为历史文化名城，但由于浦东和苏州工业园区均为新兴的现代城市区域，所以在景观风格的选择上仍选择现代景观风格为主，通过现代风格的景观建筑、小品体现城市的特征和发展轨迹（图 7.4）。

图 7.4　城市滨水景观

7.3.2　滨水绿地空间的处理

作为“水陆边际”的滨水绿地，多为开放性空间，其空间的设计往往兼顾外部街道空间景观和水面景观，人的站点及观赏点位置处理有多种模式，其中有代表性的有以下几种：

外围空间（街道）观赏；

绿地内部空间（道路、广场）观赏、游览、停憩；

临水观赏；

水面观赏、游乐；

水域对岸观赏等。

为了取得多层次的立体观景效果，一般在纵向上，沿水岸设置带状空间，串连各景观节点（一般每隔 300～500m 设置一处景观节点），构成纵向景观序列（图 7.5）。

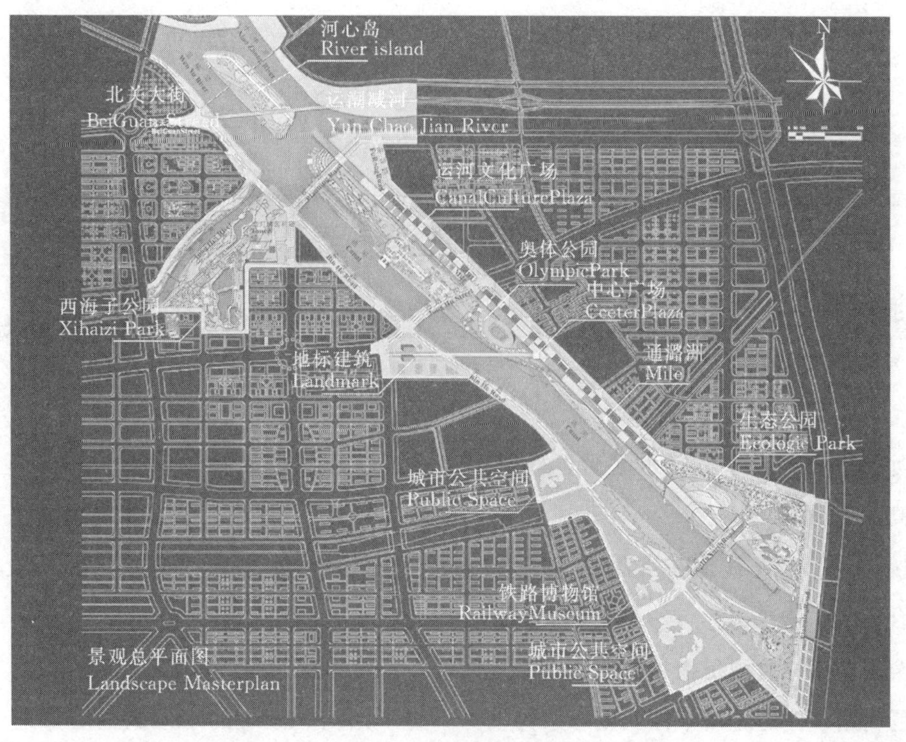

图 7.5　城市滨水景观

7.3.3　滨水绿地的竖向设计

滨水绿地的竖向设计应考虑带状景观序列的高低起伏变化，利用地形堆叠和植被配置的变化，在景观上构成优美多变的林冠线和天际线，形成纵向的节奏与韵律；在横向上，需要在不同的高程安排临水、亲水空间，滨水空间的断面处理要综合考虑水位、水流、潮汛、交通、景观和生态等多方面要求，所以要采取一种多层复式的断面结构。这种复式的断面结构分成外低内高型、外高内低型、中间高两侧低型等几种。低层临水空间按常水位来设计，每年汛期来临时允许淹没。这两级空间可以形成具有良好亲水性的游憩空间。高层台阶作为千年一遇的防洪大堤，各层空间利用各种手段进行竖向联系，形成立体的空间系统。

滨水绿地陆域空间和水域空间通常存在较大高差，由于景观和生态的需要，要避免传统的块石驳岸平直生硬的感觉，临水空间可以采用以下 4 种断面形式进行处理。

(1) 自然缓坡型。通常适用于较宽阔的滨水空间，水陆之间通过自然缓坡地形，弱化水陆的高差感，形成自然的空间过渡，地形坡度一般小于基址土壤自然安息角。临水可设置游览步道，结合植物的栽植构成自然弯曲的水岸，形成自然生态、开阔舒展的滨水空间。

(2) 台地型。对于水陆高差较大，绿地空间又不很开阔的区域，可采用台地式弱化空间的高差感，避免生硬的过渡，即将总的高差通过多层台地化解。每层台地可根据需要设计成平台、铺地或者栽植空间，台地之间通过台阶沟通上下层交通，结合种植设计遮挡硬质挡土墙砌体，形成内向型临水空间（图 7.6）。

(3) 挑出型。对于开阔的水面，可采用该种处理形式，通过设计临水或水上平台、栈道满足

图 7.6　台地型滨水空间

人们亲水、远眺观赏的要求。临水平台、栈道地表标高一般参照水体的常水位设计，通常根据水体的状况，高出常水位 0.5～1.0m，若风浪较大区域，可适当抬高，在安全的前提下，尽量贴近水面为宜。挑出的平台、栈道在水深较深区域应设置栏杆，当水深较浅时，可以不设栏杆或使用坐凳栏杆围合。

(4) 引入型。该种类型是指将水体引入绿地内部，结合地势高差关系组织动态水景，构成景观节点。其原理是利用水体的流动个性，以水泵为动力，将下层河、湖中的水泵到上层绿地，通过瀑布、溪流、跌水等水景形式再流回下层水体，形成水的自我循环。这种利用地势高差关系完成动态水景的构建比单纯的防护性驳岸或挡土墙的做法要科学美观得多，但由于造价和维护等原因，只适用于局部景观节点，不宜大面积使用（图 7.7）。

图 7.7　引入型滨水空间

7.3.4　滨水景观建筑、小品的设计

滨水绿地为满足市民休息、观景以及点景等功能要求，需要设置一定的景观建筑、小品，一般常用的景观建筑类型包括亭、廊、花架、水榭、茶室、码头、牌坊（楼）、塔等；常用景观小品包括雕塑、假山、置石、坐凳、栏杆、指示牌等。滨水绿地中建筑、小品的类型与风格的选择主要根据绿地的景观风格定位来决定。反之，滨水绿地的景观风格也正是通过景观建筑、小品来加以体现的。

建筑小品应该体量小巧、布局分散，将其融于绿地大环境之中，这样才能设计出富有地方特色的有生命力的作品来。

7.3.5 滨水绿地植物生态群落的设计

植物是恢复和完善滨水绿地生态功能的主要手段，以绿地的生态效益作为主要目标，在传统植物造景的基础上，除了要注重植物观赏性方面的要求，还要结合地形的竖向设计以及模拟水系形成自然过程中所表现出的典型地貌特征（如河口、滩涂、湿地等）创造滨水植物适生的地形环境，以恢复城市滨水区域的生态品质为目标，综合考虑绿地植物群落的结构。另外，在滨水生态敏感区引入天然植被要素，比如在合适地区建设滨水生态保护区，以及建立多种野生生物栖息地等，建立完整的滨水绿色生态廊道。

绿化植物品种的选择。除常规观赏树种的选择外，滨水绿地应注重以培育地方性的耐水性植物或水生植物为主，同时高度重视水滨的复合植被群落，它们对河岸水际带和堤内地带这样的生态交错带尤其重要。植物品种的选择要根据景观、生态等多方面的要求，在适地适树的基础上，还要注重增加植物群落的多样性。利用不同地段自然条件的差异，配置各具特色的人工群落。常用的临水、耐水植物包括垂柳、水杉、池杉、云南黄馨、连翘、芦苇、菖蒲、香蒲、荷花、菱角、泽泻、水葱、茭白、睡莲、千屈菜、萍蓬草等。

城市滨水绿地绿化应尽量采用自然化设计，模仿自然生态群落的结构。地被、花草、低矮灌木与高大乔木的层次和组合，应尽量符合水滨自然植被群落的结构特征。

图 7.8 生态湿地空间

在水滨生态敏感区引入天然植被要素，比如在合适地区植树造林恢复自然林地，在河口和河流分合处创建湿地，转变养护方式培育自然草地，以及建立多种野生生物栖身地等。这些仿自然生态群落能够自我维护，方便管理且具有较高的环境、社会和美学效益。同时，在消耗能源、资源和人力上具有较高的经济性，(图 7.8)。

7.3.6 驳岸的设计

传统控制洪水的工程手段主要是对曲流裁弯取直，加深河槽，并用混凝土、砖、石等材料加固岸堤、筑坝、筑堰等。这些措施产生了许多消极后果，大规模防洪工程设施的修筑直接破坏了河岸植被赖以生存的基础，缺乏渗透性的水泥护堤隔断了护堤土体与其上部空间的水气交换和循环。生态规划设计应该弥补这些缺点，推广使用生态驳岸。生态驳岸是指恢复后的自然河岸或具有“可渗透性”的人工驳岸，它可以充分保证河岸与水体之间的水分交换和调节功能，同时具有一定的抗洪强度。目前的生态驳岸有以下几种形式。

(1) 自然原型驳岸。主要采用植物保护堤岸，以保持自然堤岸的特性，如临水种植垂柳、水杉、白杨以及芦苇、菖蒲等具有喜水特性的植物，由它们生长舒展的发达根系来稳固堤岸，加之柳枝柔韧，顺应水流，可以增强驳岸抗洪、保护河堤的能力。

（2）自然型驳岸。不仅种植植被，还采用天然石材、木材护底，以增强堤岸抗洪能力，如在坡脚采用石笼、木桩或浆砌石块等护底，其上筑有一定坡度的土堤，斜坡种植植被，实行乔灌草相结合，固堤护岸。

（3）人工自然型驳岸。在自然型护堤的基础上，再用钢筋混凝土等材料，确保大堤抗洪能力，如将钢筋混凝土柱或耐水圆木制成梯形箱状框架，并向其中投入大的石块，或插入不同直径的混凝土管，形成很深的鱼巢，再在箱状框架内埋入大柳枝、水杨枝等；邻水侧种植芦苇、菖蒲等水生植物，使其在缝中生长。

7.3.7 道路系统的处理

滨水绿地内部道路系统是构成滨水绿地空间框架的重要手段，是联系绿地与水域、绿地与周边城市公共空间的主要方式，现代滨水绿地道路的设计就是要创造人性化的道路系统，除了可以为市民提供方便、快捷的交通功能和观赏点外，还能提供合乎人性空间尺度、生动多样的时空变换和空间序列。要想达到这样的要求，滨水绿地内部道路系统规划设计应遵循以下主要原则和方法。

（1）提供人车分流、和谐共存的道路系统，串联各出入口、活动广场、景观节点等内部开放空间和绿地周边街道空间。步行道路系统主要由游览步道、台阶登道、步石、汀步、栈道等几种类型组成。车辆道路系统主要包括机动车（消防、游览、养护等）和非机动车道路，主要连接与绿地相临的周边街道空间。规划时宜根据环境特征和使用要求分别组织，避免相互干扰。

（2）提供舒适、方便、吸引人的游览路径，创造多样化的活动场所。

（3）提供安全、舒适的亲水设施和多样的亲水步道，增进人际交往与地域感。滨水绿地是自然地貌特征最为丰富的景观绿地类型，其本质的特征就是拥有开阔的水面和多变的临水空间。诸如临水游览步道、伸入水面的平台、码头、栈道以及贯穿绿地内部各节点的各种形式的游览道路、休息广场等。具体设计时应结合环境特征，在材料选择、道路线形、道路形式与结构等方面分别对待，材料选择以当地乡土材料为主，以可渗透材料为主，增进道路空间的生态性，增进人际交往与地域感（图 7.9）。

图 7.9 生态湿地亲水空间

（4）配置美观的道路装饰小品和灯光照明。一般滨水绿地道路常用的灯具包括路灯（主要干道）、庭院灯（游览支路、临水平台）、泛光灯（结合行道树）、轮廓灯（临水平台、栈道）等。

本 章 小 结

城市滨水区是构成城市公共开放空间的重要部分，并且是城市公共开放空间中兼具自然地景和人工景观的区域，其对于城市的意义尤为独特和重要。营造滨水城市景观，即充分利用自然资源，把人工建造的环境和当地的自然环境融为一体，增强人与自然的可达性和亲密性，使自然开放空间对于城市、环境的调节作用越来越重要，形成一个科学、合理、健康的城市格局。

练习与思考题

1. 简述滨水绿地景观设计的特点。

2. 简述滨水绿地景观设计的方法。

3. 简述滨水绿地植物造景要注意的要点。

实训操作题

实训项目四 滨水绿地景观设计

1. 调查研究

（1）自然环境的调查：主要调查滨水绿地所在地周围的自然环境以及水域环境。

（2）社会环境的调查：主要对滨水绿地所在地的历史、人文、社会、风俗习惯等基本情况进行调查，目的是通过对社会环境的调查，了解当地的风俗习惯、文化传统等因素，以便为后期的设计构思提供素材。

（3）设计条件或绿地现状的调查：这部分工作的目的是了解绿化用地范围内的现状条件，包括原有建筑、植被、地形等情况。

2. 设计构思

（1）景观风格的定位：根据城市或绿地周围的整体风格选择与之协调的景观风格。若周围整体风格为古典式绿地则选择古典景观风格，反之则选择现代景观风格。

（2）滨水空间设计：根据外部街道空间景观和水面景观，人的站点及主要观赏点位置等外部条件，选择合适的空间设计模式。沿水岸设置带状空间，串联各景观节点，构成纵向景观序列。

（3）滨水绿地竖向设计：

1）综合考虑水位、水流、潮汛、交通、景观和生态等多方面要求确定滨水空间的断面形式。

2）根据常水位来设计低层临水空间，每年汛期来临时允许淹没。高层台阶作为千年一遇的防洪大堤。各层空间利用各种手段进行竖向联系，形成立体的空间系统。

3）选择合适的临水空间断面形式。

（4）滨水绿地建筑小品设计：

1）根据绿地的景观风格的定位来决定滨水绿地中建筑、小品的类型与风格。

2）建筑小品应融于绿地大环境之中，并应源于地方文化，以确保作品的生命力。

3. 作业成果要求

图纸：A2（420mm×594mm）3～4张。

内容包括：总平面（1∶2000），重要节点（3、4个）平面图（1∶300～1∶500）及相应效果图，现状分析图、功能分区图、空间结构规划图、景观结构规划图、植被规划图、剖面图（2～3个）。

内容包括：现状分析、设计依据与原则、详细方案介绍等。

4. 设计底图（图 7.10）

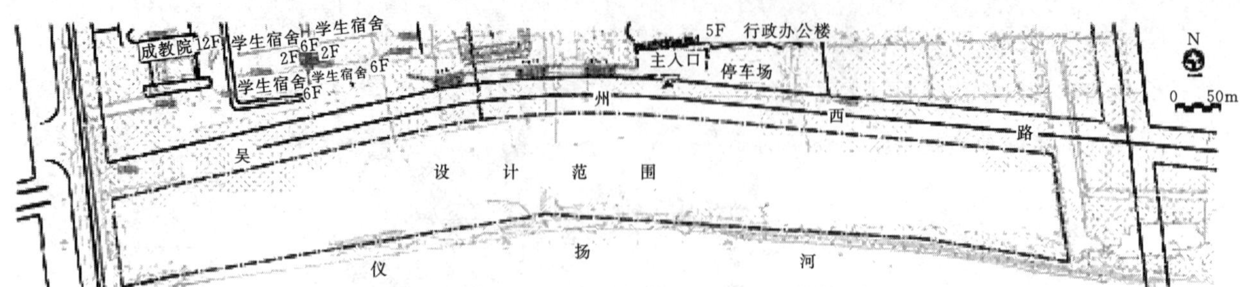

图 7.10　滨水景观设计

第8章

居住区绿地设计

学习目标

- 了解居住区绿地设计的基本知识。
- 熟悉居住区的用地构成和绿地类型。
- 掌握居住区绿地规划设计的原则。
- 能够进行居住区各类绿地的规划设计。

随着中国快速的经济发展和世界范围的经济全球化进程，人们对生活质量的要求日益提高，与人们生活质量息息相关的居住区建设面临着新的挑战。建好居住区的空间环境，为人们规划设计优雅的家园，是我们追求的目标。

8.1 居住区绿地设计原则

8.1.1 居住区绿地设计的基本知识

居住区绿地在城市绿地中占有较大比重，是居民日常使用频率最高的绿地类型。它对于改善居住区小气候，创造良好的居住环境，美化生活，防灾避难等都起到良好的作用。

8.1.1.1 居住区结构模式

居住区的结构与布局取决于居民生活的需要，采用的结构要结合城市用地的总体布局，还要考虑所在城市的特定条件，因地制宜选择结构模式。居住区的结构一般为两级或三级。

(1) 居住区—居住小区—居住组团。

(2) 居住区—居住组团。

(3) 居住区—街坊。

8.1.1.2 居住小区的概念

居住小区由若干个居住组团组成，居住人口一般为8000～10000人。配备有公共服务设施，如托儿所、幼儿园、小学、中学、居民委员会及商业服务设施等，能够形成一个安全、安静、优美的居住环境。

8.1.1.3 居住组团、街坊的概念

居住组团一般指被小区道路分隔，配建有居民所需的基层公共服务设施的生活聚居地，居住人口一般为1000～3000人。

街坊是城市干道或居住区道路划分的建筑地块。面积一般为4～6hm²，用于建造住房、公共服务设施和其他建筑。在一些城市市区，街坊用于建造住宅、公共建筑，沿街则建造商业设施（图8.1）。

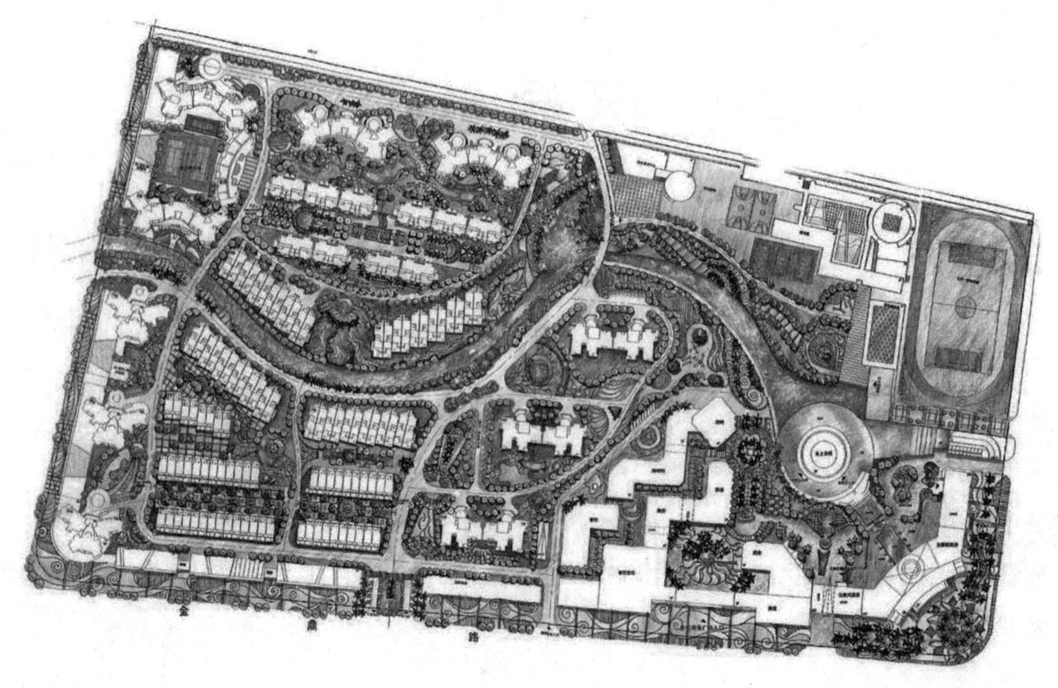

图8.1 居住区规划

8.1.1.4 居住区用地构成

居住区通常由住宅用地、公共服务设施用地、道路用地、公共绿地和其他用地组成。也允许有无害的小型工厂用地、市政工程设施用地、水面等其他用地。

（1）住宅用地：指住宅建筑基地占有的用地及其四周的一些空地，其中包括通向住宅入口的小路、宅旁绿地和家务院。

（2）公共服务设施用地：指居住区级、小区级或街坊内各类公共服务设施建筑物基底占有的用地及其四周的用地，包括道路、场地和绿化用地。

（3）道路用地：指居住区内各级道路的用地，包括道路、回车场和停车场用地。

（4）公共绿地：指居住区级、小区级及街坊内的公共使用绿地，包括居住区级公园、小区级小游园、小面积和带状绿地。居住区公共绿地至少有一边与相应级别的道路相邻，应满足有不少于1/3的绿地面积在标准日照阴影范围之外，块状、带状公共绿地同时应满足宽度不小于8m，面积不少于400m² 的要求。

（5）其他用地：指上述用地外的其他用地，例如小工厂和作坊用地、市级公共设施用地、企业单位用地、防护用地等。

8.1.1.5 居住区绿地类型

居住区绿地是在居住区用地上栽植树木、花草，改善地区小气候并创造自然优美的绿化环境。根据《城市绿地分类标准》将“居住区公园”和“小区游园”归属“公园绿地”，在城市绿地指标统计时不得作为“居住绿地”重复计算。因此，居住绿地应是城市居住用地内除去居住区公园以外的绿地，它包括组团绿地、宅旁绿地、配套公建绿地、道路绿地等。不应包括屋顶、晒台的人工绿地。

8.1.1.6 技术经济指标

居住区规划设计的重要技术经济指标如下。

(1) 绿地率：居住区用地范围内各类绿地的总和占居住区用地的比率（%）。新区建设绿地率不应低于30%；旧区改造不宜低于25%。

(2) 绿地覆盖率：指居住区用地上栽植的全部乔、灌木的垂直投影面积，以及花卉、草坪等地被植物的覆盖面积，与居住区总面积的百分比，反映居住区绿化的环境保护效果。覆盖面积只计算一层，不重复计算。

(3) 宅旁绿地示意图建筑面积毛密度：也称容积率，是各类建筑的建筑面积与居住区用地面积的比值（万平方米/公顷）。它反映土地利用的程度，容积率是城市土地开发强度控制的重要经济技术指标。

8.1.2 居住区绿地设计的原则要求

居住区总体规划的原则如下。

(1) 坚持社会性原则。赋予环境景观亲切宜人的艺术感召力，通过美化生活环境，体现社区文化，促进人际交往和精神文明建设，并提倡公共参与设计、建设和管理。

(2) 坚持经济性原则。顺应市场发展需求及地方经济状况，注重节能、节材，注重合理使用土地资源。提倡朴实简约，反对浮华铺张，并尽可能采用新技术、新材料、新设备，达到优良的性价比。

(3) 坚持生态原则。应尽量保持现存的良好生态环境，改善原有的不良生态环境。提倡将先进的生态技术运用到环境景观的塑造中去，利于人类的可持续发展。

(4) 坚持地域性原则。应体现所在地域的自然环境特征，因地制宜地创造出具有时代特点和地域特征的空间环境，避免盲目移植。

(5) 坚持历史性原则。要尊重历史，保护和利用历史性景观，对于历史保护地区的住区景观设计，更要注重整体的协调统一，做到保留在先，改造在后。

8.1.3 居住区绿地设计的基本要求

居民对绿地主要是休闲的需求。休闲使人消除疲劳，休闲环境对人的身心健康能起到美好作用，激发人们从老一套思维和日常行动中解放出来，使个性得到发展。优美的绿化系统，完善的功能配置，艺术化的环境主题，营造出独特的场所精神，是人们日常生活的必经之处，也是休憩与交往的理想场所。

居住区绿地应以植物造景为主，充分发挥绿地的卫生防护功能。植物材料的选择和配置方式，要结合居住区的环境特点，力求节省投资，并且能形成良好的绿化景观。

为了居民的休息和点景的需要，在居住区绿地中适当布置园林建筑、小品也是必要的，其风格及手法应朴素、简洁、统一、大方、有地方特色为好。居住区绿化既要有统一的格调，又要在布局形式、树种的选择等方面做到多样而各具特色，可以借鉴国内外的各种艺术形式，以提高居住区绿化的艺术水平。

8.1.4 基本原则

居住区绿地设计，应遵循下列基本原则。

(1) 符合城市总体规划的要求。居住区绿地规划要在居住区总图规划阶段统一规划，根据居住区不同的规划布局形式，采用集中与分散相结合，点、线、面相结合的绿地系统。使绿地指标、功能得到平衡，居民们使用方便。

(2) 因地制宜的原则。综合考虑所在城市的性质、气候、民族、习俗和传统风貌等地方特点和规划用地周围的环境条件，充分利用原有自然条件，尽量利用劣地、洼地及水面作为绿化用地，节约用地和投资；对原有古树名木加以保护和利用，并组织到绿地内。

(3) 以人为本的设计原则。规划设计要处处以人为本，注意人的尺度，营造亲切的人性空间。满足不同年龄居民活动、休息的需要，设立不同的休息活动空间。合理组织、分隔空间，建立良好的环境卫生和小气候条件。为老年人、残疾人的生活和社会活动提供条件。

(4) 充分发挥植物的生态功能和观赏特点，合理配置。植物品种应选择抗性强、病虫害少、寿命长、管理较粗放的品种，以便管理养护。

8.2 居住区绿地设计

8.2.1 居住区绿地规划设计前的调查

接到居住区工程设计任务之后，首先要对基地现状进行详尽的调查。依据地形、周边环境、当地居民的生活习惯，以及规划部门或开发商对居住区的规划设计要求，分析整理资料，从计划的观点来说明居住区基地的现状、限制及发展潜力，为后面的设计工作提供依据。

(1) 居住区所在地的自然条件调查。包括气象方面、土壤方面、地形、水系、植被等方面。

(2) 居住区所在地的社会条件调查。包括居住区的规划发展要求；将要入住居民的年龄结构、习俗与爱好；居住区用地与城市交通的关系；居住区所在地的历史、人文资料的调查。

(3) 居住区用地现状及地形图、规划图、详细设计所需的测量图。

(4) 调查资料的分析整理。在客观记录居住区基地情况的基础上，主观分析评述居住区的绿地规划设计思想、绿化风格等。

8.2.2 居住区各组成绿地设计

居住区绿地设计时，首先要考虑到的是如何满足不同居民对空间的不同需求，除了对空间的功能性需求之外，人们对空间文化性和地域性特色的要求也越来越高，而对居住区绿地使用最多的是老年人与儿童，这就要求我们在绿地设计中，融功能、意境、艺术于一体。

8.2.2.1 居住区小游园规划设计

根据《城市绿地分类标准》，“小区游园”归属“城市公园绿地”，但小游园相当于居住区的大客厅，往往最能代表居住区的特色，因此要重点掌握它的规划设计要点。

(1) 配合总体。小游园应与小区总体规划密切配合，综合考虑，全面安排，并使小游园能妥善地与周围城市园林绿地衔接，尤其要注意小游园与道路绿化衔接。

(2) 位置适当。应尽量方便附近居民使用，可以与小区公共活动中心结合布置，购物之余，到游园内休息、交流、娱乐，使居民的游憩和日常生活相结合。

(3) 规模合理。小游园的用地规模根据其功能要求来确定，如果面积过大，或者距离居民较远时，往往会失去它的作用。

(4) 布局合理。应根据游人不同年龄特点划分活动场地和确定活动内容，将功能相近的活动布置在一起。以人的尺度和需求布局游憩绿地，尊重人的心理需求，继承和发扬当地的历史文化特色，达到自然景观与人文景观的有机融合。

(5) 利用地形。尽量利用和保留原有的自然地形及原有植物。

(6) 设施丰富。为丰富居民的精神文化生活设置各种设施、场所，如健身场地、文化娱乐场地、户外交往场地、户外教育科普场地等。

8.2.2.2 小游园平面布置形式

小游园的平面布置形式有规则式、自由式和混合式三种。

(1) 规则式。采用几何形布置方式，有明显的轴线，园中道路、广场、绿地、建筑小品等组成对称、有规律的几何图案。其特点是整齐、庄重、但形式较呆板，不够活泼（图8.2）。

图8.2 规则式园林空间

(2) 自由式。布置灵活，采用迂回曲折的道路，可以结合自然条件，如池塘、山岳、坡地等进行布置。绿化也采用自然式种植。其特点是自由、活泼、容易创造出自然而别致的环境（图8.3）。

(3) 混合式。规划式与自由式结合，可根据地形或功能要求灵活布局，既能与四周建筑相协调，又能兼顾其空间艺术效果。其特点是可在整体上产生韵律感和节奏感（图 8.4）。

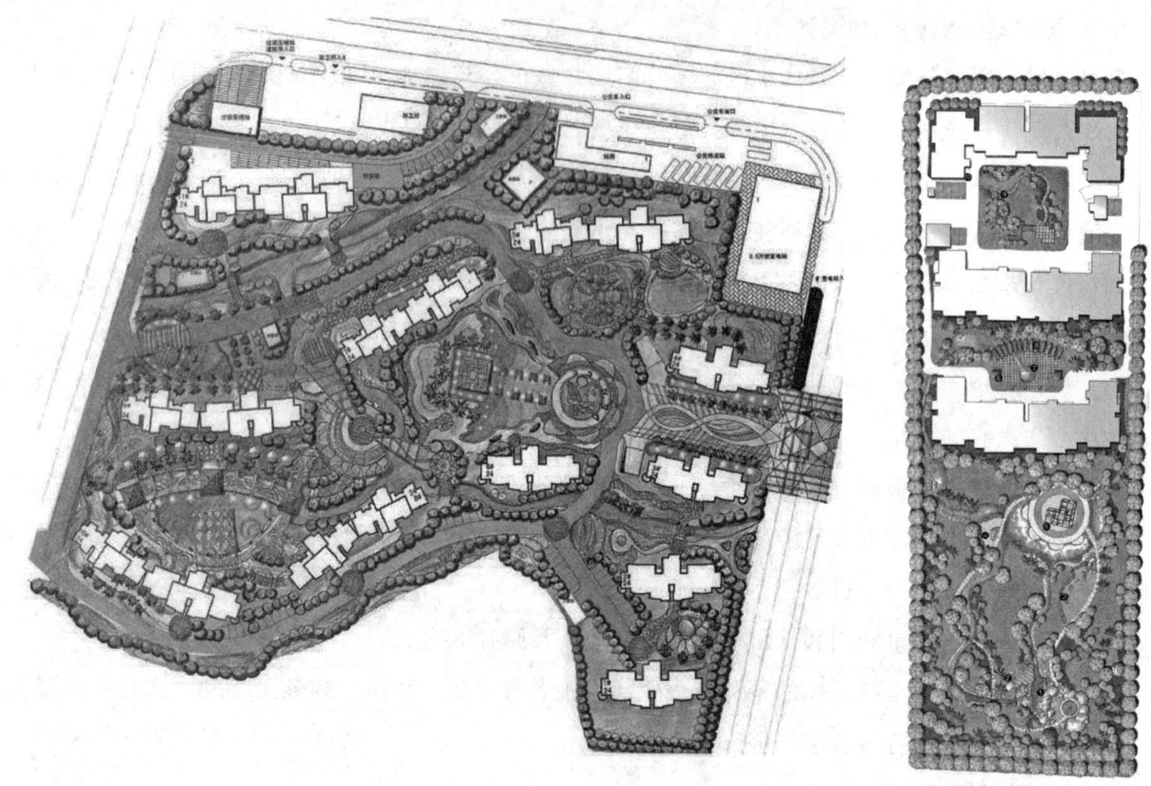

图 8.3　自由式园林空间

图 8.4　混合式园林空间

8.2.2.3　居住区组团绿地规划设计

1. 组团绿地的位置确定

根据建筑组合的不同形式，组团绿地的位置确定可有以下几种方式（图 8.5）。

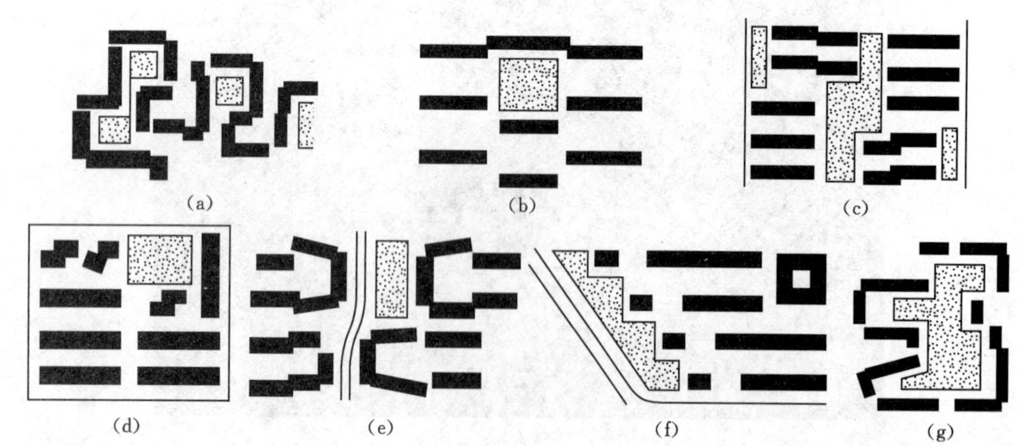

图 8.5　组团绿地布置

(1) 利用建筑形成的院子布置，不受外界道路、行人及车辆的影响，环境安静，比较封闭，有较强的庭院感。

(2) 扩大住宅的间距布置，可以改变行列式住宅单调狭长的空间感，一般将住宅间距扩大到原间距的2倍左右作为组团绿地。

(3) 行列式住宅扩大山墙间距作为组团绿地，打破了行列式山墙间形成的狭长的胡同的感觉，组团绿地又可与庭院绿地互相渗透，扩大绿化的空间感。

(4) 住宅组团的一角，利用不便于布置住宅建筑的角隅空地，能充分利用土地，但由于布置在组团的一角，加长了服务半径。

(5) 结合公共建筑布置，使组团绿地和专用绿地连成一片，相互渗透，形成一片面积较大的公共休闲绿地，扩大了绿化的空间感。

(6) 在居住建筑临街的一面布置，使绿化和建筑互相映衬，丰富了街道景观，也成为行人的休息之地。

(7) 自由式布置的住宅，组团绿地穿插其间，组团绿地与庭院绿地相结合，扩大绿色空间，平面构图亦显得自由活泼。

2. 组团绿地的布置方式

组团绿地的布置方式有以下几种。

(1) 开敞式，即居民可以进入绿地内休息活动，不以绿篱或栏杆与周围分隔。

(2) 半封闭式，以绿篱或栏杆与周围分隔，但留有若干出入口。

(3) 封闭式，绿地为绿篱、栏杆所隔离，居民不能进入绿地，亦无活动休息场地，可望而不可及，使用效果较差。

组团绿地的服务对象是组团内的居民，组团绿地应满足邻里交往和户外活动的需要，需要布置幼儿游戏场地和老年人休息场地。幼儿场地内可设置沙坑、游戏器具、座椅等；老年人休息场地内可设置供闲谈、阅读、下棋、打牌及练太极拳的设施或场地，在绿地中远离周围道路的地方可设桌椅及亭、廊、花架等作为休息设施，也可设小型雕塑及其他建筑小品供居民观赏（图8.6）。

8.2.2.4 宅旁绿地规划设计

宅旁绿地的布局由住宅平面布置、建筑高低、组合形式、间距、地形起伏情况决定。宅旁绿地是居民每天必经之处，同时宅旁绿地在居民日常生活视野之内，便于邻里交往，便于学龄前儿童安全地游戏、玩耍。宅旁绿化在居住区绿化中占地比例较大，约占小区绿化总用地面积的50%，它的布置直接影响到室内通风、采光和卫生。宅旁绿地的植物配置应考虑建筑物的朝向。在近窗不宜种高大灌木；而在建筑物的西面，需要种高大落叶乔木，对夏季降温有明显的效果。

1. 注意事项

宅旁绿地规划设计应注意以下几点。

(1) 绿化布局和树种的选择要体现多样化，以丰富绿化面貌。行列式住宅容易造成单调感，相同的住宅甚至不易辨认，因此可以选择不同的树种、不同的布置方式，成为识别的标志，起到区别不同行列、不同住宅单元的作用。

(2) 住宅周围常因建筑物的遮挡造成大面积的阴影，树种选择上受到一定的限制，因此要注意耐荫树种的选择，以确保阴影部位良好的绿化效果，可选用桃叶珊瑚、罗汉松、十大功劳、金丝桃、金丝梅、珍珠梅、绣球等灌木以及玉簪、紫萼、书带草等宿根花卉。

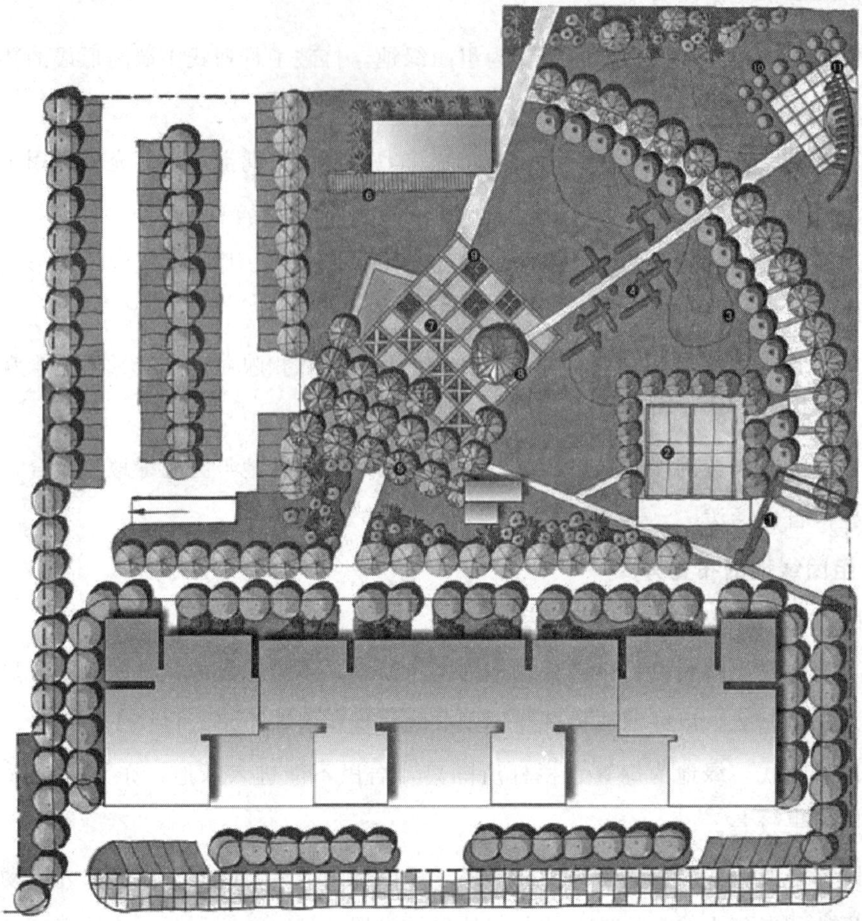

1 入口景廊
2 羽毛球场
3 缓坡绿地
4 整形绿篱
5 林荫树阵
6 木平台
7 涌泉
8 地下会所入口
9 整形色块
10 树阵
11 景廊

图 8.6 组团绿地设计

(3) 住宅附近管线比较密集，因此绿地内的乔木、灌木要选择适当的树种（一般不宜选择深根性树种和根系侵略性很强的植物，如竹类），且栽植时与管线及工程构筑物应保持足够的距离，以免相互影响，造成后患。

(4) 树木的配植应以不影响住宅的通风、采光为准则，尤其是南向窗（或门）前应尽量避免栽植乔木，特别是常绿乔木，在冬天由于常绿树木的遮挡，室内晒不到太阳而有阴冷之感，是不可取的，因此乔木栽植应距住宅楼南面的门窗 5～8m 以上，距住宅楼其他方向 3～4m 以上；大中型灌木栽植应距住宅楼 1.5～2m 以上。

(5) 绿化布置要注意尺度感，以免由于树种选择不当而造成拥挤、狭窄的感觉，树木的高度、行数、大小要与庭院的面积、建筑间距、层数相适应。需要特别指出的是，树种的选择还要注意树木生长速度的影响，以免因为树木生长速度的不同而破坏原有（或设计预期）的景观效果。

(6) 宅旁绿地应设计方便居民行走及滞留的适量硬质铺地，并配植耐践踏的草坪。除了活动用的铺装场地以外，其他地面都应尽可能地布置绿化或用草坪铺设，减少尘土飞扬，保证环境卫生。

2. 重点部分的设计要点

宅旁绿化的几个重点部分的设计要点。

(1) 入口处的绿化。目前小区规划建设中，住宅单元大部分是北（西）入口，底层庭院是南

（东）入口。北入口以对植、丛植的手法，栽植耐阴灌木，南入口除了上述布置外，常栽植攀缘植物。在入口处注意不要栽种有尖刺的植物，如凤尾兰、丝兰等，以免伤害出入的居民，特别是儿童。

（2）墙基、角隅的绿化。使垂直的建筑墙体与水平的地面之间以绿色植物为过渡，如铺地柏、鹿角柏、麦冬、葱兰、玉簪等，使沿墙处、屋角绿树成荫，色彩丰富，打破呆板、枯燥、僵直的感觉。

（3）庭院绿化。庭院的布置，多以植物配置为主，配以山石、花坛、水池等园林小品，形成自然、幽静的休闲环境，铺装场地的平面布置可以形式多样、自由活泼。

（4）游憩活动场地。游憩活动场地主要供幼儿活动和老年人休息锻炼。其内可设坐椅、桌凳及简单小品如花架。游憩活动场地要尽量远离建筑，以免影响居民休息。

（5）底层住户小院。居住在底层的居民专用小院，小院边界可用绿篱或高栏围起来，内植花木等，布置方式和植物品种随居民喜好。近年建的多层住宅也有设底层小院的。高层住宅一般不设底层小院，可全部作为公共游憩活动的绿化空间。

8.2.2.5 居住区配套公建绿地规划设计

公共建筑与住宅之间应设置隔离绿地，多用乔木和灌木构成浓密的绿色屏障，以保持居住区的安静，居住区内的垃圾站、锅炉房、变电站、变电箱等欠美观地区可用灌木或乔木加以隐蔽。

（1）公共服务设施的绿化。公共服务设施有影剧院、食堂、商店、锅炉房等。商店、影剧院前应留出宽敞的铺装地面，以解决人流集散。除了要考虑交通和遮阴等功能要求，还要考虑与建筑配合时的艺术效果，植物应选体形优美、遮阴效果好的。

（2）托儿所、幼儿园的绿化。在小区中托儿所、幼儿园一般都布置在独立地段，或者设在住宅的底层，其用地周围环境必须安静。正规的托儿所、幼儿园应包括室内活动及室外活动两个部分。根据幼儿园的活动要求，室外活动应设置有公共活动场地、班组活动场地、菜园、果园、小动物饲养地等。

（3）中、小学校绿化。中、小学校绿化在植物材料选择上，应尽可能作到多样化，如选植不同体型、生态习性的乔灌木、绿篱、攀援植物与花卉等，并力求用不同的种植方式，以扩大学生在植物方面的知识，并使校园生动活泼、丰富多彩。中、小学校种植的树木应选择适应性强、容易管理的树种，不宜选用刺多、有臭味、有毒或易引起过敏反应的树种。

8.2.2.6 居住区道路绿地规划设计

道路作为车辆和人员的汇流途径，具有明确的导向性，道路两侧的环境景观应符合导向要求，并达到步移景移的视觉效果。道路边的绿化种植及路面质地色彩的选择应具有韵律感和观赏性。在满足交通需求的同时，道路可形成重要的视线走廊，因此，要注意道路的对景和远景设计，以强化视线集中的观景。

休闲性人行道两侧的绿化种植，要尽可能形成绿荫带，并串联花台、亭廊、水景、游乐场等，形成休闲空间的有序展开，增强环境景观的层次。居住区内的消防车道和人行道、院落车行道合并使用时，可设计成隐蔽式车道，即在4m幅宽的消防车道内种植不妨碍消防车通行的草坪花卉，铺设人行步道，平日作为绿地使用，应急时供消防车使用，有效地弱化了单纯消防车道的生硬感，提高了环境和景观效果。

居住区道路如同绿色的网络，联系着居住区小游园、组团绿地、宅旁绿地，可以到达每个居住单元门口，对居住区的绿化面貌有极大的影响。下面我们按道路分级来分析居住区道路的绿化设计要点（图 8.7）。

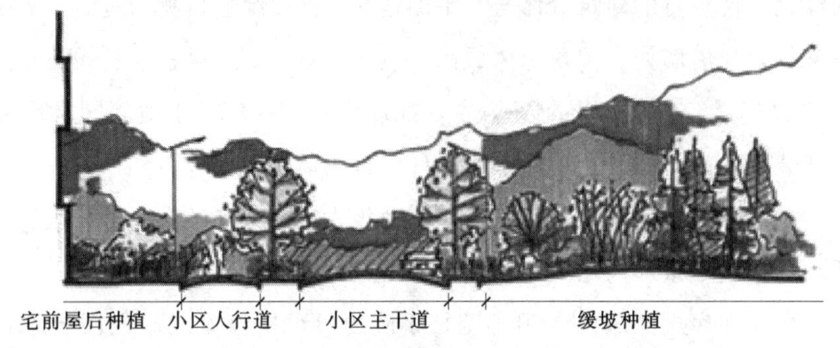

(a)小区主要道路剖面图一(近溪水)

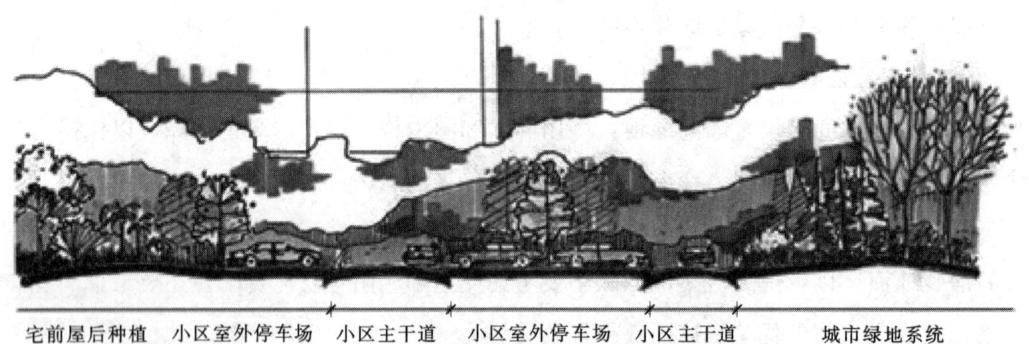

(b)小区主要道路剖面图二(室外停车场)

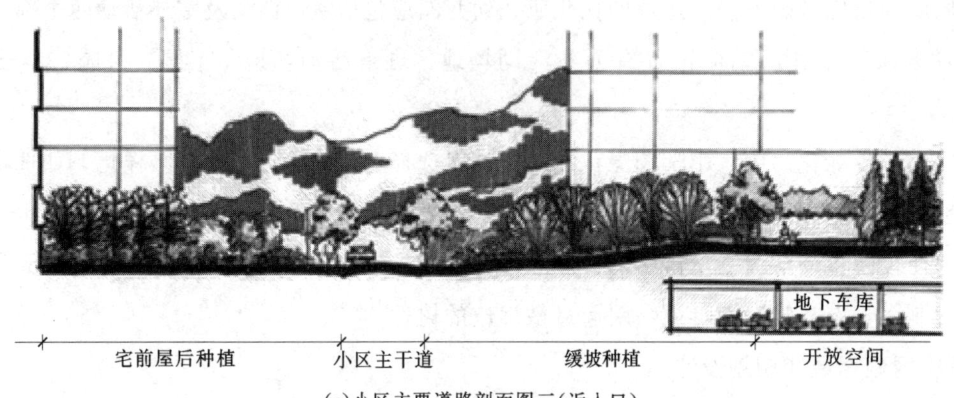

(c)小区主要道路剖面图三(近入口)

图 8.7　居住区道路设计

（1）居住区主干道的红线宽度不宜小于 20m。它是联系各小区以及居住区跟外界的主要道路，除了人行外，车辆交通比较频繁，道路交叉口处种植树木时，必须留出非植树区，以保证行车安全视距，即在该视野范围内不应栽植高于 1m 的植物，而且不得妨碍交叉口路灯的照明，为交通安全创造良好条件。主干道路面宽阔，行道树应选择树冠水平伸展的乔木，起到遮阳降温作用。居住区主干道两侧应栽种乔木、灌木和草本植物，以减少交通造成的尘土、噪音及有害气体，有利于沿街住宅室内保持安静和卫生。绿带内用花灌木、地被与乔木形成丰富的绿化层次，也可以在路边开辟小的休息场地，放置山石小品、花坛座椅等，供行人休息。

(2) 小区级干道，路面宽5～8m，它连接着居住区主干道及小区的小路。以居民上下班、买东西、儿童上学、散步等人行为主，车行为次。绿化树种，可以选择开花或富有叶色变化的乔木。其种植形式要与宅旁绿化、组团绿化布局密切配合，以形成相互关联的整体。特别是相同建筑的入口处绿化应以方便识别各幢建筑为出发点进行设计。

(3) 宅间小路，路面宽不宜小于2.5m。它是联系各住宅的道路。以行人为主，可以在一边种植小乔木，一边种植花卉草坪。但需注意转弯处不能种植高大的绿篱，以免阻挡人们骑自行车时的视线。靠近住宅的小路旁绿化，不能影响室内采光和通风。如果小路离住宅的距离不足2m，其中只能种植些花灌木或草坪。通向两幢建筑中的小路路口应适当放宽，扩大草坪铺装，乔灌木应后退种植，可结合道路或园林小品进行配置，以供儿童们就近活动。还要方便救护车、搬运车能临时靠近住户。各幢住户门口应选用不同树种，采用不同形式进行布置，以利于辨别。

另外，在人流较多的地方，如公共建筑前面，商店门口等，可以采取扩大道路铺装面积的方式与小区公共绿地融为一体。居住区道路绿化设计要使有限的绿地空间发挥最大的生态效益，为居民提供符合身心需求的游憩场所。经调查，小区居民最主要的活动形式是散步，而且居民最喜欢在绿化良好的道路上散步，所以我们要布置一个能联系整个小区的绿色廊道系统。居住区道路线型不必像城市道路一样宽阔笔直，在满足功能的前提下，应曲多于直，宜窄不宜宽。行道树也可灵活种植，中间穿插种植花灌木，适宜的地方设置座椅、花坛。

8.2.2.7 儿童游乐场绿地规划设计

儿童游乐场应该在景观绿地中划出固定的区域，一般均为开敞式。游乐场地必须阳光充足，空气清洁，能避开强风的袭扰。应与居住区的主要交通道路相隔一定距离，减少汽车噪声的影响并保障儿童的安全。游乐场的选址还应充分考虑儿童活动产生的嘈杂声对附近居民的影响，离开居民窗户10m远为宜。

儿童游乐场周围不宜种植遮挡视线的树木，保持较好的可通视性，便于成人对儿童进行目光监护。儿童游乐场设施的选择应能吸引和调动儿童参与游戏的热情，兼顾实用性与美观。色彩可鲜艳但应与周围环境相协调。游戏器械选择和设计应尺度适宜，避免儿童被器械划伤或从高处跌落，可设置保护栏、柔软地垫、警示牌等。

居住区中心有一定规模的游乐场附近应为儿童提供饮用水和游戏水，便于儿童饮用、冲洗和进行堆筑沙子的游戏活动（图8.8）。

8.2.3 植物配置和树种选择

植物配置是从总体构思开始，然后进行树种选择和确定具体种植方式。设计中要考虑绿化对生态环境的作用，植物的空间组织功能和观赏功能，还要考虑植物的生态习性。居住区绿化应提倡使用自然式，避免人工修剪，追求自然群落郁郁葱葱的效果。

1. 一般原则

植物配置的一般原则如下。

(1) 注意提高绿化覆盖率，以期起到良好的生态效益。

图 8.8　儿童游玩区设计

(2) 注意植物配置的层次性和群体性，乔灌结合，常绿和落叶、速生和慢生相结合，适当配置地被、草坪和花卉，尽可能做到立体群落种植。

(3) 考虑绿化的功能要求和植物的生理要求，适应所在地区的气候、土壤条件和自然植被分布特点，选择抗病虫害强、易养护管理的乡土树种，体现地域特点。

(4) 在植物配置上，应体现出季相的变化，尽量做到四季常青、三季有花。

(5) 保护生物多样性，居住区绿地在植物种类上应达到一定的数量，植物品种的选择要在统一的基调上力求丰富多样。

2. 居住区优选树种特征

居住区一般人口集中、建筑密集，绿地缺乏，养护困难，所以在树种选择方面要充分考虑选用具有以下特点的树种。

(1) 生长健壮，便于管理的乡土树种。居住区的土壤和环境都比较差，宜选耐瘠薄、生长健壮、病虫害少、管理粗放的乡土树种。

(2) 冠大荫浓，枝叶茂密的落叶、阔叶乔木。在酷热的夏季，这些树种可使居住区有大面积的遮阴，而且落叶树枝叶繁茂，能吸附灰尘，减少噪音；在严寒的冬季又不遮阳光，也可以欣赏树枝的形态。

(3) 常绿树和花灌木。在公共绿地等重点绿化地区或居住庭院中，小气候条件较好的地方，儿童游戏场附近，宜栽植一些常绿树，使得四季常青，同时选用姿态优美、花色、叶色丰富的花灌木，使得四季有花。

(4) 耐阴树种和攀援植物。由于居住区绿地多处于房屋建筑的包围之中，阴暗部分较多，尤其是房前、屋后的庭院，有一半左右是在房屋的阴影部位，所以一定要注意耐阴植物的选择，如珍珠梅、八角金盘、玉簪、垂丝海棠等。攀援植物是居住环境中很有发展前途的一类植物，既起到美化环境的作用，又可以增加绿化面积，取得良好的生态效益。常用的品种主要有：紫藤、常春藤、凌霄、爬山虎、络石、地锦等。

(5) 具有环境保护作用和经济利用价值的植物。根据居住区环境，因地制宜的选用那些具有防风、防晒、降噪、调节小气候以及能监测和吸附大气污染的植物，有条件的庭院，可选用在短期内具有经济效益的品种，特别要选用那些不需施大肥、管理简便的果树、药材树等经济植物，如核桃、葡萄和枣树等既好看又实惠的品种。

要提高居住区发展的总体水平，应从规划和设计方面入手，高度注重自然和人文因素的保护和可持续发展，最大限度地保护环境，努力创造一种新的社区文化，丰富公共空间的活动内容，考虑不同层次及阶段的人群的活动需求，努力营造一个绿色的，以人为本、邻里关系密切的住区环境。

本 章 小 结

居住区绿地设计包括对基地自然状况的研究和利用，对空间关系的处理和发挥，与居住区整体风格的融合和协调。包括道路的布置、水景的组织、路面的铺砌、照明设计、小品的设计、公共设施的处理等等，这些方面既有功能意义，又涉及到视觉和心理感受。在进行景观设计时，应注意整体性、实用性、艺术性、趣味性的结合。

练 习 与 思 考 题

1. 简述居住区的相关概念。

2. 简述居住区的用地构成和绿地类型。

3. 简述居住区绿地规划设计的原则。

实 训 操 作 题

实训项目五 居住区绿地设计

1. 规划设计原则

(1) 居住区的规划布局，应综合考虑路网结构、公建与住宅布局、群体组合、绿地系统及空间环境等的内在联系，构成一个完善的、相对独立的有机整体。

(2) 居住区不仅仅指居住的配套公共服务设施齐全，就居住环境本身而言，还要提供较多令人产生愉悦感的高质量综合感官信息（包括视觉，听觉和嗅觉在内的综合感受），即优美，和谐的人居环境。

(3) 居住区内绿地应包括公共绿地、宅旁绿地、配套公建所属绿地和道路绿地等。绿地率新区建设不应低于30%。小区绿地最贴近居民生活，规划设计不仅要考虑植物配置与建筑构图的均衡，对建筑的遮挡与衬托，更要考虑居民生活对通风、光线、日照的要求，同时要考虑乔灌草的搭配，常绿与落叶，乡土树种的应用。

2. 规划设计内容

图8.9为设计底图，图中所示红线内为设计范围。要求结合造景元素，创造宜人的居住环境。

(1) 入口景观设计。

(2) 小区中心广场区域。

（3）宅前绿地。

（4）道路绿地。

3. 设计构思

（1）居住区景观风格的定位。根据居住区整体建筑风格，选择适合的景观设计模式。

（2）空间设计。考虑居住区内南北轴线关系，选择合适的空间设计模式。沿轴线设置带状空间，串联各景观节点，构成纵向景观序列。

（3）竖向设计。综合考虑小区内水体水位、软硬质区域有机结合等形式。

（4）建筑小品设计。确定小品的类型与风格，掌握通过小品，合理分割空间，暗示人的流线。

（5）植物生态群落设计。绿化植物品种的选择，应以乡土树种为主。结合地形、建筑空间，模仿自然生态群落的结构。

4. 作业成果要求

（1）图纸：A2（420mm×594mm）2～3张。

内容包括：总平面（1∶500），重要节点（3～4个）平面图（1∶200）、剖面图（2～3个）及相应效果图，道路交通分析图、功能分区图、空间结构规划图、景观结构规划图、植被规划图。

（2）详细设计说明书（A4）。

内容包括：现状分析、设计依据与原则、详细方案介绍等。

5. 设计底图（图8.9）

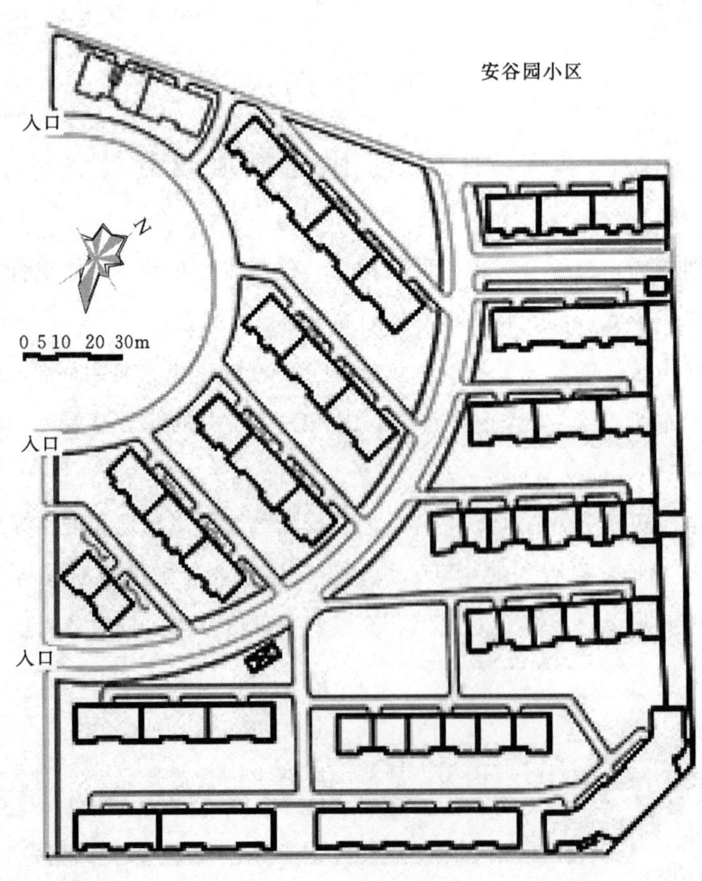

图8.9　设计底图

6. 学生作品欣赏（图 8.10～图 8.12）

图 8.10　居住区绿地学生作品（1.1）

图 8.11　居住区绿地学生作品（1.2）

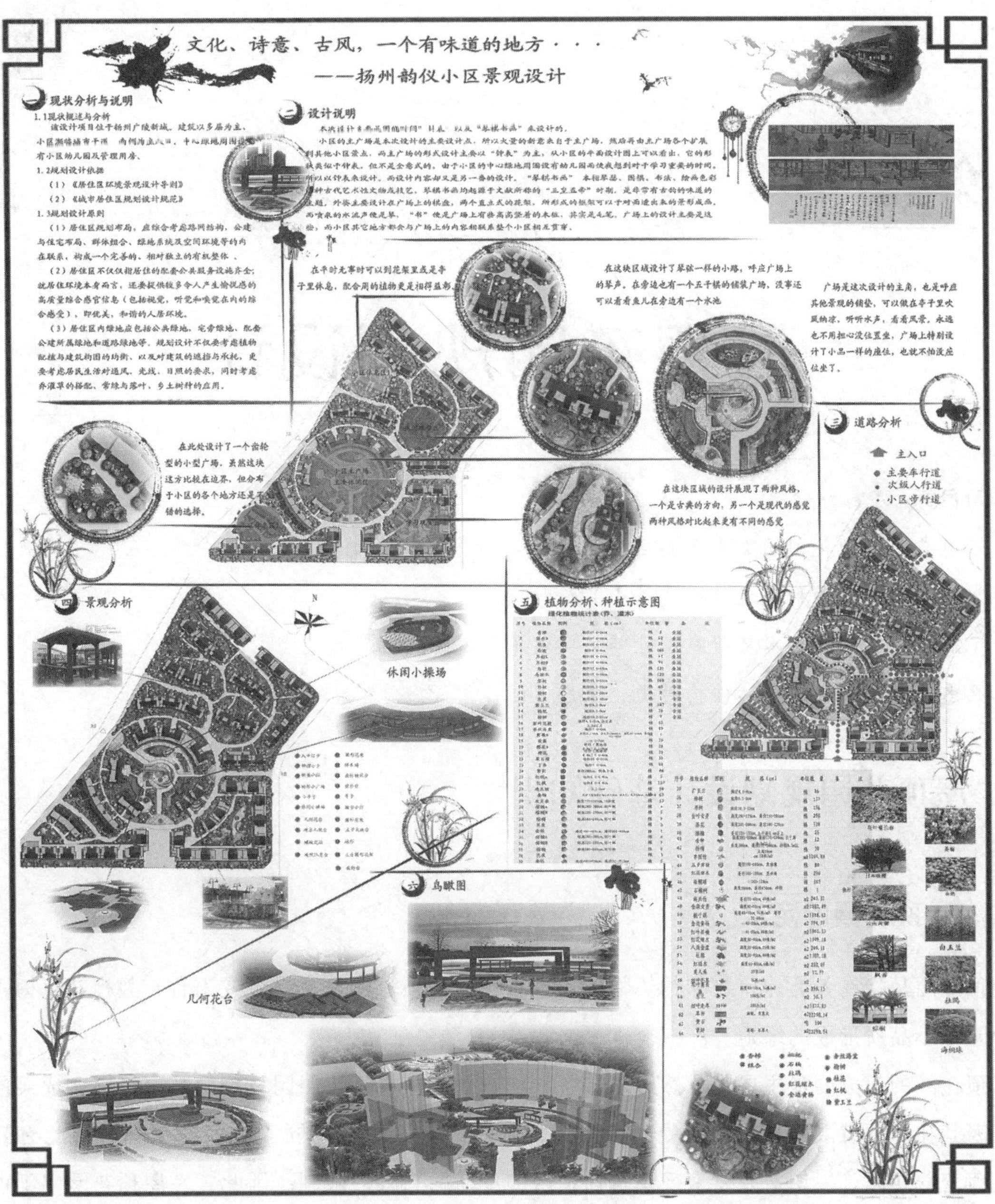

图 8.12 居住区绿地学生作品（2）

第9章

屋顶花园规划设计

学习目标

- 了解常见屋顶花园的类型及其主要园林功能和作用。
- 掌握屋顶花园的种植设计及建筑小品设计。
- 了解屋顶花园的防水及荷载设计等关键技术问题。
- 熟悉屋顶花园常用园林植物种类、生态习性。

9.1 屋顶花园规划设计基础知识

9.1.1 屋顶花园的定义

屋顶花园是指在各类建筑物和构筑物的顶部（包括屋顶、楼顶、露台或阳台）栽植花草树木，建造各种园林小品所形成的绿地。

屋顶花园的组成要素主要是自然山水，各种建筑物和植物，按照园林美的基本法则构成美丽的景观。但因其在屋顶有限面积内造园受到特殊条件的制约，不完全等同于地面的园林，因此有其特殊性。屋顶营造花园，一切造园要素受建筑物顶层的负荷的有限性限制。因此，在屋顶花园中不可设置大规模的自然山水、石材。设置小巧的山石，要考虑建筑屋顶承重范围。在地形处理上以平地处理为主。水池一般为浅水池，可用喷泉来丰富水景。

9.1.2 屋顶花园的产生与发展

屋顶花园已有2000年以上的历史。屋顶花园可以追溯到距今近4000年以前。早在公元前2000年左右，在古代幼发拉底河下游地区（即现在的伊拉克）的古代苏美尔人最古老的名城之一——乌尔城，曾建造了雄伟的亚述古庙塔（图9.1），或称“大庙塔”，此塔被后人称为屋顶花园的始祖。

新巴比伦“空中花园（Hanging Garden）”建于公元前6世纪，遗址在现伊拉克巴格达城的郊区，它被认为是世界七大奇迹之一，是新巴比伦国王尼布甲尼撒（公元前604～前562年），因他的妻子谢米拉密得出生于伊朗，习惯于山林生活，而下令建造的。有的文献还认为此园为金字塔型多层露

图 9.1 亚述古庙塔

台，在露台四周种植花木，整体外观恰似悬空，故称“Hanging Garden”（悬空园）（图 9.2 和图 9.3）。

图 9.2 新巴比伦“空中花园”

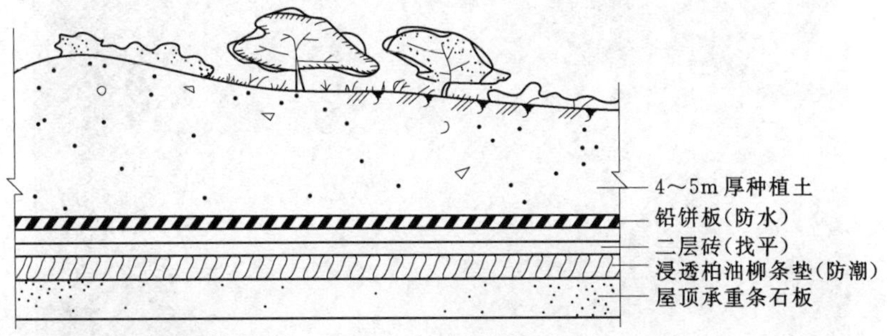

图 9.3 空中花园结构示意图

我国古代建筑材料一般为全木结构，且多为尖形屋顶，在承重和保水上都不利于屋顶花园的营造，因而尚未发现有关这方面的资料，但在我国长城上曾栽植过树木，如在上海关上种有成排的松树，嘉峪关长城上种过其他树木，这可能是我国最早的类似于屋顶花园的记载了。

中世纪和意大利文艺复兴时期的屋顶花园。法国的圣米歇尔山（Mont Saint Michel）（图 9.4）。这一圆锥形的花岗岩建筑位于法国圣玛洛河谷的本会修道院，它的历史可以追溯到 13 世纪。当时为配合基督教会的需要，回廊四面封闭，中间开敞。修道院的建设者建造了屋顶花园。

图 9.4　法国圣米歇尔山

19 世纪末，卡尔·拉比茨（Karl Rabbitz）在柏林修建了一个玻璃屋顶花园（图 9.5）。柏林冬季寒冷，常年多雨，玻璃屋顶不适合这种气候，为了解决这个问题，建筑师卡尔·拉比茨采用了自己的专利——硫化橡胶。这种施工技术被认为是建筑屋顶防水的突破，并于 1867 年在巴黎世界博览会进行了展出。

图 9.5　德国拉比茨屋顶花园

19世纪初，美国主要城市的屋顶花园其夏季娱乐功能十分普遍。1893年开始了真正的屋顶剧场的应用。纽约的冬季花园和麦迪逊广场就是其中的代表。这一时期的屋顶花园开始向公众游憩、盈利性方向转化，因此，屋顶剧场、高级宾馆的屋顶花园逐渐兴起。随着第二次世界大战的开始，屋顶花园逐渐被人淡忘。至20世纪50年代末到60年代初，一些公共或私人的屋顶花园才开始建设。许多精美宽敞的屋顶花园被建成，这一时期的代表有凯厦中心（Kaiser Center）、奥克兰博物馆屋顶花园（Oakland Museum）（图9.6）、圣玛丽广场（Saunt Mary's Square）、朴次茅斯广场（Portsmouth Square）等。

图9.6 奥克兰博物馆屋顶花园

近几十年来，德国、日本对屋顶绿化及其相关技术有了较深入的研究，并形成了一整套完善的技术，是世界上屋顶绿化技术水平发展较快的国家。

我国自20世纪60年代才开始研究屋顶花园和屋顶绿化技术。开展最早的是四川省，60年代初，成都、重庆等一些城市的工厂车间、办公楼、仓库等建筑，利用平屋顶的空地开展农副生产，种植瓜果、蔬菜。20世纪70年代，广州东方宾馆在第十层屋顶上建造了我国第一个精巧别致、具有中国古典园林特色的屋顶花园（图9.7），其面积约为900m^2，在园内布置水池、湖石等园林小品，具有岭南园林的风格。它是我国建造最早，并按统一规划设计，与建筑物同步建成的屋顶花园。1983年，北京修建了五星级宾馆——长城饭店。在饭店主楼西侧低层屋顶上，建起我国北方第一座大型露天屋顶花园。近10年来，屋顶花园在一些经济发达城市发展很快。

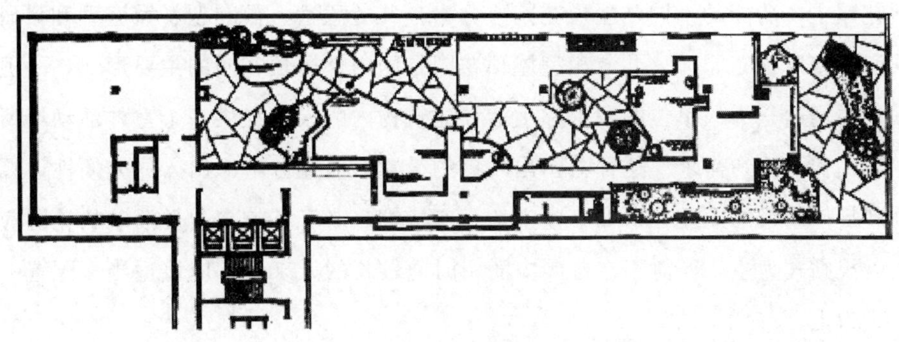
图9.7 广州东方宾馆屋顶花园平面图

随着世界城市化的加速，城市建成区中绿地面积不足的现象日益明显，建设屋顶花园，提高城市的绿化覆盖率，改善城市生态环境，已越来越受到重视。从1999年开始，日本政府决定对修建楼顶花园的业主提供低息贷款；东京城市建设管理部门规定：兴建大型建筑必须有一定比例的绿地面积，楼顶花园可以作为绿化面积使用。北京市出台的《北京市城市环境建设规划》明确要求，北京市高层建筑中30%的层顶和低层建筑中60%的层顶要进行绿化。上海准备将屋顶绿化纳入《上海绿化管理条例》，新的住宅和商务楼，将在规划之初就要做出屋顶绿化设计。

9.1.3 屋顶花园的优势

屋顶花园的优势很多，主要体现在以下 4 点。

(1) 改善生态环境，增加城市绿化面积。当今的城市越发达，其建筑密度就越大，其相对的绿地所占比例也随之变小，在我国发达的城市人口密度大，其相对的绿地所占比例也随之变小，在我国发达的城市人口密度大，人均绿地面积少，北京人均绿地面积与发达国家相比相差甚远。

(2) 美化环境，调节心理。屋顶花园与城市其他园林绿地一样对人们的生活环境赋予绿色的情趣享受，它对人们心理所产生的作用比其他物质享受更为重要。屋顶花园可以使生活或工作在高层建筑的人们能够俯视到更多的绿色景观，观赏优美的环境。

(3) 改善室内环境，调节室内温度。居住在顶层的人们，都会感到室内温度在夏季明显比非顶层的要高出至少 2～3℃，而建造了屋顶花园后，其室内温度与其他楼层的温度基本相同，从这一点看，屋顶花园对调节顶层的温室是十分有效的。

(4) 提高楼体本身的防水作用。屋顶防水技术在楼体建筑中十分重要，虽然现代科学技术发展十分迅速，楼顶防水材料也不断出新，但能够经受住时间考验、彻底解决漏水问题的防水材料却比较少，这主要因为顶层的防水材料通常设置在隔热层之上，夏季阳光曝晒，冬季冰箱侵蚀，温度的变化使其经常处于热胀冷缩的状态，数年之后极易出现破裂，造成顶层漏水。屋顶花园营造过程中，增加了新的表面保护层——土壤和植物，这样使防水层处于保护层之内，延长了防水材料的使用寿命。

9.1.4 屋顶花园的分类

1. 按主要功能分类

按照屋顶花园主要功能的不同，屋顶花园可分为公共游憩型、盈利型、家庭型和科研型 4 种。

(1) 公共游憩型屋顶花园。公共游憩型屋顶花园是国内外屋顶花园的主要形式，一般属于专用绿地的范畴，其主要用途是为该单位的职工和生活在建筑物内的人们提供一个室外活动场所，是生活和工作在高层空间人们的迫切需求。这种花园出入口的设置，应充分考虑出入的方便性，园内的各种设施应能够充分满足使用者的需要，诸如一些空地、座椅等。对于有较多人员活动的花园应有足够的场地，种植形式以规则式为主，而对于在花园内滞留时间较长的人来说，应该适当多配置一些座椅，植物种植以自然式为主。

(2) 盈利型屋顶花园。盈利型屋顶花园大多建设在宾馆、饭店、酒店等场所内部的屋顶花园，其建园的目的是为吸引更多的客人，为顾客增设娱乐、休闲环境，往往具有设备负责、功能多、投资大、档次高等特点。比如北京长城饭店的屋顶花园、东方宾馆的屋顶花园、上海华亭宾馆屋顶花园等，这类花园面积一般在一至数千平方米。

(3) 家庭型屋顶花园。此类屋顶花园多见于阶梯式住宅和别墅式住所，主要用于房屋主人及其来宾的休息、娱乐，通常以养花种草为主，一般不设园林小品（图 9.8）。

(4) 科研型屋顶花园。这类花园主要是指一些科研单位为进行植物的研究试验所营造的屋顶试验地，主要用于科研、生产，以园艺、园林植物的栽培繁殖试验为主。

图 9.8 家庭型屋顶花园

2. 按营造的位置分类

按屋顶花园营造的位置不同，可以分为低层建筑上的屋顶花园和高层建筑上的屋顶花园。

（1）低层建筑上的屋顶花园。这种花园一般建在一层至几层楼房的屋顶，其距地面高度相对较低，从高层建筑上俯视花园效果最好，这种类型的屋顶花园有两种形式。一种是在建筑本身的顶层，人们必须经过楼体的顶层进入园内，形成一种独立式花园，出入口在楼体的顶部，例如奥地利艺术家佛里德里希·百水设计的螺旋森林（Waldspirale）公寓的盘旋屋顶花园（图 9.9）。另一种是建在阶梯形建筑的某一层的顶部，花园的一侧或两侧仍有其他建筑相连，出入口位于花园的一侧，可以从楼层的侧门进入。因此，这种花园既可以从高处俯视观赏，又可以直接从出入口进入花园内观赏，例如全国政协办公楼屋顶花园（图 9.10）属此类型。

图 9.9 螺旋森林公寓

图 9.10 全国政协办公楼屋顶花园

（2）高层建筑屋顶花园。在高层建筑上营造的花园，一般楼层越高其花园面积越小，花园内的环境条件也与地面差异也越大，特别是在风力和温湿上表现更为突出。这种花园服务对象相对也较少，我国高等法院的屋顶花园属于此类型（图 9.11）。

图 9.11　最高法院屋顶花园

3. 按其周边的开敞程度分类

（1）开敞式屋顶花园。这种花园一般在独立建筑的顶层，其视野开阔，人在园中可欣赏周边的风光。它通风条件良好，光线充足，对植物生长十分有利，但由于周边没有其他建筑遮挡，因此风力较大，土壤易干燥，因此及时补充水分是屋顶花园养护管理中十分重要的一环。兰州园林局屋顶花园属此类型（图 9.12）。

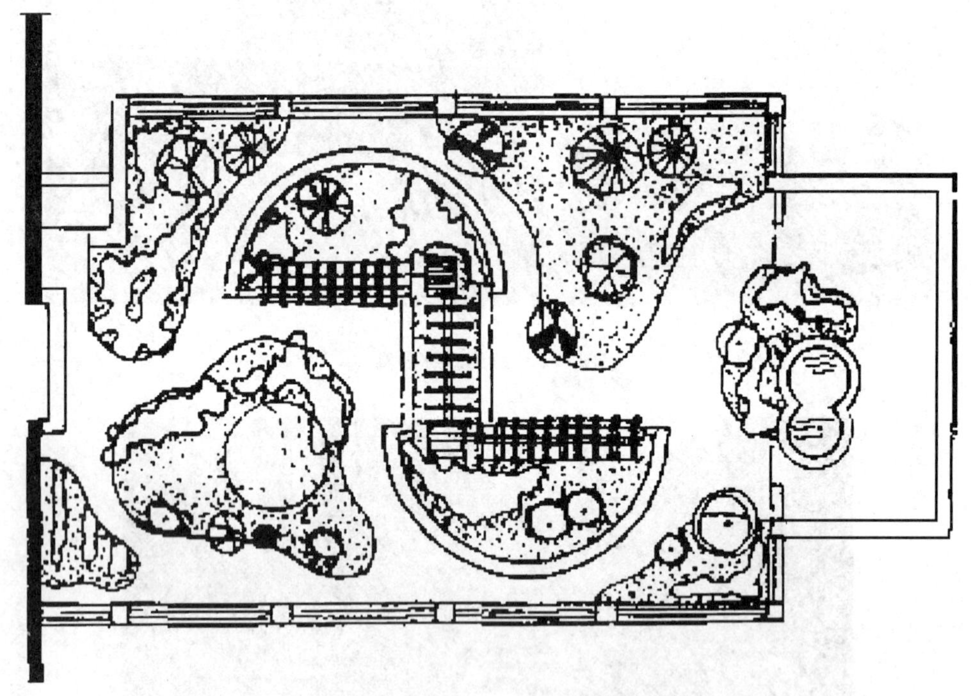

图 9.12　兰州园林局屋顶花园

（2）半开敞式屋顶花园。这种花园只有两侧或一侧可以通视，由于周边有其他建筑遮挡，有时光照条件相对较差，有时一天只有一个或几个小时的光照，因此在选择植物种类时要特别注意，另外，由于有一面、二面或三面的遮挡，相对花园内的风力减小，因此这对植物的生长是十分有利的，特别是在背风处，可以种植一些抗风能力弱的乔木或灌木，这种特殊的环境为花园的营造创造了十分有利的条件。北京长安街沿线的屋顶花园属此类型（图 9.13）。

图 9.13 北京长安街沿线屋顶花园

（3）封闭式屋顶花园。此类屋顶花园位于被周边高大建筑包围的低矮顶层，形成一种“天井式”的结构。位于花园中的人们其视线被周围的建筑挡住，空间闭锁，周边建筑会对园内的光照条件和空气流通产生很大影响，在建园时必须充分考虑这一问题。因此，这类屋顶花园不宜把周围建筑建得过高，否则不但会影响植物的生长，也会使人们在花园内有一种“坐井观天”的压抑感。

9.1.5 屋顶绿化分类

9.1.5.1 按绿化布置形式的不同来分

屋顶花园必须以足够的绿地面积作保证，绿色植物在园内的种植方式是不同的，通常有以下几种形式。

1. 规则式屋顶花园

由于屋顶的形状多为几何形，且面积相对较小，为了使屋顶花园的布局形式与场地取得协调，通常采用规则式布局，特别是种植池多为几何形，以矩形、正方形、正六边形、圆形等为主，有时也做适当变换或为几种形状的组合。

（1）周边规则式。在花园中植物主要种植在周边，形成绿色边框，此种种植形式给人以整齐之美（图 9.14）。

图 9.14 周边规则式屋顶花园

（2）分散规则式。这种形式多采用几个规则式种植池分散地布置于园内，而种植池内的植物可为草木、灌木或草本与乔木的组合，这种种植方式形成一种类似花坛式的块状绿地。北京京伦饭店的屋顶绿化就采用了这种形式，花团锦簇，绿色盎然，增添了景观效果（图 9.15）。

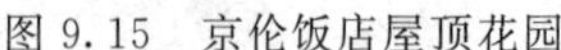

图 9.15　京伦饭店屋顶花园

图 9.16　国家体育总局屋顶花园

（3）模纹图案式。此种屋顶花园的绿地一般成片栽植，绿地面积较大，在绿地内布置一些具有一定意义的图案，给人一种整齐精美的景观，特别是在低层的屋顶花园内布置，从高处俯视效果更佳（图 9.16）。

（4）苗圃式。这种布置方式主要见于我国南方一些城市，居民常把种植的果蔬、花卉等用盆栽形式，按成行成列的布局摆放于屋顶之上，此种方式一般摆放花盆的密度较大，以经济效益为主（图 9.17）。另外，加拿大温哥华费尔蒙特海滨酒店屋顶花园也属于此类型。据酒店会计透露，这个屋顶花园每年生产的水果、蔬菜、草药、蜂蜜等，总价值约达 16000 美元。

图 9.17　民居的苗圃式屋顶花园

2. 自然式屋顶花园

中国园林讲究“源于自然而高于自然”，以自然形式为主，反映自然山水以及植物群落之美。在屋顶花园规划中，以自然式布局的占有很大比例。此类屋顶花园布局要体现自然美，植物宜采用乔灌草混合配制的方式，创造出有强烈层次感的立面效果。如北京林业大学主楼通过塑造微地形，建造了一处以自然式布局为主的屋顶花园（图 9.18）。婉约的小桥，清澈的流水，曲折的河岸线，葱绿的植物及点缀于草坪上的曲径，为我们塑造了一片自然宁静的空间，为典型的自然式屋顶花园（图 9.19）。

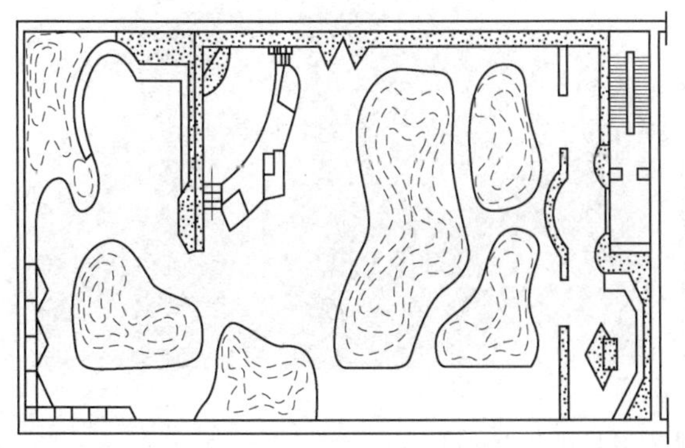

图 9.18 北京林业大学主楼屋顶花园平面图

图 9.19 自然式屋顶花园

3. 混合式屋顶花园

混合式屋顶花园具有以上两种形式的特色，主要特点是植物采用自然式种植，而种植池的形状是规则的，此种类型在屋顶花园中最为常见（图 9.20、图 9.21）。其中，图 9.21 为广州市电信局混合式屋顶花园设计形式，充分运用了苏铁、花叶榕和色彩亮丽的植物，体现了南方景观，美丽精致。

图 9.20 混合式屋顶花园

图 9.21 广州市电信局屋顶花园

9.1.5.2 按所用植物材料的种类分

1. 地毯式屋顶花园

此类型屋顶花园中，种植的植物绝大部分为草本，包括草坪和草花，因植株低矮，在屋顶形成一种类似于绿色的地毯效果。由于草本植物所需的种植土层厚度较薄，一般土层厚度为 10～20cm，它对屋顶所加的荷重较小，一般能上人的屋顶均可以承受。因此，这种形式不但绿化效果好，绿地覆盖率高，且建园的技术要求也较低，例如苏州工业园区星湾屋顶花园采用了这种屋顶绿化方式，主要采用佛甲草、垂盆草和攀爬垂吊植物相结合的组合模式，布满了整个屋顶，效果极佳（图 9.22）。

2. 花坛式屋顶花园

这种形式实际属于规则式种植中的一种常见形式，主要特点是在花园内分散布置一些规则式的种植池，植物以观花为主，同时一些观叶植物在园中也常应用，在外观上类似于地面的花坛，花卉可以随时更换，观赏价值较高，但在管理的工作量上相对较大，常用一些观叶草本植物代替草花可以延长观赏期，还可以用一些低矮的、花期较长的草本花卉种植其中，效果十分好（图 9.23）。这种形式往

图 9.22 苏州工业园区星湾屋顶花园

图 9.23 花坛式屋顶花园

往不单独在屋顶花园中出现，可与其他形式结合，丰富花园的色彩，效果更突出。

3. 花境式屋顶花园

花境在中国园林绿地中十分常见，因几乎所有的园林植物均可以作为花境的材料，选材容易，使花境的整体色彩丰富，美化效果十分突出。这种形式在屋顶花园中经常出现，园内所选用的植物种类可以是乔灌木或草本，种植的外形轮廓为规则的，植物种植形式是自然的，在屋顶花园的花园周边布置花境是最恰当不过的，一般可以以绿色植物组成的树墙为背景，在前方配以花灌木，使游人的行走路线沿花境边缘方向前进，以便游人观赏（图 9.24）。

9.1.6 规划设计原则

屋顶花园的规划设计原则如下。

（1）经济实用。合理、经济地利用城市空间环境，始终是城市规划者、建设者、管理者追求的目标。屋顶花园除满足不同的使用要求外，应以绿色植物为主，创造出多种环境氛围，以精品园林小景新颖多变的布局，达到生态效益、环境效益和经济效益的结合。

（2）安全科学。屋顶花园的载体是建筑物顶部，必须考虑建筑物本身和人员的安全，包括结构承重和屋顶防水构造的安全使用，以及屋顶四周防护栏杆的安全等。由于与大地隔开，生态环境发生了变化，要满足植物生长对光、热、水、气、养分等的需要，必须采用新技术，运用新材料。

（3）精致美观。选用花木要与比拟、寓意联系在一起，同时路径、主景、建筑小品等位置和尺度，应仔细推敲，既要与主体建筑物及周围大环境协调一致，又要有独特新颖的园林风格。图 9.25 为一处屋顶花园水体景观，将四个不同尺寸的方形和长方形的小水池高低错落布置，形成水的落差，产生跌水效果，并配以小型水生植物，创造出独特精美的园林景观。不仅在设计时，而且在施工管理和选用材料上应处处精心。此外，还应在草地、路口及高低错落地段安放各种园林专用灯具，不仅起照明作用，而且作为一种饰品增添美观和情调。

图 9.24　花境式屋顶花园

图 9.25　屋顶花园水体实景

（4）规划的系统性。规划要有系统性，克服随意性，运用园林“美学”统一规划，以植物造景为主，尽量丰富绿色植物种类，不单纯为观赏，要模拟自然，提高生态效益。选择的园林植物抗逆性、抗污性和吸污性要强，易栽易成活易管护。同时以复层配置为模式，提高叶面积指数，保证较高的环境效益。

9.2　屋顶花园建造的关键技术

屋顶花园是一种特殊的园林形式，它是以建筑物顶部平台为依托，进行蓄水、覆土并营造园林景观的一种空间绿化美化形式。因此，在屋顶花园的设计与施工中，还应解决好以下几方面的特殊技术问题。

9.2.1　建筑结构荷载的问题

建筑屋顶的承重问题，是建造屋顶花园最核心的问题，它直接关系到人们的生命和财产安全，要使屋顶花园得到快速发展，首先需要解决的是屋面荷载问题。建造屋顶花园的屋顶荷载主要有活荷载和静荷载两种。

9.2.1.1 屋顶花园活荷载

屋顶花园的活荷载主要是指修检工具设备和所上人的重量，这方面要预计到极限值的出现。活荷载较为确定，对一般的私人住宅，可按普通的上人屋面 1.5kN/m^2；对规模较大的，或有可能进行集会或小型演出的可取 2～2.5kN/m^2；对于处于城市中心主要道路两侧的建筑屋顶，如可能成为密集人群观看节日游行等则应按 2.5～3.5kN/m^2 考虑。

9.2.1.2 屋顶花园静荷载

屋顶花园静荷载包括以下几种。

(1) 植物静荷载。根据德国有关资料给出屋顶绿化上的植物平均静荷载为：地被草坪为 50N/m^2；灌木和小丛木本植物为 100N/m^2；大灌木和 1.5m 高的灌木为 200N/m^2；3m 高的灌木为 300N/m^2；其他的高大乔木则作为集中荷载考虑。

(2) 种植土静荷载。在我国 20 世纪 80 年代后建造的屋顶绿化，采用的人工种植土的密度为 780～1600kg/m^3，具体的容重配制时计算，但浇灌后湿容重增大 20%～50%。

(3) 排水层静荷载。陶粒密度为 600kg/m^3，卵石、粗砂和砾石的密度为 2000～2500kg/m^3，其它的塑料空心制品其重量较轻。

(4) 水体静荷载。屋顶绿化的小型蓄水池等静荷载，应视其水深和水池壁材料来确定，如水深 30mm，荷载 3000N/m^2，水深 50mm，荷载为 5000N/m^2。水池壁重量根据使用材料的容重推算、水池高度应换算成每平方米的荷载，其中在动水和喷泉设计的时候要考虑到动势所产生的重量。

(5) 其他静荷载。盆栽等植物荷载约 1270N/m^2，假山、置石可按实际山体的体积乘以 0.8～0.9 的孔隙系数，再按不同石质换算成每平方米的荷载。

9.2.2 防水和防止植物根系穿刺的问题

9.2.2.1 屋顶花园的防水问题

无论是原设计建造屋顶花园，或是在已建房屋的可上人屋面顶上增建屋顶花园，在建造过程中和建成后的日常使用中，均宜破坏屋顶的防水和排水系统，造成屋顶漏水。

1. 漏水原因排查

屋顶花园出现漏水的原因主要有以下几方面。

(1) 原屋顶防水层存在缺陷。结构层和防水层即使保持原有做法，但一般还要在预制空心板上卷材防水层，因此仍不可避免在女儿墙和天沟沿口等薄弱环节处出现渗漏。

(2) 建造屋顶花园时破坏了原防水层。屋顶上不建造花园尚且可能漏水，而在较容易出现漏水的屋顶防水层上进行多项园林工程施工，这就更容易造成屋顶防水层破坏而导致漏水。

(3) 屋顶花园水源较多。各种植物的浇灌用水、水池、喷泉等水体用水也极为频繁，使屋顶又增加了产生漏水的水源。

2. 处理防水问题的注意事项

处理屋顶花园防水问题应注意的事项如下。

(1) 做好防水实验和保证良好的排水系统。建造屋顶花园，必须进行二次防水处理。首先，要检查原有的防水性能，封闭出水口，然后灌水，进行96h（即4天4夜）的严格闭水试验。

(2) 重视防水层的施工质量。目前屋顶花园的防水处理方法主要有刚、柔之分，各有特点。由于蛭石栽培对屋盖有很好的养护作用，此时屋顶防水最好采用刚性防水。宜先做涂膜防水层，再做刚性防水层，其做法可参照标准设计的构造详图（图9.26）。

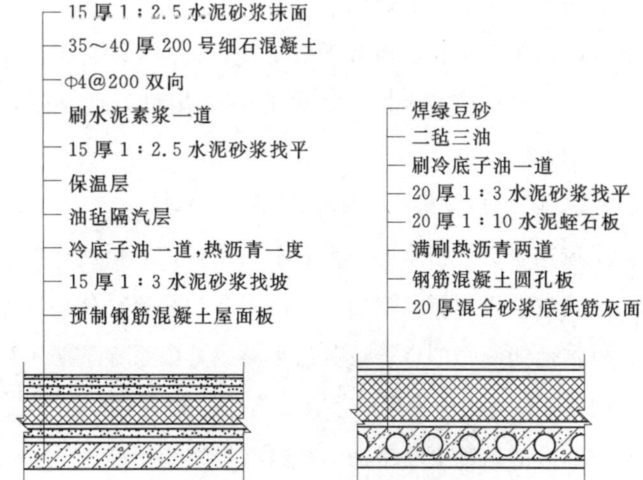

图9.26 刚性防水层和柔性防水层结构示意图

(3) 注意材料质量和节点构造。屋顶花园防水处理宜应选择高温不流淌、低温不碎裂、不宜老化、防水效果好的防水材料。刚性多层抹面水泥砂浆防水层宜采用标号不低于原325#的普通硅酸盐水泥和膨胀水泥，亦可采用矿渣硅酸盐水泥；砂采用粒径1～3mm粗砂，要求砂料坚硬、粗糙、洁净；水泥浆和水泥砂浆的配合比应根据防水要求、原材料性能和施工方法确定，施工时必须严格掌握。

3. 工程实例

针对屋面渗漏问题，目前有人提出了“生态种植屋面复合排水呼吸系统”的概念。采用先进的屋面生态防水换气导水技术，达到顺应自然的屋面防水的长期目标，其中心思想是“引导”，不与大自然相抗衡，而是通过导水、拍潮、换气和植被的生态循环，解决保温层内积水饱和问题以及内外温差气压问题，达到隔水、防水、美化环境的多重目标。下面通过某大厦屋顶花园对该系统的应用实例做详细说明（图9.27）。

图9.27 应用“生态种植屋面复合排水呼吸系统”的屋顶花园

该系统是在原有防水设计基础上发展起来的，即克服了卷材防水层的不足，又利用了种植层隔热保温的特点。其原理是客土层既是植被的培土层、排水层，又起到吸水、隔热和保护屋面找坡层或基层的作用。植被吸收室内排出的二氧化碳，呼出氧气，同时又有吸收客土层中的水分的作用。因为植被能吸收太阳辐射的热量，通过光合作用转化为生化能，从而改变能量存在的形式。此外其表面的反射热小，长波辐射小，冬季又有良好的保温性能，所以植被也具有良好的热工性能。通过排气，可将室内的潮湿水气以及浑浊空气向室外大气排放，所排出的较温暖且含二氧化碳的空气又有利于植被的生长，室外新鲜空气可同时从导管进入室内，由此促进空气流动，减缓室内外气压差，减少甚至不再形成冷凝水积聚现象。屋面滤水层滤下的雨水，通过区间找平层纵横交错的排水槽系统迅速排泄，不会在屋面形成积水，故无水向下渗漏。屋面水箱连通若干根支管，在客土层内分区布置，利用节水灌溉，在旱、夏季给植被层补充水分，有利于植被生长，植被生长又有利于夏季隔热、降低室温，如此形成一个大的生态循环系统。

9.2.2.2 防治植物根系穿刺的问题

屋顶花园绿化植物的根系若不采用阻拦的措施，会对屋顶的结构造成一定的伤害。即使是在仅有防水层或包括压制层的屋面上，由于空气的流动作用导致一些植物的种子飘落屋面上，在一定的条件下，植物也能顽强的生长。其后果导致其根系穿透防水层，甚至结构层，从而使整个屋面系统失去作用（图 9.28）。由于涂层的存在，产生了更有利于植物生长的环境。其他的某些外来植物一般都较我们预先铺设的植物更具生命力，这些植物会不断侵蚀其他植物的领地。另外，竹类植物和草类植物的根系相当发达并且穿透力较强（图 9.29 和图 9.30），对防水层及结构层的破坏力也很大。所以在建筑物的结构层上进行园林建设时，就必须引导和限制植物根系的生长。否则，植物根穿透防水层会造成防水功能失效；植物根穿透结构层而造成更为严重的结构破坏。综上所述，从经济和安全角度考虑，植物根隔离层的铺设（图 9.31）对于花园屋面的建设是不可或缺的。如果忽略植物根隔离层的设置，将造成因小失大的严重后果。

图 9.28 根系穿刺现象

图 9.29 竹类植物根系的穿透力强

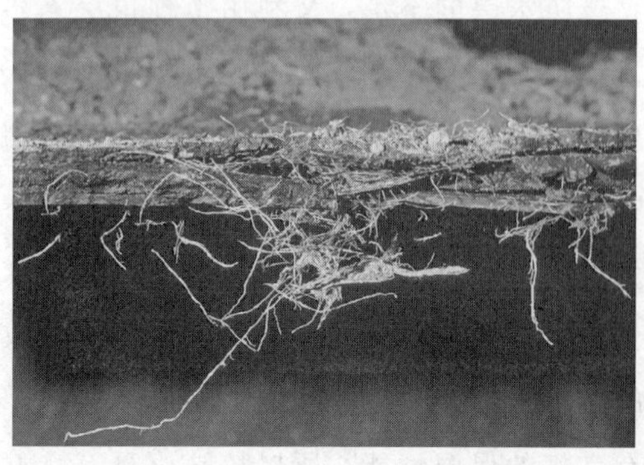

图 9.30 根系穿透没有隔根层的防水

图 9.31 铺设隔离层

9.2.3 排水问题

屋顶花园存在着大量的排水问题，除正常屋面排水量外，还有植物花池浇灌后多余灌水的排水量，喷泉水池的溢水量等都必须充分考虑。而且屋顶花园的污水会夹带大量的泥沙、植物的根叶等杂物，如出水口管径设计不合理，就会造成排水管道堵塞，屋面积水，长期使用最终导致屋面的渗漏。因此合理的解决排水问题至关重要。

9.2.4 土壤的选择

屋顶花园设计的重点是种植土。屋顶承重有限，要求所选用的种植介质应具有自重轻、不板结、保水保肥、适宜植物培育生长、施工简便和经济环保等性能。基质是种植层的重要组成部分，一般为轻量基质，可减轻楼顶荷载的负担。基质的种类主要包括改良土和人工轻量基质两种类型。

改良土是在自然土壤中加入改良材质，减轻荷重，提高基质的保水性和通气性。其配制主要由排水材（煤渣、沙土、蛭石等），轻质骨料（发酵木屑、切碎杂草、树叶糠、珍珠岩等）和肥料（腐殖土、泥炭、草木灰等）混合而成。

改良土的配制比例可根据各地现有材料的情况而定，还可以根据各类植物生长的需要配制。一般干容重在 550～900kg/m^3 之间，如果基质充分吸收水分后，其湿容重可增大 20%～50%，因此，在配制过程中应按照湿容重来考虑，尽可能降低容重，并适当添加补充肥，其比例可根据不同植物的生长发育需要而定。一般可选用种植土、草炭土、膨胀蛭石、膨胀珍珠岩、细砂和经过发酵处理的动物粪便等材料，按一定比例混合配制而成。泥炭可作为主要的栽培基质，它的容重很小，一般干重在 200～300kg/m^3，泥炭是建筑屋顶花园的理想材料。草皮在石灰岩合成基质上生长茂盛，同时也有效地防治发达根系对屋顶结构的破坏（图 9.33）。

图 9.32 铺设轻质火山岩合成基质图

图 9.33 火山岩合成基质上草皮生长情况

9.2.5 植物配置

屋顶花园植物种类宜选择姿态优美、矮小、浅根、抗风力强的花灌木、小乔木、球根花卉和多年生花卉。由于多年生木本植物根系对防水层穿透力很强，因此，应根据覆土厚度来确定种植植物品种。覆土厚 100cm 可植小乔木；厚 70cm 可植灌木；若覆土 50cm 厚，可以栽种低矮的小灌木，如蔷薇科植物、牡丹、金银藤、夹竹桃、小石榴树等；若覆土厚 30cm 左右，宜选择冬枯夏荣的一年生草本植物，如草花、药材、蔬菜等。

9.3 屋顶花园设计

9.3.1 种植区形式及设计

种植区是屋顶花园绿化工程中重要的组成部分，它占地面积大，工作量也大，种植区的构造直接影响屋顶花园的绿化效果，而且关系到绿色植物能否正常生长。种植区一般包括植被、种植土层、过滤层、渗水管、排（蓄）水层、隔根层等几个部分（图 9.34）。

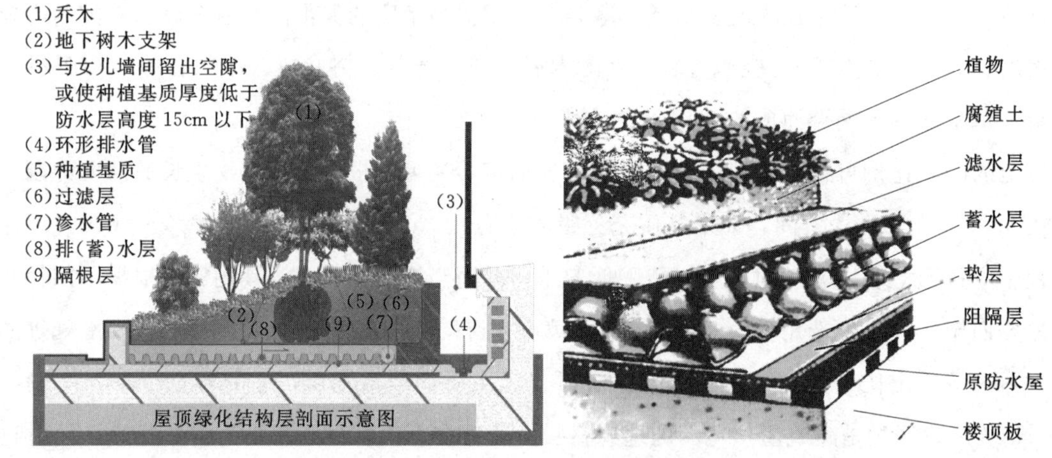

图 9.34 屋顶绿化剖面层次结构及表土覆盖层示意图

屋顶花园的主角是绿化植物，它能够制造氧气、净化空气，调节空气温度和湿度，从而创造出良好的生态环境；它散发的气体特质具有杀菌作用，对人的身心健康十分有利；同时它对建筑物还具有隔热保温、隔声减噪以及保护防水层和层盖结构等多种作用，被誉为“有生命的建筑材料”。

花灌木是建造屋顶花园的主体，应尽量实现四季花卉的搭配。如：春天的榆叶梅、春鹃、迎春花，栀子花、桃花、樱花、贴梗海棠；夏天的紫薇、夏鹃、黄桷兰、含笑、石榴；秋天的海棠、菊花、桂花；冬天的腊梅、茶花、茶梅。草本花可选配瓜叶菊、报春花、蔷薇、月季、金盏菊、一串红、一品红等。水生植物有马蹄莲、水竹、荷花、睡莲、菱角、凤眼莲等。

屋顶花园种植层的厚度，一般依据植物的种类而定。草本 15～30cm，花卉小灌木 30～45cm，大灌木 45～60cm，浅根乔木 60～90cm，深根乔木 90～150cm。上述厚度只能满足其生存和繁殖育种时期所需的最低土壤条件，所以，种植层的厚度应大于此最小值（图 9.35）。

9.3.2 园林工程与建筑小品设计

园林建筑小品体量小巧，内容丰富，功能简明，造型别致，富有情趣，选址恰当的精美建筑物，

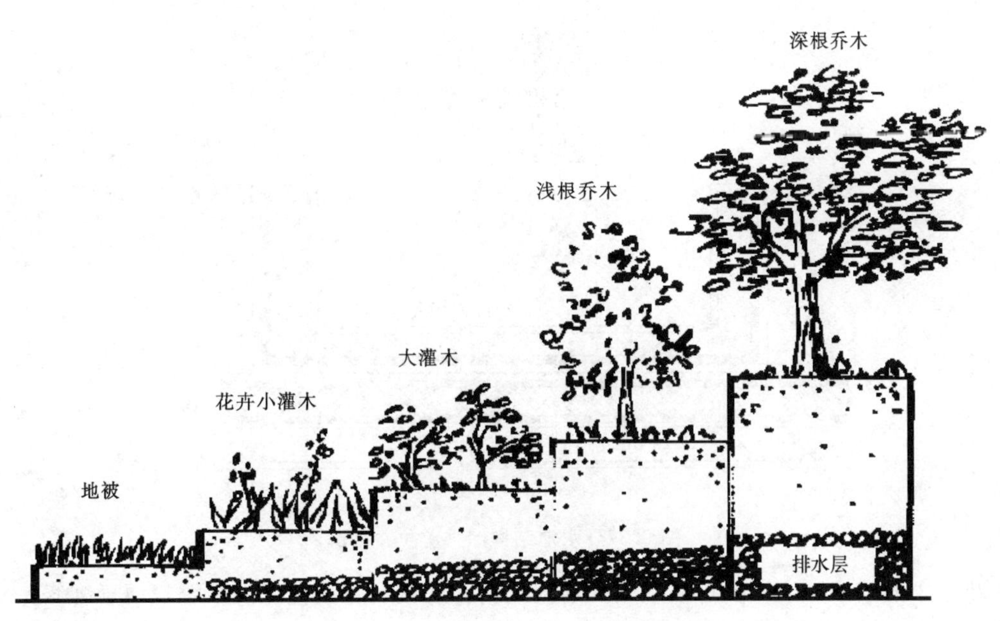

图 9.35　屋顶花园不同种植区土层厚度

在园林中起点缀环境，活跃景色，烘托气氛，加深意境的作用。而屋顶花园中的园林建筑小品由于受楼体承重和面积的影响，其类型、尺寸、选址、材料选择等方面发生了较大的变化，如图 9.36 所示。

图 9.36　建筑小品在屋顶花园中的布局效果

9.3.2.1　水景工程

1. 水池

屋顶花园的水池由于受场地和承重的影响，一般多为几何形状，水体的深度在 30～50cm，建造水池的材料一般为钢筋混凝土结构，为提高其观赏价值，在池的外壁可用各种饰面砖装饰，同时，由于水的深度较浅（30～50cm），可以用蓝色的饰面砖镶于池壁内侧和池底部，利用视觉效果来增加其深度，其做法如图 9.37 所示。

对于一些自然形状的水池，可以用一些小型毛石置于池壁处，在池中可以用盆栽的方式养植一些水生植物，例如荷花、睡莲、水葱等，增加其自然山水特色，更具有观赏价值。

2. 喷泉

喷泉在园林水景中是必不可少的一项内容，其水姿丰富，富于变化，已成为一种非常时尚的造园要素。

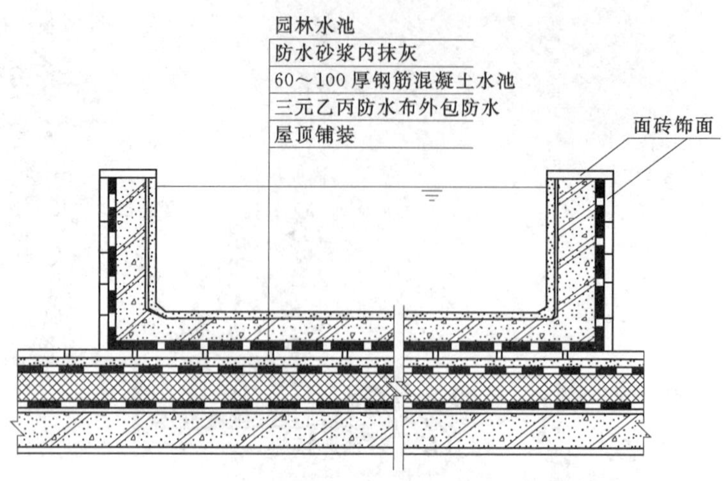

图 9.37　水池结构图（单位：mm）

屋顶花园中的喷泉一般可安排在规则的水池之内，管网布置成独立的系统，便于维修，对水的深度要求较低，特别是一些临时性喷泉的做法很适合放在屋顶花园中（图 9.38）。在科学技术发达的今天，时控喷泉、音乐喷泉等为喷泉的建造创造了十分有利的条件。

图 9.38　屋顶花园的喷泉效果

9.3.2.2　假山置石

屋顶花园置石与陆地造园的假山工程相比，有很大差别，在陆地的假山可以游览，规模可大可小，而屋顶花园上的假山受楼体承重的影响，不但体量上要变小，而且从重量上有很大限制，因此在屋顶花园上的假山一般只能观赏不能游览，所以花园内的置石假山必须注意其形态上的观赏性及位置上的选择。除了将其布置于楼体承重柱、梁之上以外，还可以利用人工塑石的方法来建造，这种方法营造的假山重量轻，外观可塑性强，观赏价值也较高，在屋顶花园中是很常见的，如上海华亭宾馆屋顶花园上的大型假山就是用这种方法建造的。对于小型的屋顶花园可以用石笋、石峰等置石，效果也是十分明显的（图 9.39）。

9.3.2.3　屋顶花园的园路铺装

屋顶花园的铺装和地面花园铺装所起的作用几乎相同，但屋顶花园又有其特殊性。一方面，屋顶花园常能被更高层的人们所看见，因此屋顶花园的铺装应考虑外观的可视性；另一方面，屋顶上缺少大树，因此在屋顶上很少有能为人们提供遮阴的地方。

园路应有较好的装饰性并且与周围的建筑、植物、小品等相协调，路面所选用的材料应具有柔和的光线色彩，具有良好的防滑性，常用的材料有水泥砖、彩色水泥砖、大理石、花岗岩等，有的地方还可用卵石拼成一定的图案（图 9.40）。

9.3.2.4　园亭

园亭为丰富屋顶花园的景观效果，提高其使用功能，在园内建造少量小型的亭廊建筑是十分适

图 9.39 屋顶花园观赏石的点缀效果

宜的。

图 9.40 屋顶花园的园路铺装实景

亭的设计要与周围环境相协调，在造型上能够形成独立的构图中心。在构造上应简单，也可采用中国传统建筑的风格，这样可以使其与现代建筑形成明显的对比，突出其观赏价值。例如北京长城饭店的屋顶花园上的四方攒顶琉璃瓦亭就别具一格。

9.3.2.5 花架

花架属于我国园林中特有的、最简单的建筑，也是最接近于自然的一种建筑，屋顶花园内没置造型独特的花架，不但可以丰富花园的立面效果，还可以为游人提供乘凉的好去处，特别是在开放式花园中，当夏季园内光照强烈时，在用绿色植物形成的棚架下休息无疑是最好的享受了。

9.3.3 植物选择

1. 草坪

草坪品种可以达到数百种，常用的有 20～30 种。目前，屋顶绿化的无土草坪已经有多家公司在培植生产，技术的专利所在就是基质的配方和草坪草的选择。基于气候的原因，华南可以选用细叶结缕草（又称天鹅绒草、台湾草）、沟叶结缕草；在华北地区可以选择结缕草、野牛草、狗牙根、普通早熟禾等。

2. 地被植物

匍匐性观叶为主的地被植物一般具有肉质的枝叶，适合无性繁殖。与草坪草一起，广泛运用于简式屋顶绿化中，在屋顶花园的造景中也不可或缺。尤其是多种景天科植物，具有红、黄、紫、蓝的绿色以外的色彩，并且管理粗放、节水，适合北方的屋顶绿化。不同地域的气候条件下，能够在屋顶成活并生长良好的景天科植物种类及数量各不相同。目前在屋顶绿化用的景天科植物中，以佛甲草最为著名，如图 9.41 所示，为佛甲草应用于屋顶花园的生长状况。

图 9.41　佛甲草在屋顶花园的生长状况

3. 观花的宿根植物

宿根花卉是指地下器官形态未变态成球状或者块状的多年生草本观赏植物。原产温带的宿根花卉在冬季有休眠的习性，到春季天气转暖时，地下部分着生的芽或者根蘖再萌发生长、开花，比如芍药、鸢尾等。

宿根花卉一次栽种后生长年限较长，植株会在原地不断扩大生长面积。因此，在栽培中要预计种植年限，并且其根系比一二年生花卉发达，在屋顶上需要种植基质有一定的厚度和充足的营养，才能保证开花的效果。常见的植物种类有百里香、常夏石竹、蓍草、紫苑、丛生福禄考、鸢尾属植物、芍药等。

本 章 小 结

屋顶花园是加快城市绿化发展，促进城市环境保护的重要途径。我国的屋顶花园建设正处在新兴起步阶段，屋顶花园的建设是涉及到建筑设计、结构设计、给排水设计、电器照明设计、园林设计、园林种植、园林养护等多专业的工程。因而我们只有将各个专业密切配合，共同努力，科学、合理、规范城市屋顶花园建设，才能达到提高城镇园林绿化质量，改善居住环境，美化家园，造福人家的最终目标。

练 习 与 思 考 题

1. 什么是屋顶花园？屋顶花园建造有哪些特征和功能？
2. 分析屋顶花园的环境特点，总结屋顶花园在建造过程中应注意的问题？
3. 屋顶花园对植物的选择有哪些方面的要求？
4. 在屋顶花园的园林工程建造过程中，应注意哪些问题？
5. 屋顶花园的规划布局与地面上的花园布局有什么不同？

实 训 操 作 题

实训项目六　屋 顶 花 园 设 计

1. 实训目的

通过本次实训，使学生了解屋顶花园的设计方法和特征；了解各种园林要素（花架、亭、廊、水体、假山等）在屋顶花园中的作用；了解园林建筑尺寸和材料种类及其位置安排。

2. 实训要求

屋顶绿化要因地制宜，巧妙地运用主体建筑的屋顶、阳台、女儿墙等开辟绿地，灵活运用不同造景手法，创造出不同使用功能和性质的屋顶花园环境。

3. 实训内容

建筑屋顶的结构分析、屋顶的排水分析、建筑本身的风格和使用人群的分析、植物的调查研究、屋顶花园的方案设计。

4. 实训工具

2号图板、图纸、丁字尺、三角板、铅笔、橡皮等绘图工具

5. 实训方法与步骤

（1）现场勘查。选择当地具有代表性的屋顶花园，进行实地参观考察及相应测量。

（2）现状分析。分析内容主要包括：屋顶花园的布局方法和种植类型，采用何种造景方法；选择了哪些植物种类，采用的种植方法，如何体现四季景观；园路铺装是如何布局的，铺装材料和色彩是如何设置的等。

（3）构思。

（4）绘制草图。

（5）完成正图。

6. 实训成果

（1）实习报告1份，包括：屋顶花园的设计方法和参观内容、收获、体会。

（2）绘制屋顶花园设计方案图1张。

（3）屋顶绿化结构施工图1张。

（4）屋顶花园节点效果图2张。

第10章

城市广场绿地规划设计

学习目标

- 了解城市广场的功能、城市广场的景观组成。
- 理解城市广场空间设计的原则与方法。
- 熟悉城市广场的概念及类型。
- 掌握城市广场园林绿化设计的原则与要点。
- 能够进行各类型广场绿地的规划设计。

10.1 城市广场规划设计基础知识

城市广场作为城市的“客厅”和“起居室”，是城市空间的重要组成要素之一。伴随着现代城市建设的飞速发展，城市广场已成为一个包容市民休闲活动、承载城市文脉的重要场所之一。随着人们生活水平的提高，城市建设规模的不断扩大，人们对生活方式、城市形态和生存空间有了越来越高的要求。城市广场作为当前城市物质文明与精神文明建设的热点，在城市空间中扮演着越来越重要的角色。

10.1.1 城市广场的概念

自古以来，人们对广场定义众说不一。凯文·林奇（Kevin Lynch）认为“广场位于一些高度城市化区域的中心部位，被有意识地作为活动焦点。通常情况下，广场地面经过铺装，被高密度的构筑物围合，有街道环绕或与其相通。它应具有可以吸引人群和便于聚会的要素。”

约翰·布林克霍夫·杰克逊（Jeckson，John Brinckerhoff）认为“广场是将人群吸引到一起进行静态休闲活动的城市空间形式”。美国克莱尔·库珀·马库斯（Clair Cooper Marcus）与卡罗琳·佛朗西斯（Carolyn Francis）编著的《人性场所——城市开放空间设计原则》一书中指出：“广场是一个主要为硬质铺装的汽车不得进入的户外公共空间。其主要功能是漫步、闲坐、用餐或观察周围世界。与人行道不同的是，它是一处具有自我领域的空间，而不是一个用于路过的空间。当然可能会有树木、花草和地被植物的存在，但占主导地位的是硬质地面；如果草地和绿化区域超过硬质地面的数量，我们将这样的空间称为公园，而不是广场。”而《中国大百科全书》中认为城市广场是“城市中由建筑物、道路或绿化地带围绕而成的开敞空间，是城市公众社会生活的中心，又是集中反映城市历史文化和艺术面貌的建筑空间。”

由此可以看出，城市广场的概念要广义得多，大到形成一个城市的中心或一个公园，小到一块空地或一片绿地，是城市公共空间的一种重要空间形式，它占据着一定的时间和空间，是人文景观和物质景观的结合体；是城市中环境宜人、适合大众的公共开放空间，体现并继承和发展历史文脉。它对城市有典型意义，是城市风貌、个性的体现，并顺应市民的需求，为市民提供了室外活动和公共社交的场所。

10.1.2 城市广场的类型

现代城市广场类型的划分，通常是按照广场的功能性质、材料构成、尺度关系、空间形态、平面组合和剖面形式等方面进行划分，其中最为常用的是根据广场功能性质进行划分。

1. 市政广场

市政广场一般位于城市中心位置，通常是城市行政区中心、市政府、老行政区中心和旧行政厅所在地。它往往布置在城市主轴线上，成为一个城市的象征。在市政广场上，常有表现该城市特点或代表该城市形象的重要建筑物或大型雕塑等。如北京天安门广场上的人民英雄纪念碑（图 10.1）。

图 10.1 天安门广场人民英雄纪

图 10.2 天安门广场大型主题花坛

市政广场应具有良好的可达性和流通性，汽车流量较大。为了合理有效地解决好人流、车流问题，有时会有针对性地安排交通方式，如地面层安排步行区，地下安排车行道、停车场等，达到人车分流的目的。

市政广场一般面积较大，为了让大量的人群在广场上有自由活动、节日庆典的空间，一般多以硬质材料铺装为主。如北京天安门广场在 2008 年奥运会期间布置了大型的主题花坛来营造奥运氛围（图 10.2）。也有以软质材料绿化为主的，如美国华盛顿市中心广场，其整个广场如同一个大型公园，配以坐凳等小品，把人引入绿化环境中去休闲、游赏。

市政广场布局形式一般采用规则式，甚至是中轴对称的。标志性建筑物常位于轴线上，其他建筑及小品对称或对应布局，广场中一般不安排娱乐性、商业性很强的设施和建筑，以加强广场稳重严整的气氛。如澳大利亚墨尔本市政广场（图 10.3）。

图 10.3　澳大利亚墨尔本市政广场

2. 纪念广场

城市纪念广场题材非常广泛，涉及面很广，可以是纪念人物，也可以是纪念事件。通常广场中心或轴线以纪念雕塑、纪念碑、纪念建筑或其他形式纪念物为标志，主体标志物应位于整个广场构图的中心位置。纪念广场有时也与政治广场、集会广场合并设置为一体。

纪念广场的大小没有严格限制，只要能达到纪念效果即可。因为通常要容纳众人举行缅怀纪念活动，所以应考虑广场中具有相对完整的硬质铺装地，而且与主要纪念标志物（或纪念对象）保持良好的视线或轴线关系。如扬州烈士陵园中的烈士纪念广场（图 10.4）。

图 10.4　扬州烈士陵园纪念广场

纪念广场的选址应远离娱乐区、商业区等，严禁交通车辆在广场内穿越，以免对广场造成干扰，并注意突出严肃深刻的文化内涵和纪念主题。宁静和谐的环境气氛会使广场的纪念效果大大增强。由于纪念广场一般保存时间很长，所以纪念广场的选址和设计都应紧密结合城市总体规划统一考虑。

3. 交通广场

交通广场主要目的是有效地组织城市交通，包括人流、车流等，是城市交通体系中的有机组成部分。它是连接交通的枢纽，起交通集散、联系过渡及停车的作用。通常分两类：一类是城市内外交通会合处。主要起交通转换作用，如火车站、长途汽车站前广场（即站前交通广场）。另一类是城市干道交叉口处交通广场（即环岛交通广场）。站前交通广场是城市对外交通或者是城市区域间的交通转换地，设计时广场的规模与转换交通量有关，包括机动车、非机动车、人流量等，广场要有足够的行车面积、停车面积和行人场地。对外交通的站前交通广场往往是一个城市的入口，其位置一般比较重要，很可能是一个城市或城市区域的轴线端点。广场的空间形态应尽量与周围环境相协调，体现城市风貌，使过往旅客使用舒适，印象深刻。

环岛交通广场地处道路交汇处，尤其是四条以上的道路交汇处，以圆形居多，三条道路交汇处常常呈三角形（顶端圆角）。环岛交通广场的位置重要，通常处于城市的轴线上，是城市景观、城市风貌的重要组成部分，形成城市道路的对景。一般以绿化为主，应有利于交通组织和司乘人员的动态观察，同时广场往往还设有城市标志性建筑或小品（喷泉、雕塑等）。如2010年上海世界博览会期间，通往世博园的主干道上的环岛交通广场就具有很强的标志性小品（图10.5）。

图10.5　上海世博园主干道交通广场

4. 休闲广场

在现代社会中，休闲广场已成为广大市民最喜爱的户外活动空间之一。它是供市民休息、娱乐、游玩、交流等活动的重要场所，位置常常选择在人口较密集的地方，以方便市民使用为目的，如街道旁、市中心区、商业区甚至居住区内。休闲广场的布局不像市政广场和纪念性广场那样严肃，往往灵活多变，空间多样自由，但一般与环境结合很紧密。广场的规模可大可小，没有具体的规定，主要根据现状环境来考虑。

休闲广场以让人轻松愉快为目的，因此广场尺度、空间形态、环境小品、绿化、休闲设施等都应符合人的行为规律和人体尺度要求。就广场整体主题而言是不确定的，甚至没有明确的中心主题，而每个小空间环境的功能是明确的，每个小空间的联系是方便的。总之，以舒适方便为目的，让人乐在其中。如南宁市朝阳公园的市民休闲广场（图10.6）。

图 10.6 南宁朝阳公园市民休闲广场

5. 文化广场

文化广场是为了展示城市深厚的文化积淀和悠久历史，经过深入挖掘整理，从而以多种形式在广场上集中地表现出来。因此文化广场应有明确的主题，与休闲广场无需主题正好相反，文化广场可以说是城市的室外文化展览馆，一个好的文化广场应让人们在休闲中了解该城市的文化渊源，从而达到激发人们热爱城市、努力奋进的目的。如扬州市来鹤台文化广场就是一个典型的例子（图 10.7）。

图 10.7 扬州市来鹤台广场

古代扬州有“鹤城”之称，扬州的鹤文化传奇与商业文明联系最密切，流传最悠久，最脍炙人口，最富传奇色彩的资源是“腰缠十万贯，骑鹤上扬州”。广场的主要景点为东南隅的台、桥、水景、山景。台——来鹤台，此命名与广场名称相同，以具有古典意象的现代台式景观建筑，表现“来鹤台广场”的命名渊源于明清时期扬州休园中的“来鹤台”。桥——拂云桥，取《黄鹤诗》：“拂云游四海”之句，以仙鹤的高飞远翔，寄喻“来鹤台广场”的事业志存高远，情接四海。水——弄影池，取《舞鹤赋》：“叠霜毛而弄影”之句，以仙鹤的高贵姿态，寄喻“来鹤台广场”独特不凡的形象。山——玉山，取《舞鹤诗》：“忽闻瑶琴奏，遂舞玉山岑”之句，以仙鹤高洁的居所，寄喻“来鹤台广场”优美的休闲、观光环境与超值、领先的置业条件。

“来鹤台”概念的现代对接与转换，来鹤台广场所包含的祝愿扬州经济与文化发展繁荣的意蕴正是现代扬州人民的时代宏愿。她是对古代扬州特有的商业文化精神的传承与提炼。她是一个古老的传奇，而现代扬州人民将要把她转变为现实。它可以激励扬州人民再次为自己的历史而骄傲，再次体会到盛世的繁华与富庶，再次发现自己的聪明才智，信心百倍地进入创新的时代。

文化广场的选址没有固定模式，一般选择在交通比较方便、人口相对稠密的地段，也可考虑与集中公共绿地相结合，或者结合旧城改造进行选址。其规划设计不像纪念广场那样规整，不一定需要有明显的中轴线，可根据场地环境、表现内容和城市布局等因素进行灵活规划。

6. 古迹广场

古迹广场是结合城市的遗存古迹保护和利用而设的城市广场、生动地代表了一个城市的古老文明程度。可根据古迹的体量高矮，结合城市改造和城市规划要求来确定其面积大小。古迹广场是呈现古迹的舞台，所以其规划设计应从古迹出发组织景观。如果古迹是一座古建筑，如古城楼、古城门等，则应在有效地组织人车交通的同时，让人在广场停留时能多角度地欣赏古建筑，登上古建筑又能很好地俯视广场全景和城市景观，如西安的大雁塔广场。

大雁塔始建于589年，是西安的标志性建筑之一，唐代高僧玄奘曾在此译经。大雁塔广场整体设计凸显大雁塔慈恩寺及大唐文化精神，并注重人性化设计。西安大雁塔广场以大雁塔为中心，占地近1000亩，包括北广场、南广场、雁塔东苑、雁塔西苑、雁塔南苑和慈恩寺（图10.8）。

图10.8 西安市大雁塔广场

7. 宗教广场

我国是一个宗教信仰自由的国家，许多城市中还保留着宗教建筑群。一般宗教建筑群内都设有适合该教活动和表现该教教义的主题广场。而在宗教建筑群外部，尤其是入口处一般都设置了供信徒和游客集散、交流、休息的广场空间，同时也是城市开放空间的一个组合部分。其规划设计首先应结合城市景观环境整体布局，不应喧宾夺主、重点宗教广场设计应该以满足宗教活动为主，尤其要表现出宗教文化氛围和宗教建筑美，通常有明显的轴线关系，景物也是对称或对应布局，广场的小品以与宗教相关的饰物为主。如澳大利亚墨尔本的圣保罗教堂（图10.9）。教堂在墨尔本市中心，是一个位于

图 10.9 墨尔本圣保罗教堂

弗林德斯街（Flinders）和斯旺斯顿街（Swanston）交汇处的英国圣公会大教堂。教堂建于1891年，它是墨尔本最早的英国式教堂，也是墨尔本市区内最著名的建筑，它之所以闻名还因为它是以蓝石砌成的，而且墙壁上有着精细的纹路。1932年，教堂又加了三根尖塔，使它看起来更加雄伟。该教堂外面的草坪上有一尊马修·福林德（澳洲最早的拓荒者）的塑像。

圣保罗教堂是免费开放的，教堂的大门非常有厚重感。走进圣保罗教堂，内部灯光比较昏暗，有种威严的阴冷感，教堂在空间上显得比较空旷，屋顶很高大，美丽的彩画玻璃带有明显的西方风味，给人的感觉就是时光倒转到了古代欧洲，庄严而宏大。

8. 商业广场

商业功能可以说是城市广场最古老的功能，商业广场也是城市广场最古老的类型。商业广场的形态空间和规划布局没有固定的模式可言，它总是根据城市道路、人流、物流、建筑环境等因素进行设计的，可谓“有法无式”“随形就势”。但是商业广场必须与其环境相融、功能相符，交通组织合理。广场应充分考虑人们购物休闲的需要，营造交往空间，布置休息设施等。

商业广场是为商业活动提供综合服务的功能场所。传统的商业广场一般位于城市商业街内或者是商业中心区，而当今的商业广场通常与城市商业步行街相结合，有时是商业中心的核心，如北京王府井大街的商业广场（图 10.10）。

图 10.10 北京王府井大街商业广场

此外，还有集市性的露天商业广场，这类商业广场的功能分区是很重要的，一般将同类商品的摊位、摊点相对集中布置在一个功能区内。

以上是按照广场主要功能性质为依据进行划分的，就广场主题而言，一般市政广场、纪念广场、文化广场、古迹广场、宗教广场相对比较明确，交通广场、休闲广场、商业广场等不是那么明确，只是侧重点有所不同而已。当然，现代城市广场分类还可以依据尺度关系、空间形态、材料构成、广场平面形式、广场剖面形式等进行划分。

10.1.3 现代城市广场的特点

随着城市的发展，各地大量涌现出的城市广场已经成为现代人户外活动最重要的场所之一。现代城市广场不仅丰富了市民的社会文化生活，改善了城市环境，带来了多种效益，同时也折射出当代特有的城市广场文化现象，成为城市精神文明的窗口。在现代社会背景下，现代城市广场面对现代人的需求，表现出以下基本特点。

(1) 性质上的公共性。现代城市广场作为现代城市户外公共活动空间系统中的一个重要组成部分。首先应具有公共性的特点。随着工作、生活节奏的加快，传统封闭的文化习俗逐渐被现代文明开放的精神所代替，人们越来越喜欢丰富多彩的户外活动。在广场活动的人们不论其身份、年龄、性别有何差异，都具有平等的游憩和交往氛围。现代城市广场要求有方便的对外交通，这正是满足公共性特点的具体表现。

(2) 功能上的综合性。功能上的综合性特点表现在多种人群的多种活动需求，它是广场产生活力的最原始动力，也是广场在城市公共空间中最具魅力的原因所在。现代城市广场应满足的是现代人户外多种活动的功能要求年轻人聚会、老人晨练、歌舞表演、综艺活动、休闲购物等，都是过去以单一功能为主的专用广场所无法满足的，取而代之的必然是能满足不同年龄、层次、性别的各种人群的需要，具有综合功能的现代城市广场。

(3) 空间场所上的多样性。现代城市广场功能上的综合性，必然要求其内部空间场所具有多样性特点，以达到不同功能实现的目的。如歌舞表演需要有相对完整的空间给表演者的“舞台”或下沉或升高；情人约会需要有相对封闭的私密空间；儿童游戏需要有相对开敞的独立空间等。综合性功能如果没有多样性的空间创造与之相匹配，是无法实现的。场所感是在广场空间、周围环境与文化氛围相互作用下，使人产生归属感、安全感和认同感。这种场所感的建立对人是莫大的安慰，也是现代城市广场场所方面的多样性特点的深化。

(4) 文化休闲性。现代城市广场作为城市的“客厅”或是城市的“起居室”，是反映现代城市居民生活方式的“窗口”。注重舒适、追求放松是人们对现代城市广场的普遍要求，从而表现出休闲性特点。广场上华丽的铺地、舒适的座椅、精巧的建筑小品加上丰富的绿化，让人置身其间流连忘返，忘却了工作和生活中的烦恼，尽情地欣赏美景，享受生活。

现代城市广场是现代人开放型文化意识的展示场所，是自我价值实现的舞台。特别是文化广场，表演活动除了有组织的演出活动外，更多是自发的、自娱自乐的行为，它体现了广场文化的开放性，满足了现代人参与表演活动的“被人看”“人看人”的心理表现欲望。如重庆洪崖洞商业街广场表演节目的街头艺人（图 10.11）。在国外也常见到自娱自乐的演奏者，悠然自得的自我表演者，对广场活动气氛也是很好的提升。我国城市广场中单独的自我表演不多，但自发的群体表演却很盛行。例如：活跃在城市广场上的“老年合唱团”“曲艺表演组”“秧歌队”等。还有当下广为流传的“广场舞”，俨然已经成为了休闲广场必备的活动之一。

图 10.11 重庆洪崖洞商业广场街头艺人

现代城市广场的文化性特点，主要表现在两个方面：一方面是现代城市广场对城市已有的历史、文化进行反映；另一方面是指现代城市广场也对现代人的文化观念进行创新。即现代城市广场既是当地自然和人文背景下的创作作品，又是创造新文化、新观念的手段和场所，是一个既以文化造广场，又以广场造文化的双向互动过程。

10.1.4 城市广场规划设计的基本原则

1. 人本原则

国际建筑师联合会第十四次会议宣言指出：“经济规划、城市规划、城市设计和建筑设计的共同目标应当是探索并满足人的各种需求。”满足人类生存和发展的需要，不仅是城市发展的最终目标，也是人类社会进步的根本动力。从中世纪对神的崇拜到文艺复兴时期对人性的解放，从工业革命之后对技术的盲目崇拜到今天提倡以人为本，提出可持续发展战略，都是人们对自身的重新认识和觉醒，是人类社会发展进步的表现。今天对人文主义思想的追求是一种新的社会发展趋势，具体到城市空间环境的创作上，则要充分认识和确定人的主体地位和人与环境的双向互动关系，强调把关心人、尊重人的宗旨具体体现在空间环境的创作中。现代城市广场是人们进行交往、观赏、娱乐、休憩活动的重要城市公共空间，其规划设计的目的是使人们更方便、舒适的进行多样性活动。因此现代城市广场设计要贯彻以人为本的人文原则，要特别注重对人在休闲广场上的环境心理和行为特征进行研究，创作出不同性质、不同功能、不同规模、各具特色的城市广场空间，以适应不同年龄、不同阶层、不同职业市民的多样化需求。人本原则涉及与人相关的环境心理学，行为心理学，这些理论在现代城市广场设计中有着重要的地位。

2. 整体性原则

城市广场作为城市空间的“节点”，是城市空间环境的有机组成部分，好的城市广场往往是城市的标志。但在城市公共空间体系中，城市广场有功能、性质和规模的区别，每一个广场只有正确的认识自己的区域和性质，恰如其分地表达和实现其功能，才能共同形成城市广场空间的有机整体。因此，必须对城市广场在城市空间环境体系中的系统分布作全面的把握。设计初期的广场定位是很重要的。

3. 传承与创新原则

城市是人类文明的结晶，人类文化的荟萃之地。随着城市的产生、建设和发展，人类在不断建造适应自身生活的建筑环境的同时，社会文化价值观念也随之更新变化。陈旧、过时的东西不断地被新奇、现代的事物取代，一部分有价值的历史、建筑文化得以保留，如古建筑、文化古迹等。这种文化的继承的深层含义使得人们在怀念过去、研究过去、品尝意义、积累信息的同时，共有的认同得以保留，并延续着融入人类文化感情的历史文脉。与此同时随着信息社会的到来，科学技术的飞速发展，知识文化产业在城市中正有着愈来愈重要的地位。信息交换、科技交流、文化艺术作为城市文化知识产业的主要活动领域，已成为现代城市的靓丽风景线。这种变化正在加速城市文化的蜕变，形成与传统全然不同的文化形态。城市空间环境，特别是城市广场，作为人类文化在物质空间结构上的投影，其设计尊重历史、延续历史、继承文脉，又必须站在当前的历史位置，反映历史长河中目前的特征，有所创新、有所发展，实现真正意义上的历史延续和文脉承传。因此继承和创新有机结合的文化原则在城市广场设计中应充分重视、大力倡导。

4. 生态原则

在人类创造有史以来与日俱增的最丰富的物质生活的同时，城市化进程的加快，人口剧增，资源的过度消耗，城市生态环境日益恶化，人类面临着空前的因生态环境恶化而带来的压力感和紧迫感，不得不重新审视自己的社会经济行为。人们已深刻地意识到不能片面地追求经济效益，而忽视生态环境的保护，意识到人类应与自然和谐共处，为后代提供一个良好的生态发展空间，实现可持续发展。坚持可持续发展的生态原则，就是要遵循生态规律，包括生态进化规律、生态平衡规律、生态优化规律、生态经济规律，体现“实事求是、因地制宜、合理布局、扬长避短”。在城市广场设计中就是要从过去那种只重视硬质环境设计而忽视软质环境设计，转移到两者的结合上来。一方面应用园林设计的方法，通过融入、嵌入、美化和象征等手段，在点、线、面等不同层次的空间领域中引入自然，再现自然。还要在气温、声音、日照等方面强调其生态小气候的合理性。

5. 公众参与原则

参与是指人以各种行为方式，参与活动之中，与客体发生直接和间接的关联。在广场空间环境中应引导公众积极投入“活动参与”和“决策参与”，使“人尽其才、物尽其用”，发挥主客体的直接交换的互动作用。调动市民的参与性，首先是内驱力的唤醒，从需求着眼让广场关联到每个人，使更多的人从更多方面参与城市广场的建设活动；其次是为人们留有多种选择的自由性和多层次性，诱发市民的积极活动；最后是作为活动的空间载体，又富有较大的文化内涵，使人既受到文化的感染又积极参与文化意义的认知和理解活动，使广场具有永久生命力。只有市民的身心投入，才有广场空间的生命活力，也能逐步使广场具有人性和人情味。

广场的活动内容具有吸引力，可诱发参与者的活动积极性，使参与者在活动中发挥自己创造性的潜力，促使活动内容深化，扩大活动的深度与广度，从而实现在更大范围内进行社会交往、思想交流和文化共享，并为参与者提供自我表现、角色扮演的机遇。

参与性不仅表现与市民对广场活动的参与，也体现在设计师在广场初步设计过程中充分了解到市民的意愿、意见并发挥市民的群体智慧，使广场设计更加合理。对于设计师而言，应该注重公众参与政策、方案制订的全过程，让公众了解规划的全部内容，使公众的自身利益得到设计的保护，让公众真正成为广场的主人。

10.1.5　现代城市广场设计方法

10.1.5.1　城市广场空间设计的方法

城市广场空间尺度很难度量，文艺复兴时期，艺术家用其丰富的尺度、比例造诣寻求广场的最佳尺度。西特（Sitte）认为“西方古老城市的巨大广场平均尺度为 142m×58m，这个范围内的尺度可以给人以深刻的印象。当然，这还取决于广场空间体的高与宽的比例关系及建筑特征。”而广场与周边建筑的关系也影响着城市广场的尺度以及身处其中的市民的感受（表 10.1 和表 10.2）。

表 10.1　　广场与周边建筑的关系

D/H	人　的　感　受
<1	有紧迫感，建筑间互相干扰过强
1～2	空间比例较匀称、平衡，是最为紧凑的尺寸
>2	有远离感，广场的封闭性开始薄弱
>4	建筑间相互影响薄弱

注：D 为广场两边建筑的间距；H 为建筑高度。

表 10.2　　广　场　的　封　闭　性

d/h	α	D/H	封　闭　性
1	45°	2	广场的封闭感好
2	27°	4	人可以看到建筑整体和部分天空，且注意力开始分散，是封闭感的最小限
3	18°	6	远处群建可以看到，注意力分散
4	14°	8	无空间的容积感

注：d 为人的视野距离；h 为建筑从眼视点以上高度；α 为人的观察视角。

由表 10.1 和表 10.2 可以看出，$1\leqslant d/h\leqslant 2$（$1\leqslant D/H\leqslant 4$）时城市广场的封闭感适中，尺度宜人。但是，以上广场尺度的研究是建立在西方古老的城市广场与建筑的紧密联系之上的。而现代城市广场与建筑的结合较松散，空间上受建筑的影响微弱。广场的空间尺度由以下两个方面构成。

（1）整体空间尺度。城市广场平面尺度的迥异会产生不同的公众形象，较大空间比较小空间给人的印象要小，事实上在超过某一限度时，广场越大给人的印象越模糊。西特认为给人深刻印象的城市广场面积约为 0.83hm²。而得到普遍认同的城市广场有威尼斯圣马可广场（1.28hm²）、美国威廉斯广场（0.563hm²）、南京汉中门广场（2.2hm²）、南京鼓楼广场（1.86hm²）、大连中山广场（2.26hm²）、深圳南国花园广场（1.5hm²）、日本埼玉县榉树广场（1.8hm²）……由此可以看出城市广场的空间尺度趋向小型化，抛开其他因素，其本身的平面尺度以1～2hm²为宜。受城市规划、周边建筑关系、广场自身功能定位等因素的影响，可以根据前人的设计尺度和模数经验，对城市广场的面积进行定性定量的调控，使广场成为宜人、亲和、生动的城市空间。

（2）次空间尺度（广场的二次围合）。受地价、交通的影响，在城市提供符合人的尺度和美学法则的整体广场空间比较困难。另外，由于人的行为及年龄层次的不同，要求所处场所可进行多种活动，这就需要对城市广场进行二次围合，以“场中场”手法进行布局（即在广场中产生多个次广场）。这种围合的方式和手法很多，如：①界面上升；②界面下沉；③绿化限定（是具有积极意义的限定，绿化软性分割了广场空间，形成公共性、私密性、半私密性的空间，有利于开展多种活动）；④构筑物限定（其一为构筑物围合形成次空间，其二为构筑物占领形成空间）。广场的二次围合丰富了广场空间层次，对围合方式的运用必须从人的自身尺度中寻找设计源泉。弗雷德里克·吉伯德（Fredderik Gibberd）通过对人视野的研究得出了以下结论：当两人相距0.9～2.4m时，可以看清面部表情，认出一个朋友的最远距为24.38m；而辨认身体姿态的最大距离是137m。因此，对于城市空间而言，亲切的城市空间，其宽度一般不大于24.38m，文雅的空间一般不大于137m。将人的自身尺度原则运用到广场的空间围合中去（尤其对空间的二次围合），可在小型广场内产生具有宏伟感的文雅空间，也可在巨大广场内营造文雅的、亲切的甚至私密的空间，使广场的主体——人的活动具有多样性，从而使城市广场更具人性和生命力（图10.12）。

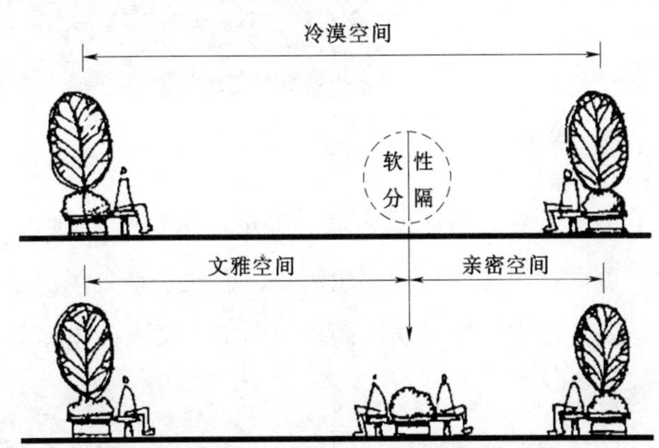

图10.12 绿化软性分隔示意图

10.1.5.2 城市广场硬质景观设计

从形态上看，广场由点、线、面及空间实体构成，作为实体环境的具体要素则主要指可视形象。单个或多个环境要素的组合可以隐含人的空间行为、感情要素和文化内涵等。广场硬质实体环境的具体要素一般包括建筑、铺地、雕塑、小品、照明等。

1. 建筑

建筑是人类为了居住、生活、生产以及某种特殊需要而建造的围护结构。建筑是在人类社会之中的，不应把建筑仅仅理解为一幢建筑物、一个建筑群、一个建筑体系，它包含着人和人之间的各种关系，反映政治、经济、文化、社会、艺术、民俗等的需要，以及它们之间的关系。

建筑是城市的细胞，是城市文化和历史最集中的体现。在城市不同地段所布置的标志性建筑、景观建筑、窗口建筑等突出了城市空间特点。广场中的建筑是广场形象的第一体现者，当人身处广场的时候，对广场的第一印象首先来自于建筑的整体形象与色调，这里的建筑既包括围合建筑，也包括在广场中占主导地位的建筑。如澳大利亚墨尔本市政广场上的建筑，其概念是由市政厅、市政广场衍化而来，同传统的市政建筑相比，一方面更强调综合性、整体性，广场、建筑在空间、尺度、功能等各个方面都很难做清晰的划分。另一方面，相较以前所强调的政治功能性，现在也同时强调其作为城市公共场所的重要组成部分（图 10.13）。

图 10.13　墨尔本市政广场的建筑

由于人对总体印象总是不满足，这就需要建筑中的细部发挥作用。人的视角与建筑物大约 45°时，可以看清建筑的细部轮廓。他们往往是先了解整个广场的结构以后才会进入到建筑中去。也就是说，就人而言，第一层次的空间和第二层次的空间存在着序列关系，除非这种关系因为某种情况而被打断。

广场中的建筑对广场的围合作用与墙、地面有所不同。首先，它的内部有人的存在，具有内外的引力关系，当人从建筑内出来或从广场进入建筑时，它事实上使广场得以延续，内外空间关系的强化就使整个广场空间有了一个扩大和深入。另外，人在建筑内和在广场中的感觉是不一样的，建筑内部空间部分地归入到广场空间之中，建筑对于广场就有了双重意义：其外墙的色彩、装饰、高度等是直接形成广场空间的要素，其内部又成为广场空间的从属空间，在这种情形之下，人的流动也会在两个空间之间相互穿插。

2. 铺地

铺地是广场设计的一个重点，因为广场的基础是以硬质景观为主，其最基本的功能是保证市民的户外活动，铺装场地正是以其简单的方式表现出较大的宽容性，可以适应市民多种多样的活动需要。铺地可划分为复合功能场地和专用场地两种类型：复合功能场地没有特殊的设计要求，不需要配置专门的设施，是广场铺地的主要组成部分；专用场地在设计或设施配置上具有一定的要求，如露天表演场地、某些专用的儿童游乐场地、特殊的景观铺地等。如上海人民广场中心广场的铺地景观（图 10.14）。广场的中央是 320m^2 的圆形喷水池，为三层 9 级下沉式。这是国内首创的大型音乐旱喷泉，红、黄、蓝三色玻璃台阶组成彩色光环，创造出美丽壮观、富有吸引力的新景观。喷水池中央凸现上海的版图，喷水池四周是 4 座紫铜花坛，用花岗石制成的 44 只石鼓灯，“蹲”在中心广场上。在四个入口台阶上，创设 6 组富有传统文化艺术特色的浮雕，分别为“申”“沪”古篆体，“纺织始祖黄道婆”“科技先辈徐光启”“友谊”“和平”等，线条生动优美，图案古朴雅致，反映了上海的历史文化及上海人民的美好心愿。

图 10.14　上海人民广场铺地景观

从工程和选材上，铺地应当防滑、耐磨、防水排水性能良好。花岗岩是用于铺装的一种材料，会有高雅、华贵的效果，但投资大，雨雪天防滑效果差，且需要与一定的场合相匹配。过去大多数广场铺地用的水泥方砖和现在流行的广场砖都比较刻板单调，但若在重点地方稍加强调，会对比衬托出一种意想不到的美感。天然材料的铺地，如砾石、卵石、木材则显得纯朴甜美，富有田野情趣，对人往往更具亲和力，是广场铺地中步行小径的理想选材。另外，科学的发展也促生了许多环保人工材料（如压膜混凝土等）可以创造出许多质感和色彩搭配，是一种价廉物美、使用方便的铺地材料，国外在这方面研究得很深，这一点值得我们每一位设计师关注与思考。

3. 环境小品

城市广场是市民的"起居室"，市民休闲、交往有赖于城市广场舒适的环境，舒适的环境主要包括休憩设施以及环境设施两个方面。

（1）休憩设施。现代城市广场必须为市民提供足够的休憩设施。北京天安门广场面积约 40hm^2，但无休憩设施，因此，它是城市的"客厅"，而非城市的"起居室"。美国学者威廉·怀特通过对曼哈顿广场的调研，提出广场座位的参数值：每 2.5m^2 的广场应提供 1.3m 长度的座位。该数值提供了一个提高广场可坐率的定量参考值，但在广场设计中仍需综合考虑人流量、地理区位及服务半径等内容。鉴于此，城市广场的设计应充分利用花坛边缘、树池、台阶以增加休息场所，提高可坐率。如大连人民广场每 2.5m^2 仅提供了 0.012m 长的座位，可坐率低，使得市民活动较少，而南京新街口花园广场及汉中门广场则在每 2.5m^2 提供了 0.6m 长的座位，从而使广场成为真正意义上市民的"起居室"。

（2）环境设施。环境设施包括照明、音响、电话亭、标示牌、果皮桶、盥洗室等，它们不仅是市民休闲功能上的需求，也是视觉上的需要。环境设施作为广场中的元素，既要支持广场空间，又要表现一定的个性，在实用、便利的前提下，注重整体性、可识别性和艺术性。如西安大雁塔广场的石灯造型（图 10.15）。

图 10.15　西安大雁塔广场照明设施

4. 广场的可达性

城市广场的可达性是城市结构上的需求，亦是广场自身活力发展的需要。现代广场与古代广场的主要区别在于日益复杂的城市交通对城市广场规划设计的影响。

城市广场的可达性是指从城市空间中任意一点到该广场（源）的相对难易程度，其相关指标有距离、时间等。可达性是创造以人为本的城市广场的最基本、最原始的衡量指标之一。保障市民以最简捷的路线安全进入广场是城市广场区位设计的根本。城市交通、周边环境对广场的干扰过强则严重影响了城市广场的可达性及市民的休闲活动。

大连中山广场、太原五一广场（改造前）、南京红山广场均具有交通岛性质，因此存在以下问题：市民进入广场的路线被干扰、阻断甚至切断；市民安全、舒适的休闲活动受到了广场周围交通的严重威胁。所以对这种广场形式应加以改造和限制。另外，市民是否能够便捷、平等地享用广场自然空间的服务是城市广场可达性的重要指标，即所谓的资源享用的公平性和社会平等性，这其中最重要的内容是无障碍通行设计。关心残疾人是现代文明的标志之一，在城市广场规划设计中应充分考虑到残疾人的要求，诸如无障碍道路体系、休憩、活动乃至盥洗设施均应予以考虑。

10.1.5.3　城市广场软质景观设计

人与自然的结合一直是城市空间的追寻目的，城市广场是城市中的自然空间，不仅在生态上与自然环境相平衡，而且在形态上呈有机的联系。城市广场的自然景观是吸引市民的动因之一，它包括植物、水体等内容。

1. 植物

狭义地讲，植物是城市广场构成要素中唯一具有生命力的元素。作为自养生物和城市生态系统的生产者，植物在其生命活动中通过物质循环和能量交换改善城市生态环境，具有净化空气、保持水土、调节气温等生态功能；它还具有空间构造、美学等功能，是建造有生命力的城市广场空间必不可少的要素。

（1）植物的视觉功能。植物绿化给人的直观感受包括视觉、听觉、嗅觉、触觉，视觉一般占主导地位，触角和嗅觉对盲人而言有特殊感受。目前我国广场的绿化设计已从最初的单一型（多以草坪广场为主）理念过渡到生态型。如南宁朝阳公园的休闲市民广场，在植物的营造上就是一个优秀的例子（图 10.16）。

图 10.16 朝阳公园市民广场植物景观

（2）植物的构造功能包括空间分隔、软化和遮阴功能。植物的空间分隔包括广场与道路分隔以及广场内部分隔。植物也被称之为软质景观，它可以调整街道的呆板景色，可以对广场内硬质景观所产生的生硬感受起缓和作用。研究表明，随着绿化量的增加，广场周边高层建筑给人的压迫感会减少。良好的植物遮阴不仅改善广场的小环境状况，提高夏季广场的使用率，而且具备三维空间构造功能，交织的树冠形成所谓“场”的庇护空间是构成广场次空间的重要元素之一。

综上所述，城市广场的设计应充分利用植物的各种特性、功能，提高环境绿视量，营造市民所向往的自然空间。

2. 水体

水是自然景观中“最典型的元素”。人类对水有特殊的感情，在城市广场中布置水体，不论从人的感受和环境改善角度及空间构成上都具有很大作用。水是一种特殊的材料，它既不同于绿化的软，也不同于铺装的硬。宋郭熙在《林泉高致》中指出：“水活物也，其形欲深静，欲柔滑，欲汪洋，欲回环，欲肥腻，欲喷薄……”水的多种情态为城市广场的水体设计提供了丰富素材。城市广场的水体设计宜以小型为主，可自然、可规整。平静水面，微风吹过，涟漪微起，给人以意境遐想；流动水体（喷泉、旱喷泉、叠泉、水幕等）婀娜多姿，人们则通过声、形体验自然。如澳大利亚墨尔本圣保罗教堂入口处的广场水景（图 10.17）。

图 10.17 圣保罗教堂入口广场

10.1.5.4 城市广场人文景观设计

1. 城市广场文化

广场作为一种文化是和其他文化一同产生，相互作用，共同发展的。一个成功的真正具有独特文化内涵的广场，应该是城市中多种文化活动的载体，包含有各种特定文化内涵的场所。诸如建筑文化、休闲文化、商业文化、观演文化、地域民俗文化、雕塑文化、宗教文化等，通过这些文化元素将发展目标、优势产业、风土人情、自然地理、历史传统、价值观念等地方文化特征有机地融入广场之中。

就休闲文化而言，休闲文化是指人们在工作之余，在空闲时间内所进行的一系列闲暇活动，对于城市日常休闲的市民们，广场历来是空闲时休息游乐的最佳场所。回顾欧洲古代广场，不管其大小如何，也不管其位置是在市政厅前、教堂前，还是在市场前，都是人们日常世俗活动的所在。现代社会经济的快速发展，人们的身心很易疲劳，以休闲为主的文化形式正成为市民追求的文化主流。在繁忙的工作之余，人们更加渴望一个尺度宜人，风格高雅，情趣盎然的休闲场所，也正是广场中人們的休闲活动构成了广场的活动和魅力。

2. 城市广场文化表达手法

（1）民族、传统、地域特色与现代风格相结合。民族文化、传统文化、地域文化在其形成过程中，已树立和具备社会所认可的形象和含义。借助于这些形式与内容去寻找新的含义或形成新的视觉形象，既可以使设计的内容与民族、传统、地域文化联系起来，又可以结合当代人的审美趣味，使设计具有现代感。对于民族文化、传统文化、地域文化与现代风格之间的关系有两种不同处理方式。

1）传统的符号、现代的精神。这是将传统与现代相结合最常见的一种方式，即是将传统园林、建筑、艺术中的各种特征性构件、造型、色彩等提炼出来，进行简化或抽象化后，作为一种符号插入到现代广场设计中，使其成为一种有特色的装饰。这种处理方式使现代广场与历史传统隐隐约约地联系起来，让人能够感受到传统的“痕迹”。例如，采用一些传统的或地域性的符号、图案作为广场地面铺装花纹；或者将传统广场上牌坊、照壁、望柱等形式加以提炼、改进，作为广场上的小品等，使广场的整体风格仍是现代的。

例如西安大雁塔广场，在设计构思的时候，结合陕西关中的一些民俗民风，比如陕西八大怪：板凳不坐蹲起来、房子半边盖、姑娘不对外、帕帕头上戴、面条像裤带、锅盔像锅盖、油泼辣子一道菜、秦腔不唱吼起来。在表现形式上通过各种抽象的雕塑小品展示出来，使人走在广场上就能感受到浓浓的陕西关中的民俗风情（图 10.18 和图 10.19）。

在西方有许多这种手法的成功实例，例如美国新奥尔良市的意大利广场。新奥尔良市有许多意大利移民，他们渴望有一个反映他们民族特色的社区广场。设计者查尔斯·摩尔（charles Moore）在这个广场中大量使用了意大利的传统符号：古罗马的柱式、意大利传统园林中的喷泉、意大利版图的铺装等。但所用材料、工艺、色彩、布局手法等都是现代的，因此整体仍是现代风格。

2）现代的外壳、古典的精神。这种处理方式保留了传统文化精髓和意境，或在整体上仍沿袭传统布局，在材料处理方式与形式上却呈现一定的现代感；或保留传统园林中的造园素材，使用

图 10.18 小品“房子半边盖”

图 10.19 小品“帕帕头上戴”

现代的布置手段。这种处理方式比直接引用传统符号要深入与复杂，要求设计师既要对传统文化有较深刻的理解与感悟，也要熟悉现代设计中的各种手法。这是一种理性的处理方法，其目的是在浮躁的现代社会再现古典的意境和思想精髓。因此说它有现代的外壳、古典的精神。例如，位于美国波特兰市河滨公园的日裔美籍人历史广场，是一个为向二战期间被囚禁的 11 万日裔美籍人道歉而建的纪念广场。设计师穆拉色从日本传统文化中吸取营养，使作品带有禅的意味，颇具神秘感和思想深度。

(2) 在细节上体现人文关怀与对地方的尊重。在一些细节上体现人文关怀，也能丰富广场文化内涵。例如，在苏格兰爱丁堡，公园、街道上设有许多长椅，这些长椅有一个特色，它们是普通市民捐赠的，并且在醒目的位置还刻有捐赠者姓名和千奇百怪留言。例如：“女儿今天出生了，我们祝福女儿快乐成长。露丝的父母亲捐”等。长椅上的只言片语使得冰冷的长椅弥漫着温暖和爱。类似这种手法完全可以借鉴到我们的城市广场设计中来，使我们的广场更加人性化。再如设计师彼德·沃克在设计日本埼玉新都心广场时，充分尊重当地市民喜爱榉树的习惯，运用了256棵榉树，充分满足了当地人的情结。

总之，城市广场是具有独特的环境特征的城市空间。这种特征包括客观事物（空间、植物、水体、人的活动等），也包含难以触知的人文联系和某种历史环境氛围。设计师应该充分研究当地的历史变迁，尊重历史文脉，以历史作为原动力，唤起回忆和联想，延续城市文脉、体现城市特色，并使市民产生认同感和亲切感，场所只有被时代特征、为历史文化容纳，才能被人接受。

10.2 城市广场绿地设计

10.2.1 设计原则

城市广场绿地的设计原则如下。

（1）广场绿地布局应与城市广场总体布局统一，使绿地成为广场的有机组成部分，从而更好地发挥其主要功能，符合其主要性质要求。

（2）广场绿地的功能与广场内各功能区相一致，更好地配合和加强该区功能的实现。如在入口区植物配置应强调绿地的景观效果，休闲区规划则应以落叶乔木为主，冬季的阳光、夏季的遮阳都是人们户外活动所需要的。

（3）广场绿地规划应具有清晰的空间层次，独立或配合广场周边建筑、地形等形成良好、多元、优美的广场空间体系。

（4）广场绿地规划设计应考虑到与该城市绿化总体风格协调一致，结合地理区位特征，物种选择应符合植物的生长规律，突出地方特色。

（5）结合城市广场环境和广场的竖向特点，以提高环境质量和改善小气候为目的，协调好风向、交通、人流等诸多因素。

（6）对城市广场上的原有大树应加强保护，保留原有大树有利于广场景观的形成，有利于体现对自然、历史的尊重，有利于增强广场的场所感。

10.2.2 城市广场绿地种植设计形式

城市广场绿地种植主要有四种基本形式：排列式种植、集团式种植、自然式种植、花坛式（即图案式）种植。

（1）排列式种植。这种形式属于整形式，主要用于广场周围或者长条形地带，用于隔离、遮挡或作背景。单排的绿化栽植，可在乔木间加种灌木，灌木丛间再加种草本花卉，但株间要有适当的距离，以保证有充足的阳光和营养面积。在株间排列上近期可以密一些，几年以后可以考虑间移，这样既能使近期绿化效果好，又能培育一部分大规格苗木。乔木下面灌木和草本花卉要选择耐荫品种。并排种植的各种乔灌木在色彩和体型上要注意协调。如重庆园博园入口广场的桂花树阵，就是采用排列式种植（图10.20）。

图 10.20 排列式种植

（2）集团式种植。也是整形式的一种，把几种树组成一个树丛，有规律地排列在一定的地段上。这种形式有丰富、浑厚的效果，排列得整齐时，远看很壮观，近看又很细腻。可用草本花卉和灌木组成树丛，也可用不同的乔木和灌木组成树丛。

（3）自然式种植。这种形式与整形式不同的是在一定地段内，花木种植不受统一的株、行距限制，而是疏密有序地布置，从不同的角度望去有不同的景观，生动而活泼。这种布置不受地块大小和形状限制，可以巧妙地解决与地下管线的矛盾。自然式树丛布置要密切结合环境，才能使每一种植物茁壮生长。但此方式对管理工作的要求较高。

（4）花坛式种植。花坛式种植即图案式种植，是一种规则式种植形式，装饰性极强，材料选择可以是花、草，也可以是修剪整齐的木本树木，可以构成各种图案。它是城市广场最常用的种植形式之一。花坛或花坛群的位置及平面轮廓应该与广场的平面布局相协调，如果广场是长方形的，那么花坛或花坛群的外形轮廓也以长方形为宜。当然也不排除细节上的变化，变化的目的只是为了更活泼一些，过分类似或呆板，会失去花坛所渲染的艺术效果。在人流、车流交通量很大的广场，或是游人集散量很大的公共建筑前，为保证车辆交通的通畅及游人的集散，花坛的外形并不强求与广场一致。例如正方形的街道交叉口广场上、三角形的街道交叉广场中央，都可以布置圆形花坛，长方形的广场可以布置椭圆形的花坛。花坛与花坛群的面积占城市广场面积的比例，一般最大不超过1/3，最小不小于1/15。华丽的花坛，面积的比例要小些；简洁的花坛，面积比例要大些。

花坛还可以作为城市广场中的建筑物、水池、喷泉、雕像等的配景。作为配景处理的花坛，要求和城市广场或周围建筑的风格保持一致，一般是以花坛群的形式出现的。花坛表现的是平面图案，由于人的视觉关系，花坛不能离地面太高。为了突出主体，利于排水，同时避免行人践踏，花坛的种植床位应该稍高出地面。通常种植床中土面应高出平地7～10cm。为利于排水，花坛的中央拱起，四面呈倾斜的缓坡面。种植床内土层约50cm厚以上，以肥沃疏松的沙壤土、腐殖质土为好。为了使花坛的边缘有明显的轮廓，并使植床内的泥土不因水土流失而污染路面和广场，也为了不使游人因拥挤而践踏花坛，花坛往往利用缘石和栏杆保护起来，缘石和栏杆的高度通常为10～15cm。也可以在周边用植物材料作矮篱，以替代缘石或栏杆。如陕西西北农林科技大学南校区入口广场采用的就是花坛式种植形式（图10.21）。

图10.21　花坛式种植

10.2.3　城市广场树种的选择注意事项

城市广场树种的选择要适应当地土壤与环境条件，掌握选树种的原则、要求，因地制宜，才能达到合理、最佳的绿化效果。

10.2.3.1　广场的土壤与环境

1. 土壤

由于城市长期建设的结果，土壤情况比较复杂，土壤的自然结构已经被完全破坏。行道树下面经常是城市地下管道、城市旧建筑基础或废渣土。因此，城市土壤的土层较薄，而且成分较为复杂。城市土壤由于人为的因素（人踩、车压或曾做地基而夯实），致使土壤板结，孔隙度较小，透气性差，经常由于不透气、不渗水，使植物根系窒息或腐烂。土壤板结还产生机械抗阻，使植物的根系延伸受阻。另外，由于各城镇的地理位置不同，土壤情况也有差异。一般南方城市的土壤相对偏酸性，土壤含水量较高；而北方城市的土壤多呈碱性，间隙度相对偏大，保水能力差。沿海城市的土壤一般土层较薄，盐碱量大，而且土壤含水量低。因此，各个城市的土壤条件各有特点，需要综合考虑。

2. 空气

城市道路、广场附近的工厂、居住区及汽车排放的有害气体和烟尘，直接影响着城市空气。有害气体和烟尘的主要成分有二氧化硫、一氧化碳、氟化氢、氯气、氟氧化物、光化学气体、烟雾和粉尘等。这些有害气体和粉尘一方面直接危害植物，出现污染症状，破坏植物的正常生产发育；另一方面，飘浮在城市的上空降低了光照强度，减少了光照时间，改变了空气的物理化学结构，影响了植物的光合作用，降低了植物抵抗病虫害的能力。

3. 光照和温度

城市的地理位置不同，光照强度、时间长度及温度也各有差异。影响光照和温度的主要因素有纬度、海拔高度、季节变化，以及城市污染状况等。街道广场的光照还受建筑和街道方向的影响。在北方城市，东西方向的道路，由于两边大建筑物的遮挡，北侧阳光充足，光照时间较长，而南侧经常处于建筑的阴影下，因此，街道两边的行道树往往生长发育不一。北侧生长茂盛，而南侧生长缓慢，甚至树冠有的还会出现偏冠的现象。

城市内的温度一般比郊区要高，因为城市中的建筑表面和铺装路面反射热，以及市内工厂、居民区和车辆等散发的热量。在北方城市，城区早春树木的萌动一般比郊区要早一个星期左右，而在夏季市内温度要比郊区温度偏高 2～5℃。

4. 空中、地下设施

城市的空中、地下设施交织成网，对树木生长影响极大。空中管线常抑制破坏行道树的生长，地下管线常限制树木根系的生长。另外，人流和车辆繁多，往往会碰破树皮，折断树枝或摇晃树干，甚至撞断树干。

总之，城市道路广场的环境条件是很复杂的，有时是单一因素的影响，有时是综合因素在起作用。每个季节起作用的因素也有差异。因此，在解决具体问题时，要做具体分析。

10.2.3.2 广场树种选择原则

在选择城市广场树种时，一般须遵循以下原则。

(1) 冠大荫浓。枝叶茂密且树冠大的树种夏季可形成大片绿荫，能降低温度、避免行人暴晒。如：槐树中年期时冠幅可达 4m，悬铃木更多。

(2) 耐瘠薄土壤。城市中土壤瘠薄，且广场树多种植在道路旁、路肩、广场边，受各种管线或建筑物基础的影响，树体营养面积很少，补充有限。因此，选择耐瘠薄的树种尤为重要。

(3) 深根性。营养面积小，而根系生长很强，向较深的土层伸展仍能根深叶茂，不会因践踏造成表面根系破坏而影响正常生长，特别是在一些沿海城市选择深根性的树种能抵御暴风袭击而巍然不受损害。而浅根性树种，根系有可能会拱破铺装的场地。

(4) 耐修剪。广场树木的枝条要求有一定高度的分枝点（一般在 2.5m 左右），侧枝不能刮、碰过往车辆，并具有整齐美观的形象。因此，每年要修剪侧枝，树种需有很强的萌芽能力，修剪以后能很快萌发出新技。

(5) 抗病虫害与污染。病虫害多的树种不仅管理上投资大，费工多，而且落下的枝、叶，虫子排出的粪便，虫体和喷洒的各种灭虫剂等，都会污染环境，影响卫生。所以，要选择能抗病虫害，且易控制其发展和有特效药防治的树种。选择抗污染，能消化污染物的树种，有利于改善环境。

(6) 落果少或无飞毛、飞絮。经常落果或有飞毛、飞絮的树种，容易污染行人的衣物。尤其污染空气环境，并容易引起呼吸道疾病。所以，应选择一些落果少、无飞毛的树种，用无性繁殖的方法培育雄性不孕系是目前解决这个问题的一条重要途径。

(7) 发芽早、落叶晚且落叶期整齐。选择发芽早、落叶晚的阔叶树种，另外落叶期整齐的树种有利于保持城市的环境卫生。

(8) 耐旱、耐寒。选择耐旱、耐寒的树种可以保证树木的正常生长发育，减少管理上财力、人力和物力的投入。北方大陆性气候，冬季严寒，春季干旱，致使一些树种不能正常越冬，必须予以适当防寒保护。

(9) 寿命长。树种的寿命长短影响到城市的绿化效果和管理工作。寿命短的树种一般 30～40 年就要出现衰老现象，不得不砍伐更新。所以，要延长树的更新周期，必须选择寿命长的树种。

本 章 小 结

城市广场不仅是一个城市的象征，人流聚集的地方，而且也是城市历史文化的融合，塑造自然美和艺术美的空间。城市广场，特别城市中心广场是一个城市的标志，是城市的名片。一个城市要令人可爱，让人留恋，它必须要有独具魅力的广场。广场的规划建设调整了城市建筑布局，加大了生活空间，改善了生活环境质量。因此，规划设计好城市广场，对提升城市形象、增强城市的吸引力尤为重要。

练 习 与 思 考 题

1. 简述城市广场的类型。
2. 简述城市广场规划的原则。
3. 开展一次广场使用情况调查。
4. 如何将广场设计原则应用到广场设计之中。
5. 根据环境特点完成一套广场设计或广场改造方案。

实 训 操 作 题

实训项目七　城市广场绿地规划设计

1. 实训目的

了解城市广场设计的特点，基本要求和内容，掌握城市广场的设计方法。

2. 实训的教学设备及材料

(1) 测量仪器：数码照相机、激光测距仪、全站仪和地质罗盘仪。

(2) 绘图工具：1 号图板、1000mm 丁字尺、45°和 60°三角板、曲线板、模板、圆规、分规、比例尺、鸭嘴笔。绘图铅笔和粗、中、细针管笔。

(3) 计算机辅助设计软件 AutoCAD、3ds max、Photoshop。

(4) 其他：各类辅助工具。

(5) 图纸：园林制图采用国际通用的 A 系列幅面规格的图纸。

(6) 调查表（表 10.3）。

表 10.3　　城市广场调查表

<table>
<tr><td>广场名称</td><td colspan="3"></td></tr>
<tr><td>广场类型</td><td colspan="3"></td></tr>
<tr><td>广场的位置及周边环境状况</td><td colspan="3"></td></tr>
<tr><td>广场的布局形式</td><td colspan="3"></td></tr>
<tr><td>广场的主要景点布置</td><td colspan="3"></td></tr>
<tr><td>广场道路的铺装材料</td><td colspan="3"></td></tr>
<tr><td rowspan="7">广场绿化植物种类的选择</td><td rowspan="2">乔木类</td><td>常绿</td><td></td></tr>
<tr><td>落叶</td><td></td></tr>
<tr><td rowspan="2">灌木类</td><td>常绿</td><td></td></tr>
<tr><td>落叶</td><td></td></tr>
<tr><td>花卉植物</td><td colspan="2"></td></tr>
<tr><td>草坪、地被植物</td><td colspan="2"></td></tr>
<tr><td>水生植物</td><td colspan="2"></td></tr>
<tr><td>广场植物种植形式</td><td colspan="3"></td></tr>
<tr><td>调查时间</td><td></td><td>调查人</td><td></td></tr>
</table>

3. 实训内容步骤

(1) 选择所在城市具有代表性的 2～3 个城市广场（要有休闲广场、交通广场、市政广场等）并组织参观。

(2) 以小组为单位，每组 2～3 人。进行调查、记载，包括广场的性质、广场的布局形式、广场绿化树种的选择、广场绿地植物种植的形式、广场的位置、广场周围的环境条件、广场道路的铺装材料、广场主要景点的特点及表现手法等。填写城市广场调查记录表，并对其现状及设计进行评价。

(3) 对所调查的城市广场进行整理、汇总，总结不同类型广场的布局形式，绿化植物的选择，广场植物种植的形式等。

(4) 每组派代表上讲台向同学们汇报本组所收集的资料情况。

(5) 对所调查的其中一个广场进行改造设计。并作为城市休闲广场，对其进行重新设计。

(6) 确定广场布局形式、出入口的位置，考虑出入口内外的广场设置。包括主要出入口，次要出入口等。

(7) 组织城市休闲广场空间、设置游览路线、划分功能区、景区、布置景点。

(8) 设计平面图，对广场绿地进行植物种植设计。

(9) 完成整个休闲广场效果图的绘制。

(10) 写出设计说明书：包括整体设计说明，局部景点的设计说明，植物的选择及植物种植设计说明等。

(11) 要求每组设计1套图纸，包括城市休闲广场设计的平面图、效果图、局部立面图、植物种植设计图（附植物名录）。并编写设计说明书。

4. 作业

调查报告1份，设计图纸1套，设计说明书1份。

图纸要求：

(1) 符合园林绿地性质，充分考虑周边环境的关系，有独到的设计理念，特点鲜明，布局合理。

(2) 种植设计树种选择正确，能因地制宜地运用种植类型，符合构图要求，造景手法丰富，能与道路、地形地貌、山石水体和建筑小品结合。空间效果较好，层次、色彩丰富。

(3) 图面表现能力强，设计图种类齐全，设计深度能满足施工的需要，线条流畅，构图合理，整洁美观，图例、文字标注和图幅符合制图规范。

(4) 说明书语言流畅，言简意赅，能准确地对图纸补充说明，体现设计意图。

(5) 方案、绿化材料统计基本准确，有一定的可行性。

实训项目八　城市广场绿地规划设计

用A2的绘图纸完成给定环境（图10.22）的广场绿地的规划设计，要求运用所学广场绿地规划设计的知识，遵循广场设计的原则，结合当地自然条件，充分考虑各个景观要素及艺术手法的运用，比例自定。

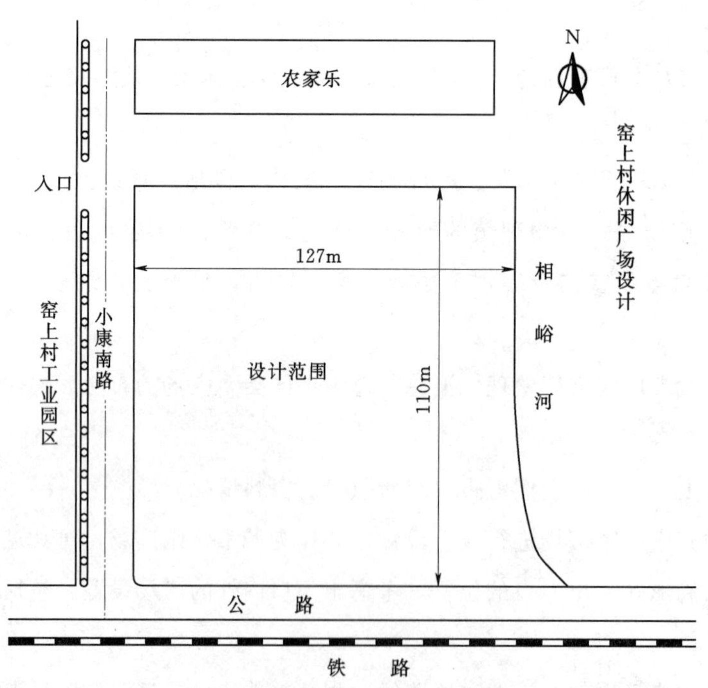

图10.22　城市广场规划设计

作业样图（图10.23～图10.26）

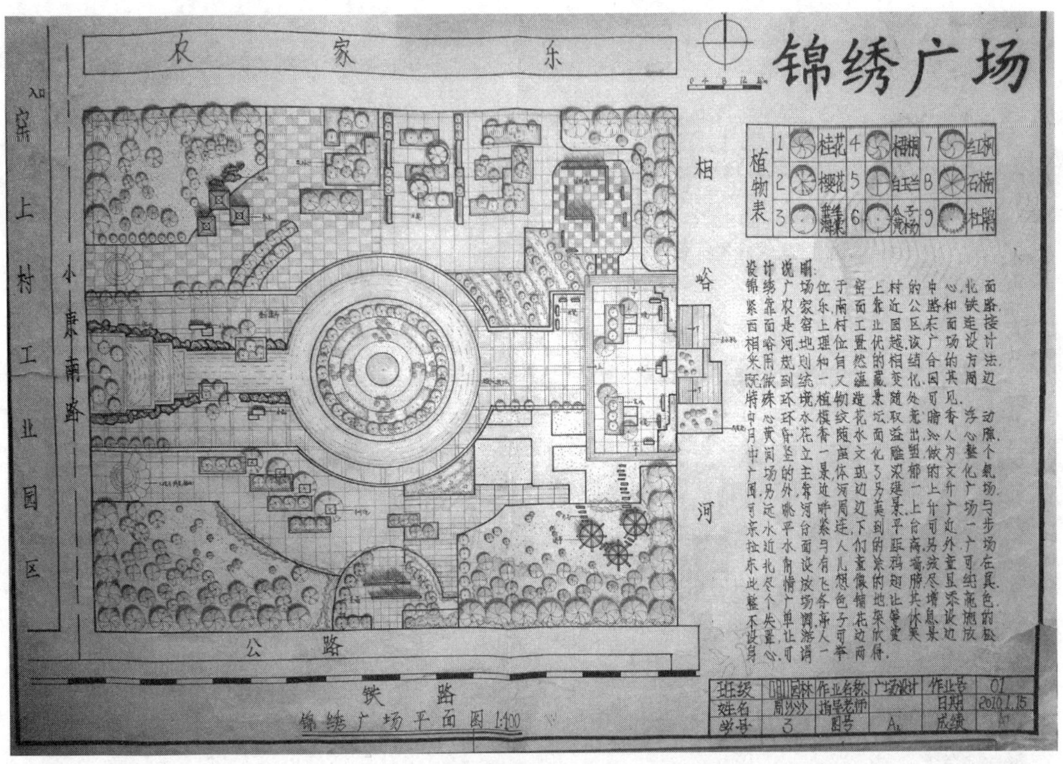

图 10.23 城市广场规划设计（1）

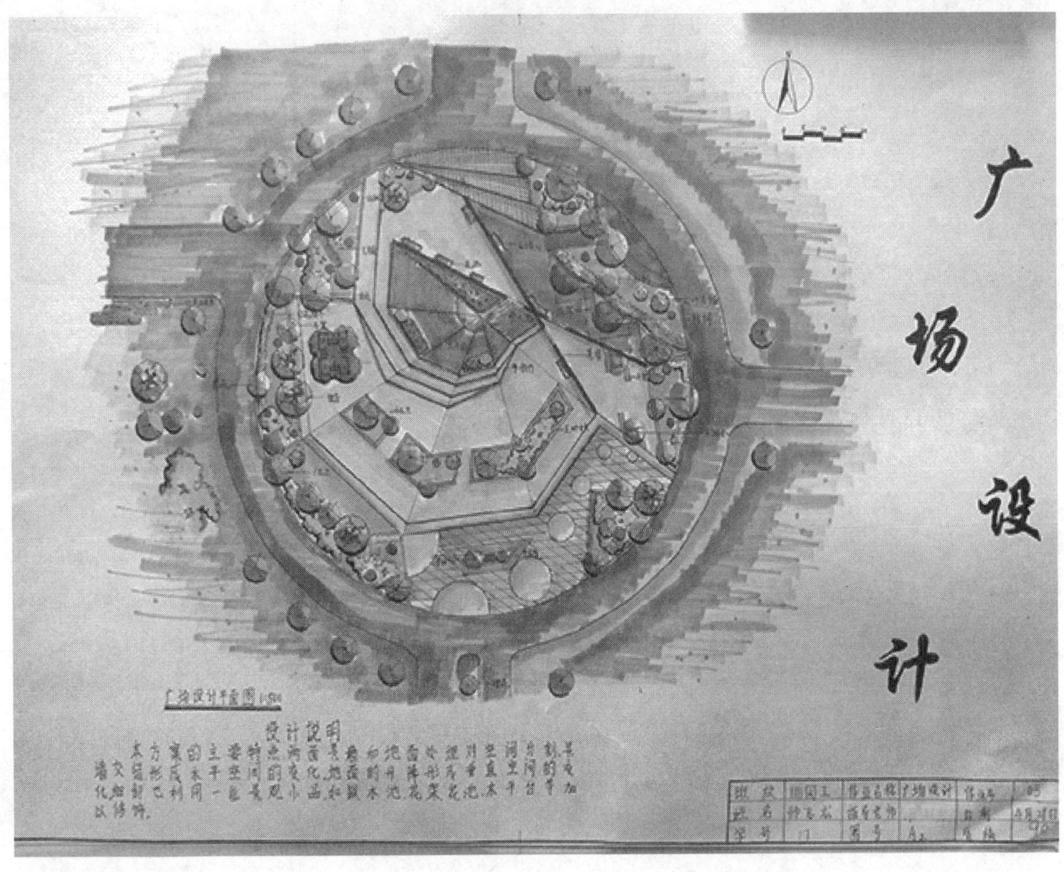

图 10.24 城市广场规划设计（2）

图 10.25　城市广场规划设计（3.1）

图 10.26　城市广场规划设计（3.2）

第11章

单位附属绿地规划设计

学习目标

- 熟悉并了解各类单位附属绿地的组成特点及其功能。
- 掌握各类单位附属绿地规划设计的基本要求。
- 能够进行各类单位附属绿地的规划设计。

单位附属绿地是指在某一部门或单位内，由该部门或单位投资、建设、管理、使用的绿地。单位附属绿地一般包括工矿企业、机关、学校、医院、商业、休疗养院等单位的专用绿地。这类绿地是城市园林绿地系统的重要组成部分，在城市中分布广泛，占地比例大，是城市普遍绿化的基础。

11.1 学校绿地规划设计

11.1.1 校园绿化的作用与特点

11.1.1.1 校园绿化的作用

校园绿化与学校的规模、类型、地理位置、经济条件、自然条件等密切相关。由于各方面条件的不同，其绿化设计内容也各不相同。

(1) 为师生创造一个安静、舒适的学习和工作环境。

(2) 通过绿化美化陶冶学生情操，激发学习热情。利用绿地开辟读书廊、英语角等活动场所，丰富学生生活的同时也提高了学生的学习兴趣。

(3) 通过美丽的花坛、花架、花池、草坪、乔灌木等复层绿化，为广大师生提供休息、文化娱乐和体育活动的场所。

(4) 通过校园内丰富的植物材料，可以丰富学生的科学知识，提高学生认识自然的能力。

(5) 对学生进行思想教育。通过在校园内建造有纪念意义的雕塑、小品，种植纪念树，可对学生进行爱国爱校教育。

11.1.1.2 校园绿化的特点

校园绿化区别于一般绿化的特点如下。

(1) 与学校性质和特点相适应。我国遍布各级、各类学校，其绿化除遵循一般的园林绿化原则之外，还要与学校性质、级别、类型相结合，即与该校教学、学生年龄、科研及试验生产相结合。

(2) 校舍建筑功能多样。校园内的建筑环境多种多样，不同性质、不同级别的学校其规模大小，环境状况，建筑风格各不相同，有以教学楼为主的，有以实验楼为主的，有以办公楼为主的，有以体育场馆为主的，也有集教学楼、实验楼和办公楼为一体的。

(3) 师生员工集散性强。在校学生上课、训练、集会等活动频繁集中，需要有适合较大量的人流聚集或分散的场地。校园绿化要适应这种特点，有一定的集散活动空间，否则即使是再优美的园林绿化环境，也会因为不适应学生活动需要而遭到破坏。

(4) 学校所处地理位置、自然条件、历史条件各不相同。我国地域辽阔，学校众多，分布广泛，各地学校所处地理位置、气候条件、土壤性质各不相同，学校历史年代也各有差异。学校园林绿化也应根据这些特点，因地制宜地进行规划、设计和植物种类的选择。

(5) 绿地指标要求高。一般高等院校内，包括教学区、行政管理区、学生生活区、教职工生活区、体育活动区以及幼儿教育和卫生保健等功能分区，这些都应根据国家要求，进行合理分配绿化用地指标，统一规划，认真建设。

11.1.2 大专院校绿地设计

11.1.2.1 设计原则

大专院校校园绿地设计原则如下。

(1) 以丰富多彩的园林植物为主。根据花木的不同特性，选取恰当的绿化方式，在保证建筑物使用功能的前提下，尽可能创造更多的绿色空间。在绿色中求美，并且充分发挥园林植物保护环境和改善校园环境的作用。校园中应多选用知识型、观赏型的花木，以使学生获得更多的环境保护知识。

(2) 注意营造具有可溶性、围合性、领域感、依托感的环境氛围。凡能形成一定围合、隐蔽、依托的环境，都会使人们渴望在其中逗留。在充满温馨的环境中感到轻松，得到休息，并可以调整思绪、静心思考或潜心读书。如在道路旁凹处围以栏杆、丛植的树阴下、弯曲的小路尽头等都可以成为别致幽静处。为使学生相互沟通和交流，也要设计一些适合小集体活动的场所。

(3) 注意点、线、面相结合。点是景点，线是道路，面是绿地。设计应使三者在绿化功能上、景色配置上相互补充和依托。只有三者密切相结合才能使校园景色和谐完美，成为一个有机的整体。

(4) 创造多层次的空间。多层次的空间可满足师生学习、交往、休息、娱乐、运动、赏景和居住的多样化需求。通过不同空间环境的塑造，去体现校园的文化气息和思想内涵，给他们以鼓舞。

(5) 适当设置园林小品。园林小品的点缀可使环境更具艺术性和实用性。可设立纪念性景观，或设雕塑，或种植纪念树，或维持原貌，使其充满教育意义和人情味、亲切感和鲜明的时代特征，成为一块教育园地。

11.1.2.2 大专院校校园绿地分区设计

大专院校一般有明显的分区，每个分区的园林绿化应具有不同的特色。其特色应与各分区的主要建筑物相互映衬，也应与整个校园风格相协调。

图 11.1　主教学楼前绿化图

1. 校园大门、出入口

这一分区主要是指校园大门、出入口与办公楼、教学主楼组成的校前区或前庭。它是行人、车辆出人之处，是学校的门户与标志，是校园给人们的第一印象，具有交通集散功能和展示学校标志、校容校貌及形象的重要作用。一般在此形成广场和集中绿化区。它应具有本校园明显的特征，应成为全校重点绿化美化区之一（图 11.1）。

2. 校园道路

校园道路也是校园绿化的重要组成部分。干道既是校内外交通要道和联系各个分区的绿色通道，也常是不同功能分区的分界线。它具有防风、防尘、减少干扰、美化校园的作用。校园干道的绿化有一板二带、两板三带等形式，另有林荫道、花园路等。校园道路两侧行道树应以乔木为主，构成道路绿地的主体和骨架，浓荫覆盖，有利于师生们的工作、学习和生活，在行道树外侧植草坪或点缀花灌木，形成色彩、层次丰富的道路侧旁景观。

3. 行政管理区绿化设计

行政办公楼是学校主要建筑之一。绿化、美化的好坏直接影响学校的声誉。行政办公楼绿化设计一般采用规则式布局，在大楼前方，一般与入口相对处设花坛、雕塑或大块草坪。在空间组织上留出开朗空间，有利于体现景观，突出办公大楼的主导地位。植物配置起丰富主景观的作用，衬托主体建筑艺术的美。花坛一般设计成规则的几何形状，其面积根据主体建筑的主题大小和形式以及周围环境空间的大小而定，要保证有一定面积的广场路面，以便人员车辆集散。

行政办公楼周围的绿化采用乔木，灌木，花草相结合。乔灌木为常绿和落叶、观花和观叶相结合配置（图 11.2）。绿地边缘路边可设绿篱围护，适当地方可设大乔木孤植或丛植，以供遮阴休息。树下可设坐椅，石凳、石桌等，方便休息活动。

图 11.2　行政综合楼周围绿化效果图

4. 教学区绿化设计

教学区以教学楼、图书馆、实验（实训）楼为主体，是师生上课、做实验（实训）的场所。旨在为师生提供一个课后休息的安静、优美环境。

教学主楼前的绿化设计要服从主体建筑，只起陪衬作用。大楼周围的绿化常以树木为主，常绿、落叶相结合。在教学楼大门两侧可以对称布置常绿树木或花灌木；在靠近教室的南侧要布置落叶乔木，以满足夏天遮阴与冬天享受阳光照射的双重需求（图 11.3）。在教学楼的北面应种植耐阴性较好的常绿树木，以减弱寒冷北风的袭击。乔木一般要离墙至少 5m 以外，以免影响室内自然采光。

实验（实训）楼周围绿化设计同教学楼基本相同，但要注意考虑不同实验（实训）室对绿化的特殊要求，在树种选择上综合考虑防火、防爆及防尘、减噪、采光、通风等因素（图 11.4）。

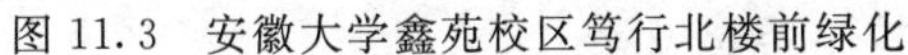

图 11.3　安徽大学鑫苑校区笃行北楼前绿化

图 11.4　实训大楼周围绿化效果图

图书馆是图书资料的储藏之处，为师生教学、科研、课外学习活动服务的场所，也是学校标志性建筑。其周围的基础种植以绿篱为主。图书馆前面要考虑人流集散，周围可根据场地大小布置草坪、树木或花坛（图 11.5）。

5. 生活区绿化设计

生活区包括学生生活区和教职工生活区。其绿化的目的是为广大师生创造一个整洁、舒适、卫生、优美的生活环境。

图 11.5　图书馆旁的绿化效果图

（1）学生生活区绿化设计。学生宿舍楼的北向，道路两侧可配置耐阴花灌木；南向绿化时要全面铺践踏性草坪。宿舍四周用常绿花灌木创造闭合空间。学生宿舍楼的附近或东西两侧，如有较大面积的绿化用地，则可设置疏林草地或小游园。其中适当布置石凳、石椅、石桌等小品设施，供学生室外学习、休息和社交活动使用。建筑旁用花灌木、窄冠树木。绿地外通常与道路绿化相连，无论有无行道树，绿地外围都用绿篱围护，使其与整个宿舍区环境绿化相协调；并留有多个出入口，以便进出。

（2）教职工生活区的绿化设计。教职工生活区的绿化设计要具备遮阴、美化和游览、休息、活动的功能。教职工住宅楼周围多采用绿篱和花灌木，适当配置宿根、球根花卉。出于安全防护需要，住宅楼前常设栅栏和围墙，可以充分利用藤本植物进行垂直绿化。有条件的教职工生活区，应设立小游园或小花园。

（3）学校食堂周围绿化设计。学校食堂周围绿化设计要以卫生、整洁、美观为原则。要选用生长健康、无毒、无臭、无污染和抗病虫树种，最好还具有一定的防尘、吸尘作用的树种。

（4）垃圾堆放场绿化设计。要求既方便倒垃圾又要适当加以隐蔽，周围用树丛或树墙加以配置，或在其南侧、后侧植大乔木，减少烈日曝晒，防止腐臭和飘扬。树种如女贞，香樟，桂花，石楠等。

6. 体育活动区绿化

体育活动区是学生开展体育活动的主要场所。一般应规划在远离教学区或行政管理区，靠近学生生活区的地方。这样既方便学生进行体育活动，又避免体育活动区的嘈杂声音对教学和生活造成影响。在体育活动区外围常用隔离带或疏林将其分隔，减少相互干扰。体育活动区内包括田径场、各种球场、体育馆、训练房、游泳池以及其他供学生从事体育活动的场地和设施。这些地方的绿化要充分考虑运动设施和周围环境特点。在各种运动场地之间可用常绿乔灌木进行空间分隔，以减少互相之间的干扰，只要不影响运动功能需要，可以多栽植一些树木。特别是单双杠等体操活动场地，可设在大树林的下面，以利夏季活动时遮阴。

图 11.6 休闲游览绿地效果图

7. 学校小游园设计

小游园是学校园林绿化的重要组成部分，是校园精华的集中表现。小游园绿地如果靠近大型建筑物而面积小，地形变化不大，可规划为规则式。如果面积较大，地形起伏多变，而且有自然树木、水塘或临近河、湖水边、可规划为自然式。在其内部空间处理上要尽量增加层次，富于变化充分利用树丛、道路、园林小品或地形将空间巧妙加以分割，色彩四季多变，将有限空间创造成无限变幻的美妙世界。园中也可以设置各种花架、花台、花坛、花境、水池、桌、椅、凳、假山等（图 11.6）。

11.1.3 中小学校园绿化设计

11.1.3.1 中小学校园的特点

中小学的校园特点如下。

(1) 面积与规模。与大专院校相比，一般中小学校园规模小、建筑密度大、绿化用地有限，尤其是小学和一些普通中学，用地更是紧张。

(2) 学生特点。中、小学生一般年龄比较小但学习任务繁重，因此，绿化设计时应充分考虑学生的年龄特点，并注意满足学生活动、休息、放松的需求。

(3) 师生学习工作特点。中小学校学生大部分以走读为主，学生在学校的停留时间仅限于上课时间，教师在校内居住的也不多。因此，绿地功能主要以美化、观赏为主。

11.1.3.2 中小学校园绿化设计

中小学用地分为建筑用地（包括办公楼、教学及实验楼、广场道路及生活杂务院）、体育场地和自然科学实验用地。

(1) 建筑用地周围的绿化。中小学建筑用地绿化，往往沿道路广场、建筑周边和围墙边呈条带状分布。建筑为主体，绿化衬托、美化建筑。因此，绿化设计既要考虑建筑物的使用功能，如通风采光，遮阴、交通集散，又要考虑建筑物的体量、色彩等。大门出入口、建筑门厅及庭院，可作为校园绿化的重点，结合建筑、广场及主要道路进行绿化布置，注意色彩层次的对比变化。配置四季花木、布置花坛、铺种草坪、种植绿篱，以衬托大门及建筑物人口空间和正立面景观，体现校园风貌、构筑校园文化。建筑物前后作低矮的基础栽植，5m 内不植高大乔木。

(2) 体育场地周围的绿化。体育场地主要供学生开展各种体育活动。一般小学操场较小，或以楼前后的庭院代之。中学单独设立较大的操场，可划分标准运动跑道、足球场、篮球场及其他体育活动用地。运动场周围植高大遮阴乔木，少种花灌木。地面铺草坪（除跑道外），尽量不硬化。运动场要留出较大空地供户外活动使用，并要求保持空间视线通透，以保证学生安全和体育比赛的进行。

(3) 道路绿化。主要考虑功能要求，满足遮阳需要。一般多种落叶乔木，也可适当点缀常绿乔木和花灌木。

(4) 自然科学实验用地绿化。这可结合功能要求因地制宜进行。实验用地的树木应挂牌，标明树种名称，便于学生识别与学习科学知识。

11.1.4 幼儿园绿地规划设计

11.1.4.1 幼儿园规划布局特点

幼儿园主要对 3～6 岁幼儿进行学龄前教育。在居住区规划中多布置在独立地段，也有设立在住宅底层的。如果是在独立地段设置，一般有较为宽敞的室外活动场地，对周边住户的影响较小。而设立在住宅底层的容易受环境限制，而且对住户的干扰较大。

幼儿园的总平面一般分为主体建筑区、辅助建筑区和户外活动场地等三部分。主体建筑区是其核心，应结合周围地形、朝向、采光、通风及各组成部分的相互关系统筹安排。辅助建筑主要包括锅炉房、厨房、洗衣房、仓库等。该区一般设置于园内较偏僻的地段，有条件时应开设专用出入口，以保证不影响儿童活动，避免不安全事故发生。

幼儿园的建筑布局形式有集中式、分散式两类。集中式布局用地紧凑，联系、管理方便，节约用地。分散式布局室内外空间结合较好，各儿童活动单元独立性强，干扰少，但其占地大且各班联系、管理不便。因此，在建筑设计上，不仅要考虑其本身的设计，也要使之与绿地之间的布局合理、使用方便。更要注重整体环境设计，使建筑与室内外环境符合幼儿心理和行为尺度，适合幼儿使用，能为幼儿所喜爱。

11.1.4.2 幼儿园绿地设计

一般正规的幼儿园包括室内活动和室外活动两部分。室外活动场地要结合场地条件合理进行设计与分区。

(1) 公共活动场地。这是幼儿进行集体活动、游戏的场地，也是绿地的重点区域。绿化应根据场地大小，结合各种游戏活动器械的布置，适当设置小亭、花架、沙坑、洗手池、小动物造型和涉水池（水深小于 0.35m）等。在活动器械附近，以种植遮阴的落叶乔木为主，角隅处适当点缀不带刺的花灌木，场地应开阔通畅，不能影响儿童活动，场地地面以铺设草坪或软塑胶最好（图 11.7）。

图 11.7 某幼儿园室外公共活动场地设计

（2）班组活动场地。幼儿园一般是按年龄分班的。合理的活动场地布置应该有供各班组分别进行室外活动的场地。此场地一般不设游乐器械，通常选择无毒无刺的绿篱、花篱作为隔断或以小路为界，使各场地形成相对独立空间，并种植少量病虫害少，遮阴效果好的落叶乔木。场地可根据面积大小，采用40％～60％铺装，图案要新颖、别致，符合不同年龄段的幼儿爱好。其余可铺草坪，也可设置廊架或棚架，种植开花的攀援植物，如金银花、紫藤等。

（3）学科学场地。有条件的幼儿园，还可设果园、花园、菜园、小动物饲养园等地，以培养儿童观察能力及热爱科学、热爱劳动的品质。其面积大小视情况而定。

（4）休息场地。在建筑附近，特别是儿童主体建筑附近，不宜栽高大乔木，以避免影响室内通风透光。一般乔木应距建筑8～10m以外，可以做一些基础种植。主入口附近可布置儿童喜爱的色彩鲜艳、造型可爱活泼的小品、花坛等，起美观及标志性作用外，还可为接送儿童的家长提供休息场地。

图11.8　某幼儿园室外环境绿化设计

（5）绿带。幼儿园场地周围应种植成行的乔木、灌木、绿篱，形成一个浓密、隔音、防尘的绿带。绿带宽度一般5～10m。如一侧有车行道或冬季主导风向而无建筑遮挡寒风时，则应密植林带进行防护，并考虑种植一定数量的常绿树，宽度应为10m左右。

（6）绿地铺装。绿地的铺装图案、色彩要符合儿童心理，还要特别注意其平整性，不要设台阶，诸如道牙、汀步的尺度应满足儿童安全健康的需求。

园区内不宜栽种飞毛、多刺、有毒、有异味或容易引起过敏的植物，如漆树的树液有刺激性，极易使儿童皮肤发生过敏；法桐花粉容易引起儿童皮肤过敏、呼吸道不适。夹竹桃、凌霄等有毒植物也不能种植。同时，建筑周围注意通风采光，一般基础栽植即可（图11.8）。

11.2　医疗机构绿地规划设计

11.2.1　医疗机构绿地的作用与特点

11.2.1.1　医疗机构绿地的作用

（1）改善小气候。医院、疗养院绿地对创造良好的小气候条件有突出的作用，具体体现在调节温度、湿度、防风、防尘、净化空气等几个方面。

（2）为病人创造良好的户外环境。医疗单位优美的、富有特色的园林绿地可以为病人创造良好的户外环境，提供观赏、休息、健身、交往、疗养等多功能的绿色空间，有利于病人早日康复。同时，园林绿地作为医疗单位环境的重要组成部分，还可以提高其知名度与美誉度，塑造良好形象。

（3）可稳定病人情绪，对病人心理产生良好的作用。医疗单位优雅安静的绿化环境对病人的心理、精神状态和情绪起着良好的安定作用：植物的形态色彩对视觉的作用，芳香袭人的气味对嗅觉的作用，色彩鲜艳、青翠欲滴的食用植物对味觉的作用，植物的茎、叶、花、果对触觉的作用，园林绿地中的水声、风声、虫鸣、鸟语以及雨打叶片声对听觉的作用，对稳定病人情绪，放松大脑神经，促进健康都有着非常积极的效果。

（4）在医疗卫生保健方面具有积极的意义。绿地是新鲜空气的发源地，而新鲜空气是人的生命时刻离不开的，特别是身患疾病的人，更渴望清新空气。植物的光合作用吸收二氧化碳，放出氧气，自动调节空气中的二氧化碳和氧气的比例。同时植物可大大降低空气中的含尘量，吸收、稀释地面3～4m高度范围内的有害气体。许多植物的芽、叶、花粉有分泌大量杀菌物质的功能，可杀死空气中的细菌、真菌和原生动物。如景天植物的汁液能消灭流感类的病毒；松树放出的臭氧和分泌物能抑制杀灭结核菌；樟树、桉树的分泌物能杀死蚊虫、驱除苍蝇；银杏可以分泌一种氢氰酸，对人体有保健作用。这些植物都是人类健康有益的“卫生防疫员、保健员”。

（5）卫生防护隔离作用。在医院，一般病房、传染病房、制药间、解剖室、太平间之间都需要隔离，传染病医院周围更需要隔离。园林绿地中经常利用乔、灌木的合理配置，起到有效的卫生防护隔离作用。

11.2.1.2 医疗机构绿地的特点

1. 医疗机构的类型

按医院的性质与规模。可将医疗机构分为：

（1）综合医院。一般设有内、外各科的门诊部与住院部。

（2）专科医院。是设有某个专科或几个相关联医科的医院，如妇产医院、儿童医院、口腔医院、结核医院、传染病医院等。传染病医院及需要隔离的医院一般设在郊区。

（3）其他医疗机构。该机构有属于门诊性质的门诊部、小型卫生院及长时期医疗的疗养院等。

2. 医院机构绿地组成特点

综合医院是由多个使用要求不同的部分组成的，在进行总体布局时，按各部分功能要求进行。综合医院的平面可分为医务室及总务室两大部分，医务室又分为门诊部、住院部、辅助医疗等几部分，各部分的特点如下。

（1）门诊部。门诊部是接纳各种病人，对病情进行诊断。确定门诊治疗或住院治疗的地方，同时也进行保健工作。门诊部的位置，一方面要便于患者就诊，靠近街道；另一方面又要保证医疗需要的卫生和安静条件。门诊部建筑一般要退后红线10～25m。

（2）住院部。住院部主要为病房，是医院的主要组成部分。并有单独的出入口，其位置安排在总平面中安静、卫生条件好的地方。要尽可能避免一切外来干扰或刺激（如在视觉、嗅觉、听觉等方面产生的不良因素），以创造安静、卫生、适用的治疗和疗养环境。

（3）辅助医疗部。门诊部和病房的辅助医疗部分的用房，主要由于手术室、中心供应部、药房、X光房、理疗室和化验室等部分组成。大型医院中可按门诊部和住院部各设一套辅助医疗用房，中小型则合用。

（4）行政管理部。主要是对全院的业务、行政和总务进行管理，有的设在门诊楼内，有的则单独设在一幢楼内。

(5) 医院的总务部。属于供应和服务性质的部门，包括食堂、锅炉房、洗衣房、事务及杂务用房、制药间、药库、车库及修理库等。一般设在较偏僻的一角，与医务部门既有联系，又要隔离。

(6) 其他部门。如病理解剖室和太平间，一般常设置在单独区域内，并应与其他部分保持较大的距离，并与街道及相邻地段有所隔离。

11.2.2 医疗机构绿地设计

11.2.2.1 门诊区绿化设计

门诊区靠近医院主要出入口，与城市街道相临，是城市街道与医院的结合部，绿化不仅起到卫生防护隔离作用，还有衬托、美化门诊楼和市容街景的作用，体现医院的精神面貌、管理水平和城市文明程度。因此，应根据医院条件和场地大小，因地制宜地进行绿化设计，以美化装饰为主。

(1) 入口绿地应与街景协调并突出自身特点，也要防止来自街道和周围的尘土、烟尘和噪声污染，所以在医院外围可密植 10～20m 宽的乔灌木防护林带。医院的临街围墙以通透式为主，使医院内外绿地交相辉映，围墙与大门形式协调一致，宜简洁，美观，大方，色调淡雅。若空间有限，围墙内可结合广场周边作条带状基础栽植。

(2) 入口处应有较大面积的集散广场，广场周围可作适当的绿化布置。综合性医院人口广场一般较大，在不影响人流、车辆交通的条件下，广场可设置装饰性的花坛、花台和草坪，有条件的还可设置水池、喷泉和主题雕塑等，形成开朗、明快的格调。尤其是喷泉，可增加空气湿度，促进空气中负离子的形成，有益于人们的健康。并应注意设置一定数量的休息设施供病人候诊。广场周围种植整形绿篱，开阔的草坪，花开四季的花灌木，在节日期间还可用一、二年生花卉做重点装饰。广场周围还应种植高大乔木以遮阴。

(3) 门诊区的整体格调要求开朗，明快，色彩对比不宜强烈，应以常绿素雅为主。

(4) 注意保证门诊楼室内的通风与采光。门诊楼前绿化应以草坪、绿篱及低矮的花灌木为主，乔木应在距建筑 5m 以外栽植，以免影响室内通风、采光及日照。门诊楼后常因建设物遮挡，形成阴面，光照不足，要注意耐阴植物的选择配置，保证良好的绿化效果，如天目琼花、金丝桃、珍珠梅、金银木、绣线菊、海桐、大叶黄杨、丁香等，以及玉簪、紫萼、书带草、麦冬、白三叶以及宿根花卉和草坪。在门诊楼与其他建筑之间应保持 20m 的卫生间距，栽植乔灌木，从而起到一定的绿化，美化和卫生隔离效果。

11.2.2.2 住院区绿化设计

住院区庭院要精心布置，根据场地大小、地形地势、周围环境等情况确定绿地形式和内容，结合道路、建筑进行绿化设计，创造安静优美的环境，供病人室外活动及疗养。

(1) 绿地总体要求环境优美、安静、视野开阔。如果住院部周围有较大面积的绿化场地时，可采用自然式的布局手法，利用原有地形和水体，稍加改造形成平地或微起伏的缓坡和蜿蜒曲折的湖池、园路，并可适当点缀园林建筑小品，配置花草树木，形成优美的自然式庭园（图 11.9）。如果住院部周围场地比较小，一般采用规划式构图，绿地中设置整形广场，广场内以花坛、水池、喷泉，雕塑等作中心景观，周边放置座椅、桌凳、亭廊花架等休息设施。

图 11.9 某医院住院部前庭景观设计

(2) 广场、道路尽量平缓，采用无障碍设计，便于轮椅、病人的出入，并应考虑一定量的休息、服务设施。

(3) 注意植物配置。首先，植物配置要有丰富的色彩与明显的季相变化，使长期住院的病人能感受到自然界的变化，季节变换的节奏感宜强烈些，使之在精神、情绪上比较兴奋，从而提高药物疗效，常绿树与开花灌木应保持一定的比例，一般为 1∶3 左右，使植物景观丰富多彩。同时，植物配置要考虑病人在室外活动时对夏季遮阴、冬季阳光的需要。还可以多栽些药用植物，使植物布置与药物治疗联系起来，增加药用植物知识，减弱病人对疾病的精神负担，有利病员的心理辅疗，医疗机构绿化宜多选用“保健型”人工植物群落，利用植物的配置。形成一定的植物生态结构，从而利用植物分泌物质和挥发物质，达到增强人体健康、防病、治病的目的。

(4) 根据医疗需要，在绿地中，可考虑设置辅助医疗场所。有时，根据医疗需要，在较大的绿地中布置一些辅助医疗地段，如日光浴场、空气浴场、树林氧吧、体育活动场等，以树丛、树群相对隔离，形成相对独立的林中空间，场地以草坪为主，或做嵌草砖地面。场地内适当位置设置座椅、凳、花架等休息设施。为避免交叉感染，应为普通病人和传染病人设置不同的活动绿地，并在绿地之间栽植一定宽度的以常绿及杀菌力强的树种为主的隔离带。

(5) 一般病区与传染病区绿地要考虑隔离。一般病房与传染病房也要留有 30m 的空间地段，并以植物进行隔离，以防各种疾病之间的相互传染。

11.2.2.3 辅助医疗区绿化

辅助医疗区周围密植常绿乔灌木，形成完整的隔离带。特别是手术室、化验室、放射科等，四周的绿化必须注意不种有绒毛和花絮的植物，防止东、西日晒，保证通风和采光。

11.2.2.4 其他服务区绿化

晒衣场与厨房等杂务院可单独设立，周围密植常绿乔灌木作隔离，形成完整的隔离带。医院太平间、解剖室应有单独出入口，并在病员视野以外，有绿化作隔离。有条件时要有一定面积的苗圃、温室，除了庭园绿化布置外，可为病房、诊疗室等提供公园用花及插花，以改善、美化室内环境。

11.2.3 不同性质医疗机构对绿化的一些特殊要求

11.2.3.1 儿童医院绿化

儿童医院主要收治14岁以下的病儿。其绿地除具有综合性医院的功能外，还要考虑儿童的一些特点。在绿化布置中要安排儿童活动场地及儿童活动的设施，其外形色彩、尺度都要符合儿童的心理与需要，如绿篱高度不超过80cm，以免阻挡儿童视线，因此儿童医院要以“童心”感进行设计与布局。树种选择要尽量避免种子飞扬、有臭、有异味、有毒有刺的植物，以及引起过敏的植物。还可布置些图案式样的装饰物及园林小品。总之，要以优美的布局形式和绿化环境，创造活泼、轻松的气氛，减少医院和疾病给患病儿童造成的心理压力。

11.2.3.2 传染病医院绿化

传染病医院主要收治各种急性传染病、呼吸道系统疾病的患者。为了避免传染，因此更应突出绿地的防护和隔离作用。传染病院的防护林带要宽于一般医院，15～25m的林带由乔灌木组成，并将常绿树与落叶树一起布置，同时常绿树的比例要更大，使冬季也具有防护作用。不同病区之间也要相互隔离，避免交叉感染。由于病人活动能力小，以散步、下棋、聊天为主，各病区绿地不宜太大，休息场地距离病房近一些，以方便利用。

11.2.3.3 精神病院绿化

精神病院主要受治有精神病的患者。由于艳丽的色彩容易使病人精神兴奋，神经中枢失控，不利于治病和康复，因此精神病院绿地设计应突出“宁静”的气氛，以白、绿色调为主，多种植乔木和常绿树，少种花灌木，并选种如白丁香，白碧桃，白月季，白牡丹等白色花灌木。在病房区周围面积较大的绿地中，可布置休息庭园，让病人在此感受阳光、空气和自然气息。

11.2.3.4 疗养院绿地设计

疗养院是具有特殊治疗效果的医疗保健机构，主要治疗各类慢性病，疗养期一般较长，一个月到半年左右。疗养院具有休息和医疗保健双重作用，多设于环境优美、空气新鲜，并有一些特殊治疗条件（如温泉）的地段，有的疗养院就设在风景区中，有的单独设置。

疗养院的疗养手段是以自然因素为主，因此，在进行环境和绿化设计时，应结合各种疗养法如日光浴、空气浴、海水浴、沙浴等，布置相应的场地和设施，并与环境相融合。

疗养院与综合性医院相比，一般规模与面积较大，尤其有较大的绿化区，因此更应发挥绿地的功能作用，院内不同功能区应用绿化带加以隔离。疗养院内树木花草的布置要使建筑内阳光充足，通风良好，并防止西晒，留有风景透视线，以供病人在室内远眺观景。为了保持安静，在建筑附近不应种植毛白杨等树叶摩擦声大的树木。疗养院内的露天运动场、舞场、电影场等周围也要进行绿化，形成整洁、美观、大方、宁静、清新的环境。

11.2.4 医疗机构绿化树种选择

在医院、疗养院绿地设计中，如何根据医疗单位的性质和功能，合理地选择和配置树种，对能否充分发挥绿地的功能起着至关重要的作用。

11.2.4.1 选择杀菌力强的树种

具有较强杀灭真菌、细菌和原生动物能力的树种主要有侧柏、圆柏、铅笔柏、雪松、杉松、油松、华山松、白皮松、红松、湿地松、火炬松、马尾松、黄山松、黑松、柳杉、黄栌、盐肤木、锦熟黄杨、尖叶冬青、大叶黄杨、桂香柳、核桃、月桂、七叶树、合欢、刺槐、国槐、紫薇、广玉兰、木槿、楝树、大叶桉、蓝桉、柠檬桉、茉莉、女贞、日本女贞、丁香、悬铃木、石榴、枣树、枇杷、石楠、麻叶绣球、枸橘、银白杨、钻天杨、垂柳、栾树、臭椿及蔷薇科的一些植物。

11.2.4.2 选择经济类树种

医院、疗养院还应尽可能选用果树、药用等经济类树种，如山楂、核桃、海棠、柿树、石榴、梨、杜仲、国槐、山茱萸、白芍药、金银花、连翘、丁香、垂盆草、麦冬、枸杞、丹参、鸡冠花、霍香等。

11.3 工矿企业绿地规划设计

11.3.1 工矿企业绿化的作用与特点

1. 工矿企业绿化的作用

(1) 美化工厂环境，净化空气质量。工业生产对于经济的发展有着至关重要的作用，给社会创造了无数的物质财富和精神财富，但同时也给人类赖以生存的环境带来了污染，造成灾难，甚至威胁人们的生命。

(2) 促进文明建设，提高投资信誉。工厂绿化是社会主义精神文明建设的一个方面，从一个侧面反映出一个工厂的精神面貌。良好的园林绿化环境，使职工在紧张劳动之余，得到一种高尚趣味的精神享受，使体力得到调节，以更充沛的精力投入到工作劳动中去。

(3) 创造物质财富，提高经济效益。良好的工厂绿化，可获得直接和间接的经济价值。工厂绿化可结合生产，种植果树、油料作物及药用植物，创造一定的经济效益。

2. 工矿企业绿化的特点

工矿企业的绿化由于工业生产的特性而与其他用地有着绿化上的不同需求。同时工厂的性质、类型不同，生产工艺不同，对环境的影响及要求也不同。工厂绿化的特殊性概括起来表现在以下几个方面。

(1) 环境恶劣。工厂在生产过程中常常会排放、逸出各种对人体健康、植物生长有害的气体、粉尘、烟尘及其他物质，使空气、水、土壤受到不同程度的污染。另外工业用地的选择尽量不占耕地良田，加之基本建设和生产过程中材料的堆放，废物的排放，使土壤的结构、化学性能和肥力变差，造成树木生长发育的立地条件较差。

(2) 用地紧凑。我国是个耕地面积较少的国家，低于世界人均耕地面积，工业建筑及各项设施的布置都比较紧凑，建筑密度大，特别是城市中的中、小型工厂，往往能供绿化的用地很少，因此工厂绿化要“见缝插绿”，甚至“找缝插绿”“寸土必争”地栽种花草树木，灵活运用绿化布置手法，争取绿化用地。

(3) 保证生产安全。工厂中心任务是发展生产，为社会提供量多质高的产品。工业企业的绿化要有利于生产正常运行，有利于产品质量的提高。工厂里的空中、地上、地下有着种类繁多的管线，不同性质和用途的建筑物、构筑物、铁路、道路纵横交叉，厂内厂外运输繁忙。

(4) 服务对象。工业企业绿地是本厂职工休息的场所。其职工的职业性质比较接近，人员相对固定，绿地使用时间短、面积小，加上环境条件的限制，使可以种植的花草树木种类受到限制，因此土和在有限的绿地中，结合建筑小品、园林设施、使之内容丰富，发挥其最大的使用效率，是工厂绿化中特有的问题。

11.3.2 设计前的准备工作

工矿企业绿地规划设计前的准备工作如下。

(1) 自然条件的调查。自然条件是指气候条件、土壤条件、植被现状、地形、地质等。工厂绿化的主要材料是树木、花、草等各类植物，他们都有各自的生态习性和生长特性，因此必须进行充分调查。如初建成的广场还要调查周围建筑垃圾、土壤成分，为适当换土或改良土壤做准备。

(2) 社会条件调查。主要包括是指工厂与城市规划的关系、与地方居民的关系、与工厂员工的关系、与其他企业的关系等。因此，要做好工厂的绿化规划设计，应当深入了解工厂职工、领导对绿化环境的需求，当地园林部门对工厂绿化的意见，以便更好地规划建设和管理。最后还要调查工厂建设的进展和步骤，明确所有空地的近、远期使用情况，以利有计划地安排绿地建设。

(3) 工厂生产性质及其规模的调查。不同性质的工厂生产内容不同，对周围环境的影响也不一样。即使工厂性质相同，生产工艺也可能不同，所以还需要进行调查，才能弄清生产特点，确定所有的污染源位置和性质，进而明确污染物对植物造成的损伤情况，为绿化设计提供依据。

(4) 工厂总图的了解。从工厂总图的平面图，了解绿化面积情况。从竖向图中了解挖方、填方数及土壤结构变化。从管线图中弄清楚管线与绿化树木的关系。

11.3.3 工矿企业绿地分区设计

工厂绿地规划布局的形成一定要与各区域的功能相适应，虽然工厂的类型有冶炼、化工、机械、仪表、纺织等，但都有共同的功能分区，如厂前区、生产区、生活区及工厂道路等。

11.3.3.1 厂前区绿地设计

厂前区包括主要入口、厂前建筑群和厂前广场。厂前区在一定程度上代表着工厂的形象，体现工厂的面貌，也是工厂文明生产的象征。它常与城市道路相邻，其环境的好坏直接关系到城市的面貌，其主要建筑一般都有较高的建筑艺术标准。

1. 大门环境与围墙的绿化

工厂大门环境绿化，首先要注意与大门建筑造型相调和，并有利于出入。大门建筑应后退建筑红线，以利于形成门前广场（图 11.10）。门前广场两旁绿化应与道路绿化相协调，可种植高大乔木，引导人流通往厂区。门前广场中间可以设花坛、花台，布置色彩绚丽多姿、气味香馥的花卉，但其高度不得超过 0.7m，以免影响汽车驾驶员的视线。在门内广场可以布置花园，设立花坛、花台或水池喷泉、雕塑、假山石等，形成一个清洁、舒适、优美的环境。

工厂围墙绿化应充分注意防卫、防虫、防风和减少噪音，还要注意遮隐建筑的不足之处，与周围景观相协调。绿化树种通常沿墙内外带状布置，以女贞、珊瑚树、冬青、青冈栎等常绿树为主，银杏、枫香、乌桕等落叶树为辅，常绿树与落叶树的比例以 4∶1 为宜。

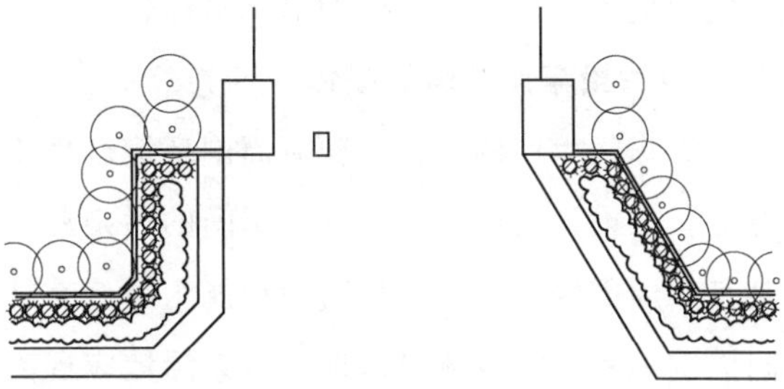

图 11.10　厂门环境设计示意图

2. 工厂办公区绿化

办公用房一般处在工厂污染风向的上方，管线较少，因而绿化条件较好。绿化的形式应与建筑形式相协调，靠近大楼附近的绿化一般用规则式对称布局，门前绿地可设计花坛、草坪、雕像、水池、升旗台等，要便于行人出入；左右两侧可酌情设置停车位。远离大楼的地方则可根据地形的边采用自然式布局，设计草坪、树丛、树林等。在建筑物四旁绿化要做到朴实大方，美观舒适。也可以与小游园绿化相结合，但一定要照顾到室内采光、通风。在东、西两侧可种落叶大乔木，以减弱夏季太阳直射；北侧应种植常绿耐阴树种，以防冬季寒风袭击（图 11.11）。

图 11.11　某工厂办公区绿化

11.3.3.2　厂区道路绿化

厂区道路是工厂生产组织、工艺流程、原材料和成品运输、企业管理、生活服务的重要交通枢纽，是厂区的动脉。满足工厂生产要求，保证厂区交通运输畅通和安全是厂区道路规划的第一要求，也是厂内道路绿化的基本要求。

绿化前必须充分了解路旁的建筑设施，电杆、电缆、电线、地下给排水管、路面结构、道路的人流量、通车率、车速、有害气体、液体的排放情况和当地的自然条件等。然后选择生长健壮、适应能力强、分支点高、树冠整齐、耐修剪、遮阴好、无污染、抗性强的落叶乔木为行道树。如栾树、榉树、椿树、喜树、水杉、国槐、柳树、毛白杨等。

11.3.3.3 生产区绿化

生产区是人们工作和生产的地方，污染重、管线多、绿化条件较差，是企业的核心所在，也是厂区绿化的重点部位，其周围的绿化对净化空气、消声、调剂工人精神等均有很重要的作用。

1. 有污染车间周围的绿化

这类车间生产的过程中会对周围环境产生不良影响和严重污染，如散发有害气体、烟尘、粉尘、噪音等。在设计时应该首先掌握车间的污染源、污染物成分以及污染程度，有针对性地进行设计。在污染车间周围绿化应以卫生防护功能为主，有针对性地选择抗性强、生长快的树木花带；有严重污染车间周围不宜布置成休息绿地，休息绿地应远离污染严重的地区。植物配置上，靠近车间附近不宜过密栽植树木，可铺设阔草坪，稀疏栽植乔灌以利于气体扩散、稀释。与其他车间之间可与道路绿化结合设置隔离带。

2. 无污染车间周围的绿化

指本身既无有害物质污染，在卫生防护方面对周围环境也无特殊要求的车间。这类车间周围的绿化较为自由，除注意不要妨碍上下管道外，限制不大。

3. 对环境有特殊要求的车间周围的绿化

精密仪器车间、食品、医药卫生车间、供水车间、易燃易爆车间、暗室作业车间等，这类车间周围的空气质量直接影响产品质量和设备的寿命，其环境设计要求清洁、防尘、降温、美观，有良好的通风和采光，设计时应该特别注意，具体做法参照表 11.1。

表 11.1　　各类生产车间周围绿化的特点及设计要点

序号	生产绿地	绿化特点	设计要点
1	精密仪器车间	对空气质量要求较高	种植藤本、常绿树为主，铺设大块草坪，选用无飞絮、种毛、落果及不易落叶的乔灌木
2	化工车间	有利于毒气的扩散、稀释	种植抗污能力强、吸污能力高的树种
3	粉尘车间	有利于吸附粉尘	种植叶面积大，表皮粗糙，具绒毛和分泌腺脂的植物。结构要紧凑、严密
4	噪声车间	有利于减弱噪声	种植枝叶茂密、分枝低矮、叶面积大的乔、灌木。 可以常绿、阔叶、落叶树木组成复层混交林带
5	恒温车间	有利于改善和调节环境小气候	种植较大型的常绿、落叶混交成自然式绿地。多可种草皮及其他地被植物
6	食品、医药卫生车间	对空气质量要求较高	种植能挥发杀菌素的树种。选用无飞絮、种毛、不易落叶的乔灌木。可铺设大块草地
7	易燃易爆车间	有利于防火	种植防火树种，并留出足够的消防用地
8	露天作业区	起隔离、分区、遮阴作用	种植常绿、落叶混交林带和大树冠的乔木
9	高温车间	有利于调节气温	种植高大的阔叶乔木和色彩淡味香的花灌木，可配置园林小品
10	工艺美术车间	创造优美环境	种植姿态优美、色彩丰富的种类，并配置园林小品
11	供水车间	对空气质量要求较高	种植常绿树为主，选用不散放飞絮、种毛、不易掉叶的乔灌木
12	暗室作业车间	形成荫蔽的环境	种植枝叶浓密的大树或搭设荫棚

11.3.3.4 仓库、堆料场区绿化

仓库、堆料场区绿化应该注意以下几点。

（1）满足交通运输条件和所贮物品，满足使用上的要求，装卸方便。

（2）选择病虫害少树干通直，分枝点在高（4m以上）。

（3）注意防火要求，不宜种针叶树和含油胶较多的树种，要选择含水量大、不易燃烧的树种，如珊瑚树、冬青、柳树等。

（4）仓库的绿化以稀疏栽植的乔木为主，树的间距要大，以7～10m为宜，布局宜简洁。

（5）仓库周围必须留出5～7m宽空地，以保证消防通道的宽度和净空高度。

（6）地下仓库上面，根据土层厚度，可种植草坪、藤本植物、乔灌木类，可起到装饰、隐蔽、降低地表温度和防止尘土飞扬的作用。植物种植最低土层厚度见表11.2。

表11.2　植物种植最低土层厚度　单位：cm

植物种类	生存所需	生长所需	植物种类	生存所需	生长所需
草本	10～15	30	浅根乔木	60	90～100
小灌木	30	45	深根乔木	90～100	150
大灌木	45	60			

11.3.3.5　工厂小游园设计

工厂企业根据厂区内立地条件，厂区规划要求设置集中绿地，因地制宜开辟小游园，是满足职工业余休息、放松、消除疲劳、锻炼、聊天、观赏的需要，对提高劳动生产率、保证安全生产，开展职工业余文化活动有重要意义，对美化厂容厂貌也有着重要作用。

小游园在厂区内设置的位置通常可以结合厂前区布置（图11.12），也可结合厂内自然地形布置。如厂内有靠近河边、湖边、海边、山边等的场地，则有利于因地制宜的用来开辟小游园。有些工厂把小游园与公共福利设施、人防工程相结合来。如果工厂某些生产车间附近有可利用的场地，则可根据本车间工人的喜好在车间附近布置各具特色的小游园，以利职工休息时便捷到达（图11.13）。

图11.12　结合厂前区布置小游园

图11.13　工厂车间附近布置小游园

11.3.3.6　工厂防护林带设计

1. 防护林带的结构

防护林因其结构不同，其效果也就不同，按结构的不同可分为通透结构、半通透结构、紧密结构、复合式结构四种不同形式（图11.14）。

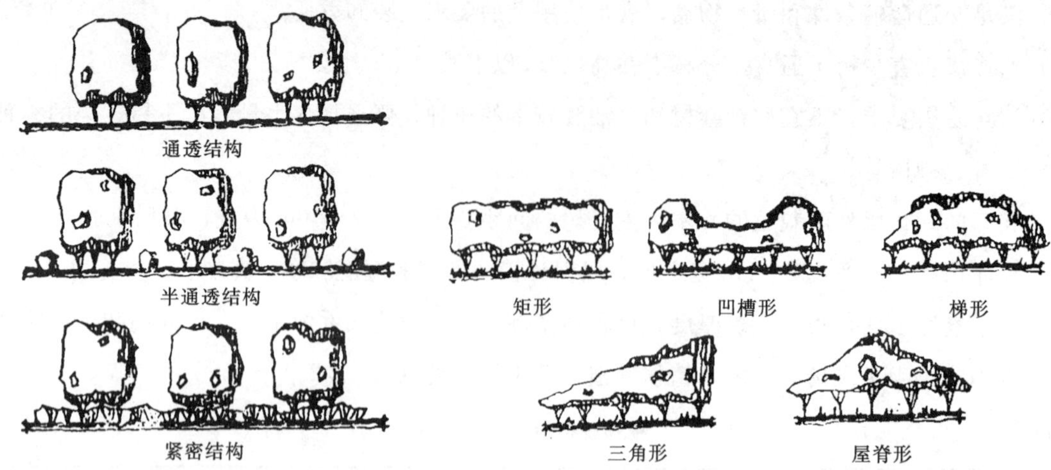

图 11.14　防护林带不同结构示意图　　　图 11.15　防护林带不同断面形式示意图

（1）通透结构。此种防护林带一般由乔木组成，株行距较大（3m×3m），风从树冠下和树冠上方穿过，可以减弱风的速度，阻挡污染物质。在林带背后 7 倍树高处风速最小，有利于毒气、飘尘的输送与扩散；52 倍树高处风速恢复至原风速，与林前相等，因此此种结构形式可在距污染源较近处使用。

（2）半通透结构。此种防护林带一般以乔木为主，外侧配置一行灌木（2m×3m）。风的一部分从林带孔隙中穿过，在林带背后形成一小旋涡，而风的另一部分从林冠上面走过，在 30 倍树高处风速较低，此林带适于沿海防风或在远离污染源处使用。

（3）紧密结构。由大乔木、小乔木和灌木多种树木配置成林带，防护效果最好。气流遇到林带，在迎风处上升扩散，风基本上从林冠上方绕过，在林缘背风处急剧下沉，形成涡流，有利于有害气体的扩散和稀释。它适用于卫生防护林或远离污染源处使用。

（4）复合式结构。当有足够宽度的防护林带时，可将上述三种结构结合起来，形成复合式结构。一般在靠近工厂的一侧建立通透结构，近居民区一侧采用紧密结构，中间部分采用半通透结构，这样更能发挥其净化空气减少污染的作用。

2. 防护林带的断面形式

防护林带因构成的树种不同，故形成的林带断面的形状也不同。它可分为矩形、梯形、屋脊形、凹槽形、背风面垂直的三角形和迎风垂直的三角形等（图 11.15）。矩形横断面林带防风效果好，屋脊形和背风面垂直的三角形横断面有利于气体的上升和扩散，凹槽形横断面有利于粉尘的沉降和阻滞，梯形的横断面其效果介于矩形与屋脊形之间，结合道路设置防护林带，将迎风垂直三角形与背风面垂直三角形断面相对应地设置于道路两侧。

3. 防护林的树种选择

防护林的树种应注意选择生长健壮、抗性强的乡土树种。防护林的树种配置要求为：常绿与落叶的比例大致为 1∶1，快长与慢长相结合，乔木与灌木相结合，经济树种与观赏树种相结合。

4. 防护林带的类型与设置

根据卫生防护林带的位置和功能的不同，可以分为防污染林带、防风林带、防火林带三种类型。

(1) 防污染带：有污染的工厂、车间等一般设在主导风向的下风或风频最小风向的上风；生活区、厂前区等多设在主导风的上风或风频最小风的下风；两者之间设垂直于主导风向的林带。污染源在上风时，则林带要更宽、更强。如果被污染区是成片的，林带垂直于风向；如果被污染区范围较小，林带可与风向成一夹角，以利于疏导稀释。对于有组织排放的有害气体来源，林带应设在烟体上升高度的20～25倍距离的下风向；对于无组织排放的有害气体来源，林带应适当靠近污染源，林带的密度一般是靠近污染源处较稀，被污染区附近较密，这样有利于烟气的疏通扩散和吸收。

(2) 防风林带。一般在煤场、垃圾场、水泥石灰场附近应设置防风林带。防风林带的防护范围有限，在防风林带前的迎风面，防护范围是林带高度的10倍左右，可以降低风速15%～25%；在林带后的防护距离则为林带高度的25倍左右，能减弱风速10%～17%。当林带的透风系数为0.58时，防风效果最好。林带多与风向垂直，树木应顺风参差排列。

(3) 防火林带。在石油化工、化学制品、冶炼、易燃易爆产品的生产工厂与车间、作业场地等，为确保安全生产，减少事故的损失，应设防火林带。林带由不容易燃烧、再生能力强的防火耐火树种（如珊瑚树、山茶、罗汉松、女贞、银杏、枫香、悬铃木等）组成。也可以在防护距离内设置隔离沟、障碍物等设施，与林带一起共同阻隔火源，延缓火势蔓延。

在一般情况下污染空气最浓点到排放点的水平距离等于烟体上升高度的10～15倍，所以在主风向下侧设立2～3条林带很有好处（图11.16）。按照有害气体和烟尘排放方式的不同，一般可以分为无组织排放、有组织高空排放和混合式排放（图11.17）。

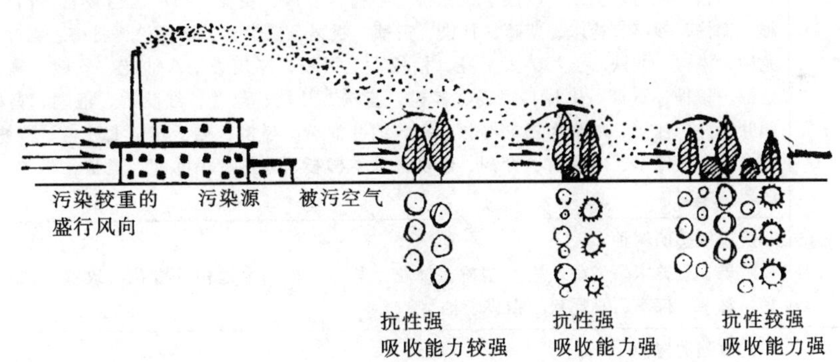

图11.16　工厂防护林的树种特性

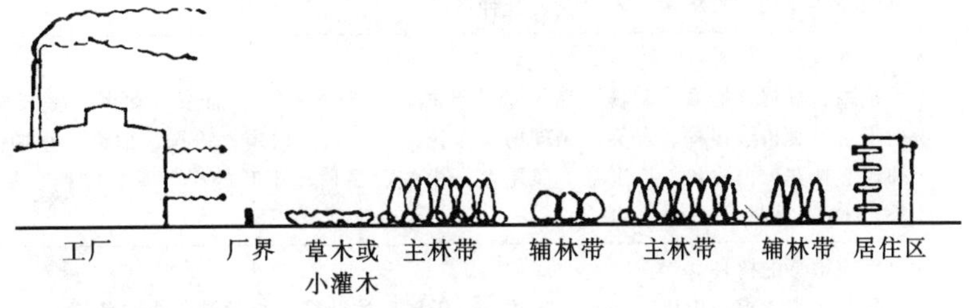

图11.17　混合排放时的防护林带布置

11.3.4　工矿企业绿化树种规划与选择

1. 工矿企业绿化树种规划原则

(1) 识地识树，适地适树。识地识树就是要对拟绿化的工厂、绿地的环境条件有清晰的认识和了解，包括温度、湿度、光照等气候条件和土层厚度、土壤结构和肥力、pH 值等土壤条件，也要对各种园林植物的生物学和生态学特征了如指掌。适地适树就是根据绿化地段的环境条件选择园林植物，使环境适合植物生长，也使植物能适应栽植地环境。

(2) 注意防污植物选择。工厂企业污染源，要在调查研究和测定的基础上，选择防污能力较强的植物，尽快取得良好的绿化效果，避免失败和浪费，发挥工厂绿地改善和保护环境的功能。

(3) 满足生产工艺的要求。不同工厂、车间、仓库、料场，其生产工艺流程和产品质量对环境的要求也不同，如空气洁净程度，防火、防爆等。因此，选择绿化植物时，要充分了解和考虑这些对环境条件的限制因素。

(4) 易于繁殖，便于管理。工厂绿化管理人员有限，为省工节支，宜选择繁殖、栽培容易和管理粗放的树种，尤其要注意选择乡土树种。装饰美化厂容，要选择那些繁衍能力强的多年生宿根花卉。

2. 工矿企业常用绿化树种

工矿企业的常用绿化树种见表 11.3。

表 11.3　　工矿企业常用绿化树种

抗二氧化硫的树种	抗性强的树种 大叶黄杨、夹竹桃、海桐、蚊母、女贞、小叶女贞、棕榈、十大功劳、重阳木、雀舌黄杨、凤尾兰、无花果、合欢、瓜子黄扬、蟹橙、枸杞、侧柏、皂荚、银杏、刺柏、白蜡、广玉兰、国槐、山茶、枸骨、木麻黄、北美鹅掌楸、紫穗槐、枇杷、相思树、柽柳、黄杨、金橘、榕树、梧桐
	抗性较强的树种 华山松、楝树、卫矛、胡颓子、赤松、朴树、菠萝、粗榧、柿树、白皮松、白榆、丁香、垂柳、云杉、榔榆、沙枣、柃木、紫藤、杜松、黄檀、板栗、三尖杉、罗汉松、腊梅、细叶榕、无患子、杉木、龙柏、榉树、苏铁、玉兰、太平花、桧柏、毛白杨、厚皮香、八仙花、紫葳、侧柏、丝棉木、扁桃、地锦、银桦、石榴、木槿、枫杨、梓树、蓝桉、月桂、丝兰、红茴香、泡桐、乌桕、广玉兰、桃树、凹叶厚朴、槐树、加拿大杨、柳杉、枣、细叶油茶、旱柳、栀子花、七叶树、连翘、垂柳、椰子、八角金盘、金银木、木麻黄、青铜、蒲桃、日本柳杉、紫荆、小叶朴、臭椿、米兰、花柏、黄葛榕、木菠萝、桑树
	反应敏感的树种 苹果、悬铃木、云南、松毛樱桃、梅花、梨、雪松、湿地柏、樱花、玫瑰、油松、落叶松、贴梗海棠、月季、郁李、马尾松、白桦、油梨
抗氟化氢的树种	抗性强的树种 大叶黄杨、构树、、夹竹桃、山茶、槐树、青冈烁、白榆、红花油茶、海桐、朴树、侧柏、沙枣、厚皮香、石榴、皂荚棕榈、银杏、凤尾兰、桑树、怪柳、红茴香、天目琼花、瓜子黄杨、香椿、黄杨、金银花、龙柏、丝棉木、木麻黄、杜仲
	抗性较强的树种 桧柏、榆树、楠木、刺槐、紫茉莉、蓝桉、紫薇、丝兰、油茶、女贞、垂枝榕、太平花、鹅掌楸、白玉兰、臭椿、银桦、含笑、珊瑚树、无花果、合欢、白蜡、梧桐、地锦、垂柳、杜松、云杉、乌桕、柿树、桂花、白皮松、广玉兰、凤尾兰、山楂、枣树、小叶朴、月季、樟树、旱柳、棕榈、梓树、丁香、木槿、柳杉、小叶女贞
	反应敏感的树种 葡萄、杏、梅、山桃、梓树、慈竹、白千层、榆叶梅、金丝桃、池柏紫荆
抗乙烯的树种	抗性强的树种 夹竹桃、悬铃木、棕榈、凤尾兰
	抗性较强的树种 黑松、罗汉松、女贞、枫杨、乌桕、柳树、重阳木、红叶李、红叶李、香樟、白蜡、榆树
	反应敏感的树种 月季、大叶黄杨、苦楝、十姐妹、刺槐、臭椿、合欢、玉兰

续表

抗氨气的树种及	抗性强的树种 女贞、樟树、银杏、柳杉、石楠、无花果、紫薇、石楠、皂荚、玉兰、丝棉木、紫荆、朴树、木槿、广玉兰、腊梅、杉木
	反应敏感的树种 紫藤、楝树、小叶女贞、悬铃木、珊瑚树、虎杖、杜仲、枫杨、芙蓉、刺槐、杨树、薄壳山核桃
抗二氧化氮的树种	龙柏、女贞、夹竹桃、构树、黑松、樟树、无花果、刺槐、旱柳、桑树、丝棉木、楝树、乌桕、垂柳、大叶黄杨、玉兰、合欢、棕榈、臭椿、石榴、蚊母树、枫杨、酸枣、泡桐
抗臭氧的树种	枇杷、银杏、樟树、夹竹桃、冬青、美国鹅掌楸、刺槐、黑松、连翘、悬铃木、柳杉、青冈栎、海州常山、八仙花、枫杨、日本扁柏、日本女贞
抗烟尘的树种	香榧、珊瑚树、槐树、麻栎、女贞、构骨苦楝、皂荚、粗榧、桃叶珊瑚、厚皮香、臭椿、樟树、广玉兰、银杏、三角枫、榆树、桑树、紫薇、樱花、苦楮、桂花、朴树、悬铃木、腊梅、青冈栎、大叶黄杨、木槿、泡桐、黄金树、楠木、夹竹桃、重阳木、五角枫、大绣球、冬青、栀子花、刺槐、乌桕
滞尘能力强的树种	臭椿、槐树、麻栎、凤凰木、青冈栎、石楠冬青、厚皮香、白杨、海桐、广玉兰、构骨、楝树、柳树、黄杨、珊瑚树、皂荚、悬铃木、朴树、刺槐、樟树、女贞、夹竹桃、银杏、白榆、榕树

本 章 小 结

单位绿地主要是指学校、各医疗机构、机关团体、宾馆、工矿企业等单位内部的附属绿地。它们一般分布广、范围大，是城市普遍绿化的基础。搞好单位绿地建设，不但能够为广大职工创造一个清新优美的学习、工作与生活环境，更能够体现单位的面貌和反映单位的形象。对改善城市小气候，减弱噪声，防止污染及保护城市生态环境方面均有着重要的作用。对单位附属绿地进行规划设计，必须在执行国家与地方有关标准的前提下，因地制宜地结合本单位性质、特征等进行科学合理布局，绿地设计以植物造景为主，满足多功能要求，并力求远近结合，便于实施与管理。

练 习 与 思 考 题

1. 简述大专院校园林绿地规划设计原则。
2. 简述大专院校园林绿地的组成。
3. 幼儿园绿地设计应该注意哪些问题？
4. 简述医疗机构绿地的功能。
5. 简述工矿企业绿化的特点。
6. 简述工厂绿化树种选择要求。
7. 简述工厂防护林带的结构形式与特点。
8. 如何通过绿化设计体现校园文化内涵？

实 训 操 作 题

实训项目九　单位附属绿地规划设计

1. 实训目的

了解单位附属绿地设计的各个不同特点，基本要求和内容，掌握各种类型的单位附属绿地的设计方法。

2. 实训的教学设备及材料

(1) 测量仪器：数码照相机、激光测距仪、全站仪和地质罗盘仪。

(2) 绘图工具：1 号图板、900mm 丁字尺、45°和 60°三角板、曲线板、模板、圆规、分规、比例尺、鸭嘴笔。绘图铅笔和粗、中、细针管笔。

(3) 计算机辅助设计软件 AutoCAD、3ds max、Photoshop。

(4) 其他：各类辅助工具。

(5) 图纸：园林制图采用国际通用的 A 系列幅面规格的图纸。

3. 实训内容步骤

(1) 选择所在城市具有代表性的 2～3 个单位附属绿地（如学校、工厂、市政府等）并组织参观。

(2) 以小组为单位，每组 2～3 人。进行调查、记载，内容包括植物的应用、设计形式的选择等，并对其现状及设计进行评价。

(3) 对所调查得到的资料进行整理、汇总，每组派代表上讲台给同学们汇报本组所收集的资料情况。

(4) 对所调查的其中一个附属绿地进行改造设计。

(5) 设计平面图，对广场绿地进行植物种植设计。

(6) 最后完成整个设计效果图的绘制。

(7) 写出设计说明书，包括整体设计说明，局部景点的设计说明，植物的选择及植物种植设计说明等。

(8) 要求每组设计 1 套图纸，包括设计的平面图、效果图、局部立面图、植物种植设计图（附植物名录）。并编写设计说明书。

4. 作业

实训报告 1 份，设计图纸 1 套，设计说明书 1 份。

图纸要求：

(1) 符合园林绿地性质，充分考虑周边环境的关系，有独到的设计理念，特点鲜明，布局合理。

(2) 种植设计树种选择正确，能因地制宜地运用种植类型，符合构图要求，造景手法丰富，能与道路、地形地貌、山石水体和建筑小品结合。空间效果较好，层次、色彩丰富。

(3) 图面表现能力强，设计图种类齐全，设计深度能满足施工的需要，线条流畅，构图合理，清洁美观，图例、文字标注和图幅符合制图规范。

(4) 说明书语言流畅，言简意赅，能准确地对图纸补充说明，体现设计意图。

(5) 方案、绿化材料统计基本准确，有一定的可行性。

实训项目十　单位附属绿地规划设计（校园景观设计）

根据以下所提供的某大专院校小游园的场地现状图（图 11.18），分析场地现状的基础，完成以下设计任务：

(1) 小游园规划总平面图。计算机绘制或手绘，A2 出图，比例自定。

（2）植物种植设计图。计算机绘制或手绘，A2 出图，比例自定。

（3）小游园鸟瞰效果图。计算机绘制 A3 出图，比例自定。

（4）写出 500 字左右设计说明。

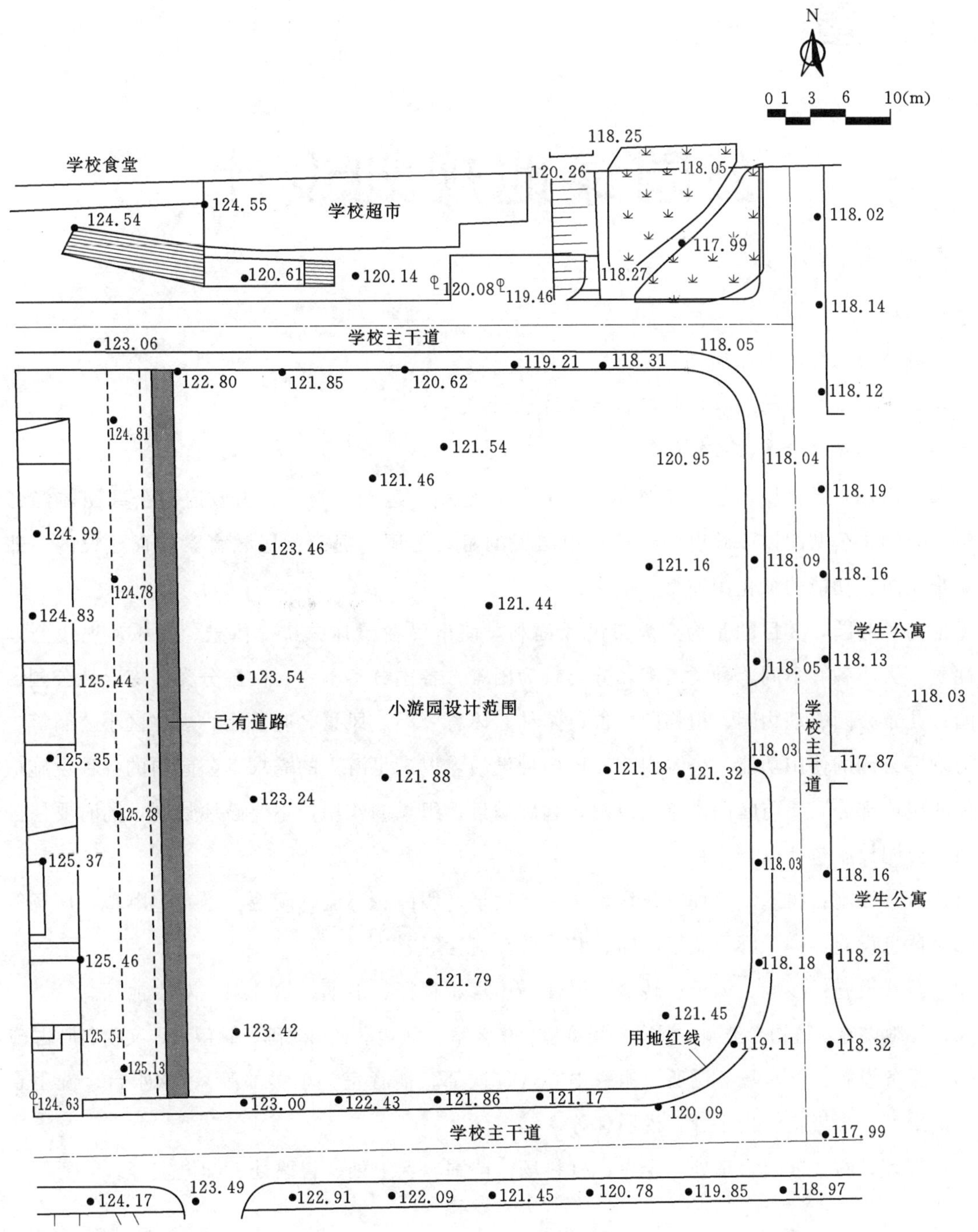

图 11.18 某大专院校小游园设计现状图

第 12 章

公园绿地规划设计

学习目标

- 了解公园设计基本原理。
- 掌握综合性公园规划设计的内容和分区规划。
- 熟悉公园每个分区所占的比例。

公园（Park）是供城市居民室外休息、观赏、游戏、运动、娱乐，由政府或公共团体经营的市政设施。公园是公共团体或政府为保持城市居民的身心健康，提高国民教育素质而建设的，兼有防火、避难及防灾功能的绿化用地。

无论何种公园，其目的是为广大市民谋福利，使市民在园林中获得休息、娱乐。现代公园的功能、性质、大小各有不同，种类繁多，分类较为困难，各国分类不一。中国分类：综合性公园、纪念性公园、儿童公园、动物园、植物园、古典园林、体育公园、风景名胜公园、居住区小公园等。

为发挥公园的使用功能，公园内应安排各种设施，以满足游人的需求。公园内的各种设施应是公园景色的组成部分，要与园内景色相协调，起到添景、组景的作用，不要破坏景观，同时要使公众使用方便。公园设施包括以下项目。

（1）造景设施：树木、草坪、花坛、花境、喷泉、假山、溪流、湖池、瀑布、雕塑、广场等。

（2）休息设施：亭、廊、花架、榭、舫、台、椅凳等。

（3）游戏设施：沙坑、秋千、转椅、滑梯、迷宫、爬杆、浪木、攀登架、戏水池等。

（4）社教设施：植物专类园、温室、阅览室、棋艺室、陈列室、纪念碑、眺望台、文物名胜古迹等。

（5）服务设施：停车场、厕所、服务中心（餐饮部、播音室、小卖部等）、饮水台、洗手台、电话亭、摄影部、垃圾箱、指示牌、说明牌等。

（6）管理设施：公园管理处、仓库、材料场、苗圃、保卫处、售票处、配电室等。

12.1 综合性公园规划设计

12.1.1 综合性公园规划设计基础知识

综合性公园是城市园林绿地系统中重要的组成部分，一般面积较大，内容丰富，服务项目多是城市居民文化生活不可缺少的重要因素。

综合性公园在城市中按其服务范围可分为：全市性和区级公园。

(1) 全市性公园为全市居民服务，是全市公共绿地中面积较大、活动内容和设施较完善的绿地。用地面积随全市居民总数的多少而不同，其服务半径约为2～3km，步行约30～50min可到达。

(2) 区级公园是较大的城市中为一个行政区的居民服务的园林。面积按该区居民的人数而定，园内也有较丰富的内容和设施，其服务半径约为1～1.5km，步行约15～25min可到达。如北京的紫竹院公园、上海的长风公园、广州的越秀公园等都是综合性公园。

12.1.2 综合性公园规划设计的原则

综合性公园规划设计的原则主要有以下几点。

(1) 总体性原则。遵循城市总体绿地系统规划，使公园在全市分布均衡，方便全市各区域人民使用，但各公园要各有变化、富有特色，不相互重复。

(2) 适地性原则。认真调查分析公园所处的地形、地貌、地质情况及周边环境景观，使规划设计能充分利用现状、现貌，做到因地制宜、合理布局。

(3) 特色性原则。广泛收集公园的历史事迹、民俗传说及人文资源，充分调查了解本地人民的生活习惯、爱好及乡土人情，使建成后的公园更具地方特色。

(4) 人性化原则。考虑不同性别、不同年龄段及不同需求的游人，力求公园内景点及设施做到合理全面、使用率高。

(5) 继承和创新原则。继承我国优秀的传统造园艺术，吸收国外造园先进经验，创新具有时代风格的公园绿地。

(6) 远近兼顾原则。正确处理近期景观与远期规划的关系。

12.1.3 综合性公园总体规划设计

为了合理地组织游人开展各项活动，避免互相干扰，便于管理，在公园划分出一定的区域把各种性质相似的活动内容组织在一起，形成具有一定使用功能和特色的区域，我们称之为功能分区。

公园规划工作中，分区规划的目的是为了满足不同年龄、不同爱好游人的游憩和娱乐要求，合理、有序的组织游人在公园内开展各项游乐活动。同时，根据公园所在地的自然条件，如地形、土壤状况、水体、原有植物、已存在并要保留的建筑物或历史古迹、文物情况，尽可能的“因地、因时、因物”而“制宜”，结合各功能分区本身的特殊要求，以及各区之间的相互关系、公园与周围环境之间的关系来进行分区规划。

12.1.3.1 主要设置内容

综合性公园的主要设置内容和注意事项如下。

(1) 观赏内容。游人在城市公园中，观赏山水风景，奇花异草，浏览名胜古迹，欣赏建筑雕刻、鱼虫鸟兽以及盆景假山等内容。

(2) 文化娱乐。露天剧场、展览厅、游艺室、音乐厅、画廊、棋艺、阅览室、演说、讲座厅等。

(3) 儿童活动。公园的游人中儿童占很大比例，一些公园的统计数字表明，儿童约占 1/3 左右。一般考虑开辟学龄前儿童和学龄儿童的游戏娱乐，少年宫、迷宫、障碍游戏、小型趣味动物角、植物观赏角、少年体育运动场、少年阅览室、科普园地等。

(4) 老年人活动。随着社会发展，中国老人的比例不断增加，大多数退休老人身体健康、精力仍然充沛，在公园中规划老年人活动区是十分必要的。

(5) 安静休息。垂钓、品茗、博弈、书法绘画、划船、散步等内容在环境优美、僻静处开展活动，深受老人、中年人及知识阶层人士的喜爱。

(6) 体育活动。不同季节，开展溜冰、游泳、旱冰活动，条件好的体育活动区设有体育馆、游泳馆、足球场、篮排球场、乒乓球室，羽毛球、网球、武术、太极拳场等。

(7) 公园管理。办公、花圃、苗圃、温室、荫棚、仓库、车库、变电站、水泵房以及食堂、宿舍、浴室等。

配合以上活动内容，综合性公园应配备以下活动设施：餐厅、茶室、小卖部、公用电话、摄影部、园椅、园灯、厕所、卫生箱等。

以上公园内的设置内容之间互有交叉、穿插。结合公园的出入口确定、地形设计、建筑、道路布局、植物种植等内容，应合理进行分区。

12.1.3.2 公园分区规划

为了合理地组织游人开展各项活动，避免相互干扰，并便于管理，在公园划分出一定的区域把各种性质相似的活动内容组织在一起，形成具有一定使用功能和特色的区域，我们称之为功能分区（图 12.1）。

综合性公园的活动内容、分区规划与公园规模有一定联系。综合性公园内容多，各种设施会占去较大的园地面积。为确保公园有良好的自然环境，公园规模不宜小于 10hm^2。《公园设计规范》（CJJ 48—92）中规定，综合性公园的规模下限定为 10hm^2，按近期公共绿地指标为每人 3～5m^2，一个 10 万人的小城市就有 30～50hm^2 的公共绿地面积，建一个 10hm^2 以上的综合性公园是完全可能的。

依照各区功能上的特殊要求，结合公园面积大小，周围环境、自然条件（地形、土壤、水体、植被）、公园的性质、活动内容、设施安排等进行分区规划。

综合性公园的功能分区一般有：科普及文化娱乐区、体育活动区、儿童活动区、安静休息区、老人活动区、公园管理区等。

表 12.1　　综合性公园功能分区及占地比例　　%

分区名称	占用地比例	分区名称	占用地比例
科普及文化娱乐区	5～7	安静休息区（含老人活动区）	60～65
儿童活动区	7～9		
体育活动区	16～18	公园管理区	2～4

1. 科普及文化娱乐区

科普及文化娱乐区是公园的闹区，一些设施如俱乐部、电影院、音乐厅、展览室等都相对集中在该区。园内主要园林建筑要构成全园的重点，因此该区常位于公园的中前部。为避免该区内部项目之

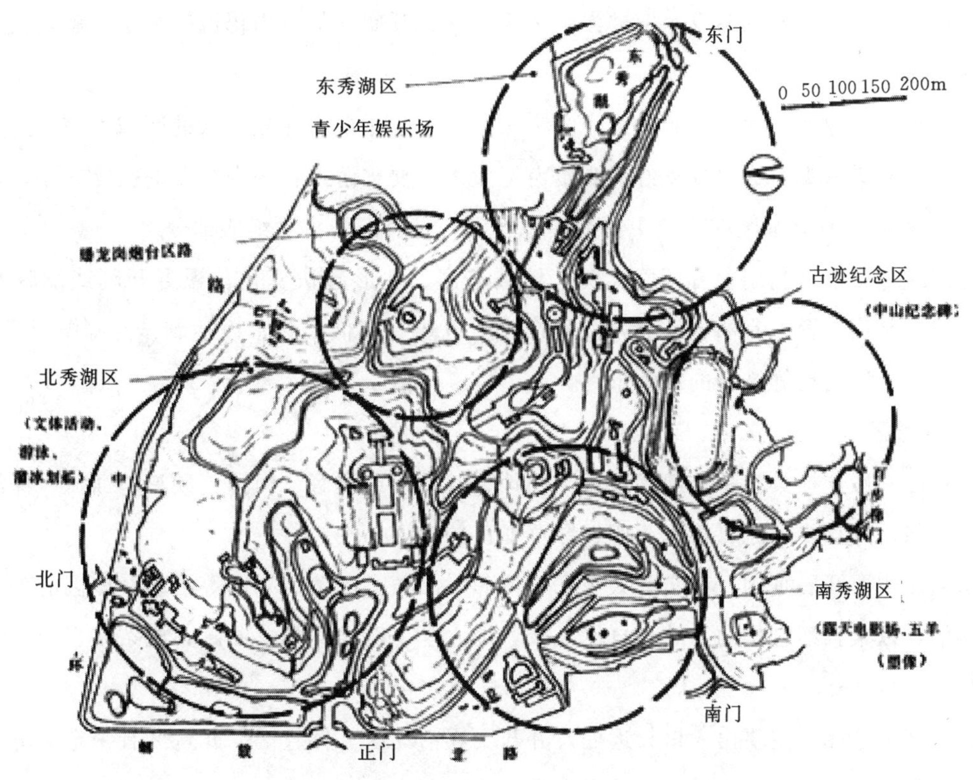

图 12.1　广州越秀公园分区规划图

间的相互干扰，各建筑物、活动设施之间要保持一定的距离，通过树木、建筑、土山等加以隔离。大容量的群众娱乐项目，如露天剧场、电影院等，由于集散时间集中，所以要妥善组织交通，尽可能在规划条件允许的条件下接近公园的出入口，或单独设专用出入口，以便快速集散游人。文化娱乐区的规划，应尽可能巧妙地利用地形特点，创造出景观优美、环境舒适、投资少、效果好的景点和活动区域。利用较大水面设置水上活动项目；利用坡地设置露天剧场、表演场地等。

由于该区建筑物、构筑物相对集中，这为集中供水、供电、供暖以及地下管网布置提供了方便，同时也避免了不必要的投资浪费。

除上述内容外，还可在其内部专设以下两区。

(1) 动物展览区。以野生动物展出为主要内容，目的是宣传普及有关野生动物的科学知识，对游人进行科普教育，对野生动物的习性、珍稀物种的繁育进行科学研究。同时，为游人提供休息、活动的场所。动物展览区的陈列布局方式有：按动物进化系统布局、按动物原产地布局和按动物食性、种类布局；设施内容主要有：文化教育设施如展览宣传廊、展览厅等，服务性设施，休息性设施，管理性设施，陈列性设施等。

(2) 植物园展览区。是从事植物物种资源的收集、培育、保存等科学研究的场所，并结合植物科学的丰富内容，以公园的形式，创造最优美的环境，让植物世界形形色色的奇花、异草、茂林、朽木、植物化石等组成千姿百态、绚丽多彩的自然景观，供人们游览观光。该区往往选择山水景观优美的地域，结合历史文物、名胜古迹，建造盆景园、展览温室，或布置观赏树木、花卉的专类园，或略成小筑，配置假山、石品，点以摩崖石刻、匾额、对联，创造出情趣浓郁、典雅清幽的景区。该区在北方的公园里，即使是严寒的冬季，室外漫天大雪、寒风呼叫，但室内仍温暖如春，鲜花盛开。

2. 观赏游览区

该区的特点是占地面积大、风景优美、游人密度较小，是游人比较喜欢的区域。该去的主要功能是供人们游览、赏景参观。为达到良好的观赏游览效果，要求游人在区内分布的密度较小，以人均游览面积 $100m^2$ 为适，所以本区在公园中占地面积较大，是公园的重要组成部分。

该区规划时尽量选择利用现有环境优美、植被丰富、地形起伏变化、视野开阔或能临水观景之处，观赏路线在平面布置上宜曲不宜直，立面设计上也要有高低变化，以达到步移景异、层次深远、高低错落、引人入胜之动静结合的观赏景点。

3. 安静休息区

安静休息区一般选择具有一定起伏地形（山地、谷地）或溪旁、河边、湖泊、河流、深潭、瀑布等环境最为理想，并且要求原有树木茂盛、绿草如茵的地方。

安静休息区主要开展垂钓、散步、太极拳、博弈、品茶、阅读、划船等活动。该区的建筑设置宜散落不宜聚集，以素雅不宜华丽。结合自然风景，设立亭、榭、花架、曲廊，或茶室、阅览室等园林建筑。

安静休息区可选择距主要出入口较远处，并与文娱活动区、体育区、儿童区有一定隔离，但与老人活动区可以靠近，必要时老人活动区可建在安静休息区内。

4. 儿童活动区

儿童活动区主要提供学龄前儿童和学龄儿童开展各种活动。据调查，公园中儿童占游人量的15%～30%。上述百分比数与公园所处的位置、周围环境、居民区的状况有直接关系，也跟公园内儿童活动的内容、设施、服务条件等有关。

公园中儿童活动区所占面积情况不一，但一般来说在公园中所占的面积都比较小。在儿童活动区规划的过程中，不同年龄的少年儿童要分开考虑。可以按不同年龄段进行划分区域，在不同区域中，布局不同的设施以满足不同年龄段少年儿童的活动需求。儿童活动内容主要有：游戏场、戏水池、运动场、障碍游戏区、少年宫、少年阅览室等，近年来又增加了一些电动设备如森林小火车、单轨高空电车、电瓶车等。

儿童活动区的规划要点如下：

（1）一般靠近公园出入口，便于儿童进园后能尽快到达园地，开展自己喜欢的活动。

（2）儿童区的建筑设施宜选择造型新颖、色彩鲜艳的作品，以引起儿童对活动内容的兴趣，同时也符合儿童天真烂漫、好动活泼的特征。

（3）植物种植应选择无毒、无刺、无异味的树木、花草，以保证活动区内儿童的安全。

（4）应考虑成人休息场所，一般在儿童活动区内需设小卖、盥洗、厕所等服务设施。

（5）活动场地周围应考虑遮阴树林、草坪、密林，并能提供缓坡林地、小溪流、宽阔的草坪，以便开展集体活动以及夏季的遮阴。

（6）还要为家长、成年人提供休息、等候的休息性建筑，供儿童开展活动，尤其是幼小儿童在园内开展趣味性活动时方便家长休息、看护的需要。

5. 老人活动区

随着城市人口老龄化速度的加快，大量的离退休干部、职工已成为社会上一个不可忽视的群体，他们需要到公园做晨操、练太极拳、打门球、跳老年迪斯科等活动，公园中老年人活动区在公园中绿地中使用率很高的，在一些大中型城市，很多老年人养成了早晨在公园中晨练，白天在公园绿地中活动，晚上和家人、朋友在公园绿地散步、谈心的习惯，所以公园中老年人活动区的设置是不可忽视的。

根据老年人的习惯特点，建立活动区、聊天区、棋艺区、园艺区等，同时要注意根据活动内容进行动、静分区。

活动区的功能是为老年人从事体育锻炼提供服务。可以建立一个广场，四周设置体育锻炼器材，使老年人从事体育锻炼提供服务。中间为空地，老人们可以举行集体活动，比如晨练、扭秧歌等，有条件的可以配置音响喇叭，为老人们活动时配置音乐。广场外围为绿色植被和道路，同时还应该设置休息椅等设施。

6. 体育活动区

体育活动区是以公园内以集中开展体育活动为主的区域，其规模、内容、设施应根据公园及其周边环境状况而定，如果周围已有大型的体育场、体育馆，或在公园附近的街头绿地中已经布置有大量的体育健身设施，或专门的体育公园，就不必在公园内开辟体育活动区。

体育活动区常常位于公园的一侧，并设置专用出入口，以利用大量观众的迅速疏散，体育活动区的设置一方面要考虑为游人提供体育活动的场地、设施，另一方面还要考虑其公园的一部分，需与整个公园的绿地景观相协调。

7. 公园管理区

公园管理工作主要包括管理办公、生活服务、生产组织等内容。一般该区设置在既便于公园管理，又便于与城市联系的地方。由于管理区属公园内部专用地区，规划应考虑适当隐蔽，不宜过于突出，影响风景游览。

公园管理区内，多设置办公楼、车库、食堂、宿舍、仓库等办公、服务建筑。在该区视规模大小，安排花圃、苗圃、生产温室、冷窖、荫棚等生产性建筑物或构筑物。

为维持公园内的社会治安，保证游人安全，公园内还应设治安保卫等机构。

除了以上公园内部管理、生产管理，同时公园还要妥善安排对游人的生活、游览、通讯、急救服务等的管理。尤其大型公园，必须解决饮食、短暂休息、电话问询、摄影、导游、购物、租借、寄存等服务项目。所以在总体规划过程中，要根据游人活动规律，选择好适当的地点，安排餐厅、茶室、冷饮、小卖、公用电话亭、摄影部等对外服务性建筑。上述建筑物、构筑物力求与周围环境协调，造型美观，整洁卫生，管理方便。

公园管理区，或大型餐厅、服务中心等都要设专用出入口，以便园务生产与游览道路分开，既方便与公园的管理与生产，又不影响公园的游览服务。

12.1.3.3 公园出入口的确定

公园出入口一般分主要出入口、次要出入口和专门出入口三种。主要入口是公园大多数游人出入公园的地方，一般直接或间接通向公园的中心区。它的位置需要很明显，面对游客入园的人流方向，直接和城市街道相连，但要避免设于几条主要街道的交叉路口上，以避免影响城市交通组织。次要入口是为方便附近居民使用、为园内局部地区或某些设施服务的，主次入口都要有平坦的、足够的用地来修建入口处所需的设施。专用入口是为园务管理需要而设的，不供游览使用，其位置可稍偏僻，以方便管理又不影响游人活动为原则。

主要出入口的设施一般包括以下三个部分，即大门建筑（售票房、小卖部、休息廊等）；入口前广场（汽车停车场、自行车存放处）；入口处广场。次要出入口的设施则依据规模及需要而进行取舍。

公园主要出入口的设计内容包括公园内、外集散广场，园门，停车场，售票处，围墙等。在内、外广场有时也设立一些纯装饰性的花坛、水池、喷泉、雕塑、宣传牌、广告牌、公园导游图等（图12.2）。入口前广场应退后于街道建筑红线以内，形式多种多样，广场大小取决于游人量，或因园林艺术构图的需要而定。前、后广场的设计是总体规划设计中重要组成部分之一。

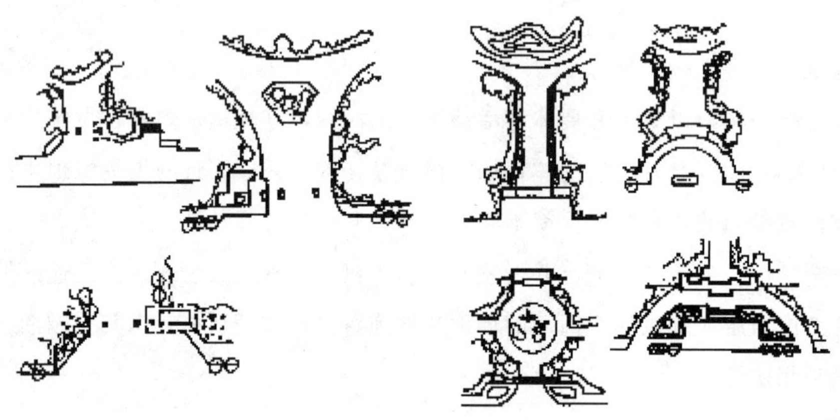

图 12.2　公园出入口几种处理方式示意图

12.1.3.4　园路的布局

园林道路是园林组成部分，起着组织空间、引导游览、交通联系并提供散步休息场所的作用。它像脉络一样把园林的各个景区连成整体。园林道路本身又是园林风景的组成部分，蜿蜒起伏的曲线、丰富的寓意、精美的图案，都给人以美的享受。园路布局要从园林的使用功能出发，根据地形、地貌、风景点的分布和园务管理活动的需要综合考虑，统一规划。园路需因地制宜、主次分明、有明确的方向性。

1. 园路的分类

(1) 主要园路：联系园内各个景区，主要风景点和活动设施的路。通过它对园内外的景色进行剪辑，以引导游人欣赏景色。

(2) 次要园路：设在各个景区内的路，它联系各个景点，对主路起辅助作用。考虑到游人的不同需要，在园路布局中，还应为游人由一个景区到另一个景区开辟捷径。

(3) 游步道：小路，是深入到山间、水际、林中、花丛，供人们漫步游赏的路。

2. 园路的布局形式

园路的布置在西方园林中多采用规则式布局，园路笔直宽大，轴线对称，成几何形。中国园林多以山水为中心，园林也多为自然式布局，园路讲究含蓄；但在庭院、寺庙园林或在纪念性园林中，多采用规则式布局。

(1) 园路的布置应考虑以下几点：

1) 园路的回环性。园林中的路多为四通八达的环形路，游人从任何一点出发都能游遍全园，不走回头路。

2) 疏密适度。园路的疏密度同园林规模、性质有关，在公园内道路大体占总面积10%～12%，在动物园、植物园或小游园内，道路网的密度可以稍大，但不宜超过25%。

3) 因景筑路。将园路与景的布置结合起来，从而达到因景筑路、因路得景的效果。

4) 曲折性。园路随地形和景物而曲折起伏，若隐若现，“路因景曲，景因曲深”，造成“山重水复疑无路，柳暗花明又一村”的情趣，以丰富景观，延长路线，增强层次景深，活跃空间气氛。

5) 多样性和装饰性。园路中路的形式是多种多样的，而且应该具有较强的装饰性。在人流聚集的地方或在庭院中，路可以转化为场地；在林间或草坪中，路可以转化为草坪汀步或休息岛；遇到建筑，路可以转化为“廊”，遇到山地，路可以转化为盘山道、蹬道、石级、岩洞；遇水，路可以转化为桥、堤、汀步等。路又以它丰富的体态和情趣来装点园林，使园林因路而引人入胜。

(2) 园林路线设计。园林线形设计应与地形、水体、植物、建筑物等结合，形成完整的风景构图，创造连续展示园林景观的空间或欣赏前方景物的透视线。路的转折应衔接通顺，符合游人的行为规律，若遇到建筑、山水、陡坡等障碍时产生的弯道，其弯曲弧度要大，且外侧高，内侧低。

(3) 弯道的处理。园路遇到建筑、山、水、树、陡坡等障碍，必然产生弯道。弯道有组织景观的作用，弯曲弧度要大、外侧高、内侧低，外侧应设栏杆，以免发生事故。经常通行机动车的园路宽度应大于4m，转弯半径不得小于12m。

(4) 叉口处理。两条园路交叉或从一干道分出时必然产生交叉口（图12.3）。两条主干道相交时，交叉口应作扩以方便行车、行人。次路应斜交，但不应交叉过多，两个交叉口不宜太近，而要主次分明，相交角度不宜太小。丁字形交叉，是视线的交点，可点缀风景。上山路与主干道交叉要自然，藏而不显，又要吸引游人入山。纪念性园林路可正交叉。

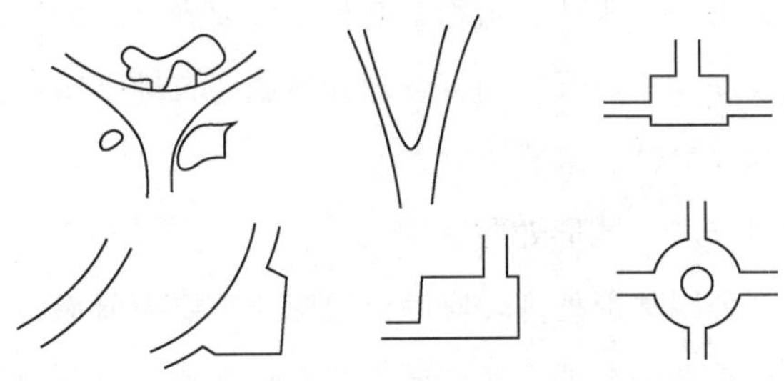

图12.3 园路弯道和几种交叉口处理示意图

(5) 园路与建筑的关系。园路通往大建筑时，为了避免路上游人干扰建筑内部活动，可在建筑面前设集散广场，使园路由广场过渡再和建筑联系（图12.4）。园路通往一般建筑时，可在建筑面前适当加宽，或形成分支，以利游人分流。园路一般不穿过建筑物，而从四周通过。

(6) 园路与园桥。园桥是园路跨过水面的建筑形式。园桥应根据公园总体设计确定通行、通航所需尺度并提出造景、观景等项具体要求。其风格、体量、色彩必须与公园总体设计、环境协调一致。桥应设在水面较窄处，桥身应与岸垂直，创造游人视线交叉，以利观景。主干道上的桥以平桥为宜，拱度要小，桥头应设广场，以利游人集散；次路上的桥多用曲桥或拱桥，以创造桥景；汀步石步距以

图 12.4　园路与建筑的关系示意图

60～70cm为宜。小水面上的桥，可偏居于一隅，贴近水面；大水面上的桥，讲究造型、风格，丰富层次，避免水面单调，桥下要方便通航。

12.1.3.5　公园中广场布局

公园中广场主要功能为游人集散、活动、演出、休息等使用。其形式有自然式、规则式两种。由于功能的不同又可分为集散广场、休息广场、生产广场。

(1) 集散广场。以集中、分散人流为主。可分布在出入口前、后，大型建筑前、主干道交叉口处。

(2) 休息广场。以供游人休息为主。多布局在公园的僻静之处，与道路结合，方便游人到达。与地形结合，如在山间、林间、临水，借以形成幽静的环境。与休息设施结合，如廊、架、花台、坐凳、铺装地面、草坪、树丛等，以利游人坐憩赏景。

(3) 生产广场。为园务的晒场、堆场等公园中广场排水的坡度应大于1%。在树池四周的广场应采用透气性铺装，范围为树冠投影区。

12.1.3.6　建筑的设置

公园中建筑的主要是创造景观、开展文化娱乐活动等，其建筑形式要与所处区域的性质功能相协调，全园的建筑风格也应保持统一。主要建筑物通常会成为全园的主景，设置时要考虑规模、大小、形式、风格及位置，使其具有绝对中心的地位；次要建筑物是供游人休憩赏景之用，设计时应与地形、山石、水体、植物等其他造园要素统一协调，形式风格上主要以通透、实用、造景为主，起突出主景和园中点景之用；管理和附属建筑则是园中必不可少的设施，在体量上应以够用为宜，形式风格上则以简洁、淡雅为宜。

12.1.3.7　地形处理

公园地形处理，应以公园绿地需要为前提，充分利用原有地形、景观，创造出自然和谐的景观骨架。结合公园外围城市道路规划标高及部分公园分区内容和景点建筑要求进行，要以最少的土方量丰富园林地形。

(1) 规则式园林的地形设计。主要是应用直线和折线，创造不同高程平面的布局。规则式园林中水体主要以长方形、正方形、圆形或椭圆形为主要造型。

(2) 自然式园林的地形设计。首先要根据公园用地的特点，一般包括原有水面或低洼沼泽地、城市中河网地、地形多变且起伏不平的山林地等几种形式。无论上述哪些地形，基本的手法，即《园冶》中所讲的“高方欲就亭台，低凹可开池沼”的“挖湖堆山”法。即使一片平地，也是平地挖湖，将挖出的土方堆成人造山（图12.5）。

(3) 公园中地形设计还应与全园的植物种植规划密切结合。公园中的块状绿地、密林和草坪应在地形设计中结合山地、缓坡创造地形；水面应考虑水生植物、湿生、沼生植物等不同的生物学特性创造地形。山林坡度应小于33%；草坪坡度不应大于25%（图12.6）。

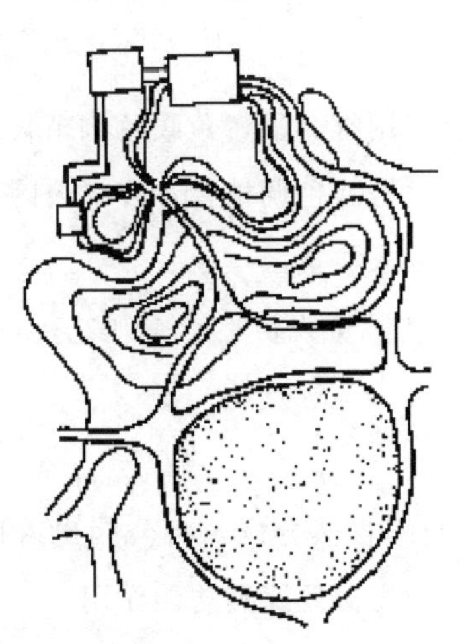

图12.5 山丘的处理示意图

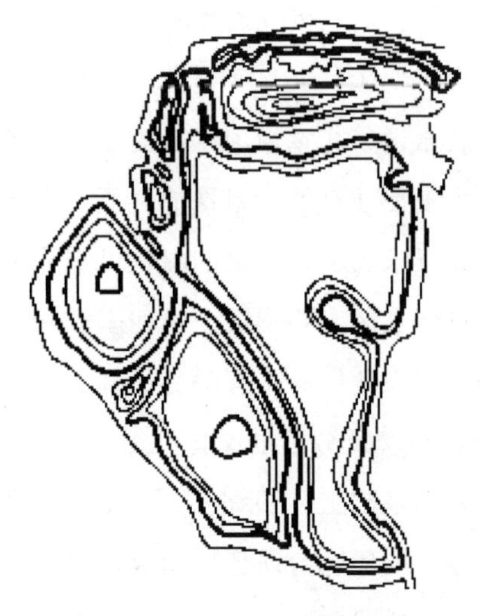

图12.6 水体的处理示意图

（4）地形设计还应结合各分区规划的要求。如安静休息区、老人活动区等都要求有一定的山林地、溪流蜿蜒的小水面，或利用山水组合空间造成局部幽静环境。而文娱活动区域，地形不宜过于强烈，以便开展大量游人短期集散活动。儿童活动区不宜选择过于陡峭、险峻地形，以保证儿童活动的安全。公园地形设计中，竖向设计应包括以下下列内容：山顶标高、最高水位、常水位、最低水位标高、水底标高、驳岸顶部标高等。为保证公园内游园安全，水体深度一般控制在1.5～1.8m。硬低人工水体的近岸2.0m范围内的水深不得大于0.7m，超过者应设护栏。无护栏的园桥、汀步附近2.0m范围以内，水深不得大于0.5m。

12.1.3.8 公园植物设计

全园的植物组群类型及配置，应根据当地的气候状况、园外的环境特征、园内的立地条件，结合景观构思、防护功能要求和当地居民游赏习惯确定，应做到充分绿化和满足多种游憩及审美的要求。公园的绿化种植设计，是公园总体规划的组成部分。它指导局部种植设计，协调各期工程，使育苗和种植施工有计划地进行，创造最佳植物景观。

1. 公园绿化树种选择

植物种类的选择，应符合下列规定：适应栽植地段立地条件的适生种类；林下植物应具有耐阴性，其根系发展不得影响乔木根系的生长；垂直绿化的攀援植物依照墙体附着情况确定；具有相应抗性的种类；适应栽植地养护管理条件；改善栽植地条件后可以正常生长的、具有特殊意义的种类。

绿化用地的栽植土壤应符合下列规定：栽植土层厚度符合要求，且无大面积不透水层；废弃物污染程度布置影响植物的正常生长；酸碱度适宜；凡栽植土壤不符合以上各条款规定者必须进行土壤改良。

2. 公园绿化种植布局

根据当地自然地理条件、城市特点、市民爱好，进行乔、灌、草本合理布局，创造优美的景观。既要做到充分绿化、遮阴、防风，又要满足游人日光浴等的需要。

首先用2～3种树，形成统一基调。北方常绿30%～50%，落叶70%～50%，南方常绿70%～90%。在树木搭配方面，混交林可占70%，单纯林可占30%。在出入口、建筑四周、儿童活动区、园中园的绿化应善变化。

其次，在娱乐区、儿童活动区，为创造热烈的气氛，可选用红、橙、黄暖色调植物花卉；在休息间或纪念区，为了保证自然、肃穆的气氛，可选用绿、紫、兰等冷色调植物花卉。公园近景环境可选用强烈对比色，以求醒目；远景的绿化可选用简洁的色彩，以求概括。

在公园游览休息区，要形成一年四季季相动态构图，以利游览观赏。春季观花；夏季形成浓荫；秋季有果实累累和红叶；冬季有绿色丛林。

3. 公园设施环境及分区的绿化

在统一规划的基础上，根据不同的自然条件，结合不同的自然分区，将公园出入口、园路、广场、建筑小品等设施环境与绿色植物合理配置形成景点，才能充分发挥其功能作用。

(1) 大门。为公园主要出入口，大都面向城市主干道，绿化时要注意丰富街景，并与大门建筑相协调，同时还要突出公园特色。停车场的种植要使树木间距满足车位、通道、转弯、回车半径的要求；场内种植池宽度应大于1.5m，并应设置保护设施；庇荫乔木枝下净空应满足：大中型停车场大于4.0m、小汽车停车场大于2.5m、自行车停车场大于2.2m的指标要求。

(2) 园路两侧的植物种植。通行机动车辆的园路，车辆通行范围内不得有低于4.0m高度的枝条；方便残疾人使用的园路不宜选用硬质叶片丛生的植物，路面范围内，乔、灌木枝下静空不得低于2.2m；乔木种植点距路缘应大于0.75m。

(3) 游人集中场所的植物选用应符合下列规定。在游人活动范围内宜选用大规格苗木；严禁选用危及游人生命安全的有毒植物；不宜选用在游人正常活动范围内枝叶有硬刺或枝叶呈尖硬剑、刺状以及有浆果或分泌物坠地的种类；不宜选用挥发物或花粉能引起明显过敏反应的种类。集散场地种植设计的布置方式，应考虑交通安全和人流通行，场地内的树木枝下的净空高度应大于2.2m。露天演出场观众席范围内不应布置阻碍视线的植物，观众席铺栽草坪应选用耐践踏的种类。成人活动场的种植宜选用高大乔木，枝下净空高度不低于2.2m；夏季乔木庇荫面积宜大于活动范围的50%。

(4) 公园建筑小品附近。可设置花坛、花台、花境。展览室、游戏室内可设置庇荫花木，门前可种植冠大荫浓的落叶乔木或布置花台等。沿墙可设计各种花镜，成丛布置花灌木。所有树木花草的布置，要和小品建筑协调统一，与周围环境相呼应，四季色彩变化要丰富，给游人以愉快之感。

4. 绿化要与公园性质相适应

(1) 科普及文化娱乐区。地形要求平坦开阔，绿化以花坛、花镜、草坪为主，便于游人集散，适当点缀几株常绿大乔木，不宜多种灌木，以免妨碍游人视线，影响交通。在室外铺装场地上应留出树穴，供栽种大乔木。各种参观游览的室内，可布置一些耐阴或盆栽花卉。

(2) 儿童活动区。可选用生长健壮、灌大荫浓的乔木来绿化，忌用有刺、有毒、或有刺激性反应的植物。在其四周应栽植浓密的乔灌木与其他区域相隔离。如有不同年龄的少年儿童分区，也应用绿篱、栏杆相隔，以免相互干扰。活动场地中要适当疏植大乔木，供夏季遮阴。在出入口可设立塑像、花坛、山石或小喷泉等，配以体形优美、色彩鲜艳的灌木和花卉，以增加儿童的活动兴趣。

(3) 游览休息区。可以当地生长健壮的几个树种为骨干，突出周围环境季相变化的特色。在植物配置上根据地形的高低起伏和天际线的变化，采用自然式配置树木。在林间空地中可设置草坪、亭、廊、花架、坐凳等，在路边或转弯处可设月季园、牡丹园等专类园。

(4) 公园管理区。要根据各项活动的功能不同而因地制宜地进行绿化，但要与全园景观相协调。

为了使公园与喧哗的城市环境隔开，保持园内安静，可在周围特别是靠近城市主要干道的一面布置不透式防护林。

12.2 专类公园规划设计

12.2.1 儿童公园规划设计

1. 儿童公园的性质与任务

儿童公园是城市中儿童游戏、娱乐、开展体育活动，并从中学到文化科学普及知识的专类公园。其主要任务是使儿童在活动中锻炼身体、增长知识、热爱自然、热爱科学、热爱祖国等，培养优良的社会风尚。

2. 儿童公园的类型

(1) 综合性儿童公园。这种类型的儿童公园为全市少年儿童服务，一般宜设于城市中心部分，交通方便地段；面积较大，可在几十公顷至几百公顷以上。这类儿童公园由于面积大，所以活动时间较长，内容较全面，规划中要尽量考虑儿童心理和生理特点，同时满足不同建筑物和活动设施的配置要求。一般规定绿化面积应占全国面积的60%～70%。综合性儿童公园可以是市属和区属。

综合性儿童公园的范围和面积可在市级公园和区级公园之间，内容可包括：文化教育、科普宣传、体育活动、娱乐场地、动植物角、培训中心、管理服务区等内容。如湛江市儿童公园（面积1.3hm^2）中就设有：南海少先队塑像、大象（白鹅）喷泉、儿童之家、沙地转马、浪船、摇椅、跷跷板（高低板），电动海、陆、空旋转梯，浪桥、秋千、高台波浪滑梯、多向滑梯、攀登梯、长征之路、演出舞台、鸟笼、孔雀笼、猴舍、小熊猫舍等多项活动内容和活动设施。

(2) 特色性儿童公园。以突出某项活动内容或活动方式为主，再配以一般儿童公园应有的项目，构成比较系统又有特色的儿童公园。如哈尔滨儿童公园（总面积16hm^2）布置了2km^2长的儿童小火车。从司机到列车长、列车员均由孩子担任，孩子们驾驶着自己的“少年号”机车，牵引七节满载游客的车厢奔驰在环形小铁路上，为公园增添了独特的魅力。

(3) 小型儿童乐园。一般在城市综合性的公园内，为儿童开辟专区，占地不打，设施简易，规模较小，是城市公园规划的组成部分，一般称之为儿童活动区。如北京紫竹院公园、上海杨浦公园、天津水上公园内都布置有儿童乐园。

3. 儿童公园的功能分区

由于儿童公园的服务对象主要为幼儿、学龄儿童、青少年以及陪游的家长。作为主要游人的幼儿、学龄儿童和青少年，由于年龄段的不同，所以在生理、心理、体力上各有特点。儿童公园在功能分区规划时，必须根据他们的情况而划分不同的活动区域。

（1）幼儿活动区。既有6岁以下儿童的游戏活动场所，又有陪伴幼儿的成人休息设施。其位置应选在居住区内或靠近住宅100m以内的地方，150～200户的居住区内设一处，以方便幼儿到达为原则，其规模要求每位幼儿有10m^{2}以上活动空间。其中应以高大乔木绿化为主适当增设些游戏设施，如广场、沙坑、小屋、小玩具、小山、水池、花架、荫棚、桌椅、游戏室等，以培养幼儿团结、友爱及爱护公共财物的集体主义精神，还应配备厕所和一定的服务设施。在幼儿活动设施的附近要设置老人休息亭廊、坐凳等服务设施，供幼儿父母等成人使用。

（2）幼年儿童活动区。7～13岁小学生活动场所，小学生进校后学习生活空间扩大，具有学习和嬉戏两方面的特征，具有成群活动的兴趣。其位置以日常生活领域为宜，要求设在没有汽车、火车等交通车辆通过的地段，以300m以内能到达为宜。一般在1000户的居住区内应设一处，其规模以每人30m^{2}为宜，面积3000m^{2}左右。其中设施以大乔木为主，除以上各种游乐运动设施处，还应增设一些冒险活动、幻想设施、女生的静态游戏设施、凉亭、座椅、饮水台、钟塔等。

（3）少年活动区。14～15岁以上，为中学生时代，是成年的前期，男女在活动特征上有很大变化，喜欢运动。位置以居住区少年儿童10min步行能到达为宜，故600m范围之内即可。规模以在园内活动少年没人50m^{2}以上，整体面积8000m^{2}以上为好。其中设施除充分用大乔木绿化外，可增设棒球场、网球场、篮球场、足球场、游泳池等运动设施和场地。

（4）体育活动区。这是进行体育运动的场所，可增设一些障碍活动设施。儿童游戏场与安静休息区、游人密集区及城市干道之间，应用园林植物或自然地形等构成隔离地带。幼儿和学龄儿童使用的器械，应分别设置。游戏内容应保证安全、卫生和适合儿童的特点，有利于开发智力、增强体质，不宜选用强刺激性、高能耗的器械。儿童游戏场内的建筑物。构筑物及室内外的各种使用设施、游戏器械和设备应结构坚固、耐用，要避免构造上的硬棱角；尺度应于儿童的人体尺度相适应；造型、色彩应符合儿童的心理特点；根据条件和需要设置游戏的管理监护设施。机动游乐设施及游艺机应符合《游艺机和游乐设施安全标准》（GB 8408）的规定；戏水池最深处的水深不得超过0.35m，池壁装饰材料应平整、光滑且不易脱落，池底应有防滑措施；儿童游戏场内应设置坐凳以及避雨、纳凉用的休憩设施；宜设置饮水器、洗手池。场内园路应平整，路边沿不得采用锐利的边角；地表高差变化应采用缓坡过渡，不宜采用山石和挡土墙；游戏器械的地面宜采用耐磨、有韧性、不易引起扬尘的材料进行铺装。

（5）管理区。设有办公管理用房，与活动区之间应有一定隔离设施。

另外，还有一些其他形式的特色性儿童公园，如交通公园、幻想世界等。交通公园是专为教育儿童交通规则的游乐性公园，其面积可以考虑在2hm^{2}左右，利用地形作道路交叉，以及区分运动场、儿童游戏场的路线构成。在道路设有：斑马线、交通标志、信号、照明、立交道、平交道、桥梁、分离带等，道路上设有可以供儿童自已驾驶及指挥的微型车、小自行车等。

4. 儿童公园规划设计要点

由于儿童公园专为青少年儿童开放，所以在设计过程中，应考虑到儿童的特点，在设计过程中应注意以下设计要点。

（1）儿童公园的用地应选择日照、通风、排水良好的地段。

（2）儿童公园设计后应具有良好的自然环境，绿地一般要求占60％以上，绿化覆盖率宜占全园的70％以上。

（3）儿童公园的道路规划要求主次路系统明确，尤其主路能起到辨别方向、寻找活动场所的作用，最好在道路交叉处设图牌标注。园内路面宜平整，不设台阶，以便于推行车子和儿童骑小三轮车游戏的进行。

（4）幼儿活动区最好靠近儿童公园出入口，以便幼儿入园后，很快地进入幼儿游戏场开展活动。

（5）儿童公园的建筑、雕塑、设施、园林小品、园路等要形象生动、造型优美、色彩鲜明。园内活动场地题材多样，主题多运用童话寓言、民间故事、神话传说，注重教育性、知识性、科学性、趣味性和娱乐性。

（6）儿童公园的地形、水体创造十分重要。地形的设计，要求造景和游戏内容相结合，使用功能和游园活动相协调。在儿童公园内自然水体和人工水景的景象也是不可缺少的组成部分。儿童公园中的地形设计，是以儿童开展游园活动的需求为依据。为了保证游园的安全，地形设计时，考虑不宜太险峻，而以平缓多变为宜。有条件的儿童公园，可以考虑设游泳池。幼儿游戏区可以考虑涉水池、嬉水池、喷泉水池、人工瀑布等。另外，在有天然水源的情况下，可以造出天鹅湖、鸭池、荷塘、流花溪、金沙滩等自然水体景观。

（7）创造庇荫环境，供儿童和陪游家长休息和守候。一般儿童公园内的游戏和活动广场多建在开阔的地段上。少年儿童经过一段兴奋的游戏活动和游园消耗体能，需要间歇性休息，就要求设计者创造遮阳场地，尤其在气候炎热地区，以满足散步、休息的需要。林荫道、遮阳广场、花架、休息亭廊、荫棚等为儿童和陪游的成人提供良好的环境和休息设施。

（8）儿童公园的色彩学。少年儿童天真活泼，朝气蓬勃。故儿童公园多采用黄色、橙色、红色、天蓝色、绿色等鲜艳的色彩，大多数采用暖色调，以创造热烈、激动、明朗、振作、向上的气氛。一般少用灰色、黑色或紫色、褐色等较沉闷、灰暗的色调。

（9）健康、安全是儿童公园设计成功的最基本指导思想。少年儿童正处成长时期，在儿童公园中将得到美的享受、智的熏陶、体的锻炼。儿童公园的规划、活动设施、服务管理都必须遵守“安全第一”这一重要原则，让少年儿童高兴入园，平安回家。

5. 儿童公园绿化设计

儿童公园的种植设计是规划工作的重要组成部分，也是创造良好自然环境的重要措施之一。

（1）密林与草地。密林与草地将创造良好遮阳以及集体活动的环境。创造森林模拟景观、森林小屋、森林游息等内容，从已建成的儿童公园建设经验中得到肯定，在炎热的盛夏，在林中拉起吊床，筑起小屋，展开小彩色帐篷，微风习习，孩子们将度过愉快的周末和盼望已久的暑假。少年先锋队将在绿草如茵的草地上过队日、集体游戏或在草地上休息。

（2）花坛、花地与生物角。花卉的色彩将激起孩子们的色感，同时也激发他们对自然、生活的热爱。在长江以南的儿童公园中尽可能做到四季鲜花不断，在我国北方争取做到“四季常青，三季有花”。

有条件的儿童公园可以规划出一块植物角，设计成以观赏植物的花、叶或香味为主题的区域，让大自然千姿百态的叶形、叶色，花型、花色，不同的果实得以展示，如龙爪柳、鹿角桧、马褂木等。让孩子们在观赏中增长植物学的知识，也培养他们热爱树木，保护树木、花草的良好习惯。

(3) 儿童公园种植设计忌用有刺激性、有异味或易引起过敏性反应的植物、以及有毒、有刺的植物和给人体呼吸道带来不良作用的植物、易生病虫害及结浆果的植物不能采用。

12.2.2 体育公园规划设计

1. 体育公园的性质与任务

体育公园是市民开展体育活动、锻炼身体的公园。按照不同的规模及设施的完善性，可以分为两类：一是具有完善的体育场馆等设施的小区，如各种球类运动场地及一些为群众锻炼身体的设施，例如北京方庄小区的体育公园就属于此种类型。体育公园的中心任务就是为群众的活动创造必要的条件。

2. 体育公园的功能分区

(1) 室内体育活动场馆区。此区一般占地面积较大，一些主要建筑，如体育馆、室内游泳馆及附属建筑均在此区域内。另外，为方便群众的活动，应在建筑前方或大门附近安排相对面积比较大的停车场，停车场应该采取草坪砖铺地，安排一些花坛、喷泉等设施，起到调节小气候的作用。

(2) 室外体育活动区。此区一般是以运动场的形式出现，在场内可以开展一些球类等体育活动。大面积、标准化的运动场应在四周或某一边缘设置一观看台，以方便群众观看体育比赛。

(3) 儿童活动区。此区一般位于公园的出入口附近或比较醒目的地方。其用途主要是为儿童活动创造条件，设施布置上应能满足不同年龄阶段儿童活动的需要，以活泼、欢快的色彩和儿童易于接受的造型为主。

(4) 园林区。园林区的面积在不同规模的、不同设施的体育公园内有很大差别，在不影响体育活动的前提下，应尽可能增加绿地面积，以达到改善小气候条件、创造优美环境的目的。在此区内，一般可安排一些小型体育锻炼的设施，诸如单杠、双杠等。同时，老年人一般多集中在此区活动，因此，要从老年人的需要出发，安排一些小场地，布置一些桌椅，以满足老年人在此打牌、下棋等安静的活动内容。

3. 体育公园的绿化设计

(1) 出入口附近的绿化因简洁、明快，可以结合具体场地情况，设置一些花坛和平坦的草坪。如果与停车场结合，可以用草坪铺转设。在花坛花卉的色彩布置上，应具有强烈运动感的色彩配置为主，特别是采用互补色的搭配，这样可以创造一种欢快、活泼、轻松的气氛，多选用橙色系花卉与大红、大绿色调相配。

(2) 体育馆周围绿化，一般在出入口处应该留有足够的空间，以方便游人的出入，在出入口前布置一个空旷的草坪广场，可以疏散人流，但是要注意草种应选择耐践踏的品种。结合出入口的道路布置，可以采用道路—草坪砖草坪—草坪的形式布置。在体育馆周围，应种植一些乔木树种和花灌木来衬托建筑本身的雄伟。道路两侧，可以用绿篱来布置，以达到组织导游路线的目的。

(3) 体育场面积较大，一般在场地内布置耐践踏的草坪，如结缕草、狗牙根和早熟禾类中的耐践踏品种。在体育场的周围，可以适当种植一些落叶乔木和常绿树种，夏季可以为为游人提供乘凉的场所，但是要注意不宜选择带刺的或对人体皮肤有过敏反应的树种。

(4) 园林区是绿化设计的重点，要求在功能上既要有助于一些体育锻炼的特殊需要，又能对整个公园的环境起到美化和改善小气候的作用。因此，在树种选择上，应具有良好的观赏价值和较强适应性的树种，一般以落叶乔木为主，北方地区常绿树种应少些，南方地区常绿树种可适当多些。为提高整个区的美化效果，还可以增加一些花灌木。

(5) 儿童活动区的位置，可以结合园林区来选址，一般在公园出入口附近。此区在绿化上应该以美化为主，小面积的草坪可供儿童活动使用，少量的落叶乔木可为儿童的夏季活动时遮阳庇荫，而冬季又不影响儿童活动时对阳光的需要。另外，还可以结合树木整形修剪，安排一些动物、建筑等造型，以提高儿童的兴趣。

12.2.3 纪念性公园规划设计

1. 纪念性公园的性质与任务

纪念性公园是为当地的历史人物、革命活动发生地、革命伟人及有重大历史意义的事件而设置的公园。如南京雨花台烈士陵园，是为纪念在解放时期被国民党反动派屠杀的共产党员和革命人民而设置的；中国抗日战争雕塑园，是为纪念在抗日战争中为国牺牲的先烈而修建的；日本广岛中央公园，属于为纪念二次世界大战期间，1945 年 8 月 6 日美国在广岛投下一枚原子弹，有 20 万居民丧生这一事件而建造的，该公园取名为“和平公园”。另外还有些纪念公园是以纪念馆、陵墓等形式建造的，如南京中山陵、鲁迅纪念馆等。

为颂杨具有纪念意义的著名历史事件一重大革命运动或纪念杰出的科学文化名人而建造的公园，其任务就是供后人瞻仰、怀念、学习等，另外，还可供游览、休息和观赏。

2. 纪念性公园的类型

纪念性公园在城市绿地系统中，面积较大的往往以公园的形式出现，面积较小的则常附属于综合性公园之中，或独立于公园之外。纪念性公园大体有以下几种。

(1) 烈士陵园。为纪念缅怀先烈，在烈士牺牲或就义地建造的公园，如朝鲜的中国人民解放军烈士陵园、南京雨花台烈士陵园、长沙烈士陵园等。

(2) 纪念性公园。为纪念历史名人、某一历史事件而建造的具有纪念性的公园或在历史古迹遗址上建造的文物古迹公园，如日本的长崎和平公园、上海虹口公园、上海松江方塔园等。

(3) 墓园。在名人的墓地（遗体、骨灰存放处）建造的供人瞻仰、缅怀的公园。如：南京中山陵、宋庆龄陵园、美国罗斯福纪念园等。

(4) 小型纪念性公园。此类园林由于内容少，常以公园一个分区（景点）的形式出现，如黄兴墓庐，成都望江楼公园的“薛涛井”等。此类园林有时宜独立于公园之外，如美国为纪念首任总统乔治·华盛顿而在首都华盛顿市建造的“华盛顿纪念碑”；厄瓜多尔在首都基多城北赤道线上建造的“新赤道纪念碑”，以及我国在天安门广场上建造的“人民英雄纪念碑”等。

3. 纪念性公园设计要点

纪念性公园的建造往往是从综合利用的角度进行考虑的（尤其是在城市范围之内的），即以纪念性为主，结合环境效益和群众的休息、游憩要求，故规划设计时根据“纪念性”和“园林”这两部分的功能和景观要求进行的。纪念性必须鲜明的表现出来，它是包含一种有意识的空间体验的积累，即纪念性的感受是来自游人通过对一个个有意义的空间不断的亲身尝试来获得的。纪念性应该超越时间的局限，在纪念对象和游人之间寻找“对话”。设计时应注意以下几点。

(1) 纪念性园林多以纪念性的雕塑或建筑作为主景，以此渲染突出主题。如日本长崎和平公园是为纪念 1945 年 8 月 9 日长崎遭原子弹轰炸而建立的公园。园内由“和平祈祷像”“和平泉”“三角形纪念碑”（原子弹落下的中心地）以及“祈祷和平之子”“原子弹受害者慰灵碑”组成，以表达人们悼念死者、祈求和平的愿望。南京雨花台烈士陵园以“殉难烈士纪念群像”为主景，长沙烈士公园以烈士纪念塔为主景等。

(2) 平面布置多采用规划式，中轴线明显对称。主要景物（纪念碑、纪念馆、纪念塑像等）布置在轴线短点或两侧，以突出纪念性的主题。也有采用自由式布局，如罗斯福纪念园的设计，没有固定的方向与序列，没有强调的中心和高潮，不追求情感的递增，让人们在休息中，在闲谈漫步中来纪念这位平易近人的伟人。

(3) 地形多选山冈丘陵地带，并要有一定的平坦地面和水面。地形处理多采用逐步上升，以台阶的形式接近纪念性主景，使游人产生仰视的观赏效果，以突出主题的高大，表现人们的敬仰之情。

植物配置常以规则式的种植为主。纪念碑周围多植花灌木以形成花环的效果，碑后常植松柏纯林，以示万古长存。

4. 纪念性公园功能分布区

纪念性公园在分布上不同于综合性公园，根据公园的主题及纪念的内容一般可分为以下几个区。

(1) 纪念区。位于大门的正前方，从公园大门进入园区后，直接进入视线的就是纪念区。在纪念区由于游人较多，因此应有一个集散广场，此广场与纪念物周围的广场可以用规划的树木、绿篱或其他建筑分隔开。在纪念区，一般根据其纪念的内容选择不同的建筑和设施，如果为纪念碑，则纪念碑应为建筑中最高大的建筑，且位于纪念广场的几何中心，纪念碑的基座应高于广场平面，同时在纪念碑体周围有一定的空间作为摆放花圈、鲜花、纪念活动使用等。纪念馆则应布置在广场的某一侧，馆前应留有足够的地方作为人们集散使用，特别是每逢具有纪念意义的日期，群众聚会增多，因此，设置此广场就更有意义。

(2) 园林区。园林区的主要作用是为游人创造一个良好的游览环境，一般在纪念性公园内，游人除了进行纪念活动外，还要在园内进行游览或开展娱乐活动，因此，设置此区可以调节人们紧张激动的情绪。

布局上以自然式布局为主，不管在种植还是在地形处理上。在地形处理上要因地制宜，自然布局，一些在综合性公园内的设施均可以此区设置，如果有条件许可，还应设置一些水景，座椅等。总之，休息区要创造一种活泼、愉快的欢乐气氛，同时具有很好的观赏价值。

5. 纪念性公园绿化设计

纪念性公园的种植设计，一定要与公园的性质及内容相协调，该公园通常是由两个内容不同的区域组成，因此，各区在植物选择上也有较大区别。

(1) 公园的出入口（大门）。纪念性公园的大门一般位于城市主干道的一侧，因此，在地理位置上特别醒目，同时为突出纪念性公园的特殊性，一般在门口两侧用规则式的种植方式对植一些常绿树种。如果条件许可，在树种的造型上应做适当的修剪整形，这样可以与园内规划式布局相协调一致。一般在门外应设置大型广场，作为停车及疏散游人之用。

(2) 纪念区。纪念区包括碑、馆、雕塑及墓地等。在布局上，以规则的平台式建筑为主，纪念碑一般位于纪念性广场的几何中心，所以在绿化种植上应与纪念碑相协调，为使主体建筑具有高大雄伟之感，在种植设计上，纪念碑周围以草坪为主，可以适当种植一些具有规则形状的常绿树种。

纪念馆一般位于广场的一侧，建筑本身应采用中轴对称的布局方法，周围其他建筑与主体建筑相协调，起陪衬作用，在纪念馆前，用常绿植物按规则式种植，以达到与主体建筑相协调的目的。

(3) 园林区。园林区在种植上应结合地形条件，按自然式布局，特别是一些树丛、灌木丛，是最常用的自然式种植方式。

12.2.4 植物园规划设计

植物园在现代社会里已经不仅是供植物学家或者研究人员进行研究活动的空间，而是逐渐渗透进了城市绿化并且极大程度地满足了人们对于绿色环境的需求。正像是从外观上看到的，植物园具有优雅精致的园林艺术外貌，它是在一般园林的基础上，通过投入更丰富的植物种类和植物知识形成的、以植物多样性为精髓的园林，有比一般园林更丰富的科学内涵，是园林建设的最高层次。

1. 植物园的性质与任务

植物园是植物科学研究机构，也是采集、鉴定、引种驯化、栽培实验中心。可供人们游览的公园。其主要任务是发掘野生植物资源，引进国内外重要的经济植物，调查收集稀有珍贵和濒危植物种类，以丰富栽培植物的种类或品种，为生产实践服务。研究植物的生长发育规律，植物引种后的适应性和经济性及遗传变异规律，总结和提高植物引种驯化的理论好方法。建立具有园林外貌和科学内容的各种展览和试验区，作为科研、科普的园地。同时，植物园还担负着向人们普及科学知识的任务。除此之外，还应为广大人民群众提供游览休息场所。

2. 植物园的分类

植物园按性质可分为：综合性植物园和专业性植物园。

(1) 综合性植物园。综合性植物园兼有多种职能，即科研、游览、科普及生产，一般规模较大，占地面积在 $100hm^2$ 左右，内容丰富。

目前在我国，这类植物园的隶属关系有的归科学院系统，以科研为主结合其他功能，如北京植物园（南园）、南京中山植物园、武汉植物园、昆明植物园、华南植物园、西双版纳植物园等；有的归园林系统，以观光游览为主，结合科研科普和生产功能，如北京植物园（北园）、上海植物园、青岛植物园、杭州植物园、厦门植物园、深圳仙湖植物园、洛阳植物园等。

（2）专业性植物园。专业性植物园指根据一定的学科专业内容布置的植物园标本园。如树木园、花圃园。这类植物园大多属于科研单位、大专院校。所以，又可称为附属植物园，如浙江大学大植物园、广州中山大学标本园、南京药用植物园、武汉大学树木园等。

3. 园址选择

（1）宜建在城市近郊区。

（2）应选择在地形、地貌较为复杂，具有不同小气候的用地。

（3）要满足不同植物对土壤酸碱度、土壤结构等条件的要求。

（4）选择具有丰富的天然植被的地方。

4. 植物园的功能分区

综合性植物园主要分为两大部分，即以科普为主，结合科研与生产的展览区和以科研为主，结合生产的苗圃试验区。此外还有职工生活区。

（1）科普展览区。目的在于把植物世界的客观自然规律以及人类利用植物、改造植物的知识展览出来，供人们参观学习。该区一般依照植物进化系统，分目、分科布置，使参观者不仅能得到植物进化系统的概念，而且对植物的分类及种、属特征也有概括的了解。但是往往在系统上相近的植物，对生态环境、生活因子要求不一定相近。在生态习性上能组成一个群落的植物，在分类系统上不一定相近。所以在植物配置上只能做到大体上符合分类系统的要求，即在反映植物分类系统的前提下，结合生态习性要求和园林艺术效果进行布置。这样做既有科学性，又切合客观实际，容易形成较完善的公园外貌。

（2）经济植物展览区。经过搜集以后认为大有前途，经过栽培试验确属有用的经济植物才栽入本区展览，为农业、医药、林业以及园林结合生产提供参考资料，并加以推广。布置一般按照用途分区，如药用植物、纤维植物、芳香植物、油料植物、淀粉植物、橡胶植物、含糖植物等，并以绿篱或园路为界。

（3）抗性植物展览区。植物有吸收氟化氢、二氧化硫、三氧化硫、硫化氢、二氧化氮、溴、氯等有害气体的能力，但其抗有毒物质的强弱、吸收有毒气体的能力大小常因树种不同而不同，这就必须进行研究、试验，培育出对大气污染物质有较强抗性和吸收能力的树种，按其抗毒物质的类型、强弱，分组移植本区进行展览，为园林绿化选择抗性树种提供可靠的依据。

（4）水生植物区。根据植物有水生、湿生、沼生等不同特点以及喜静水或动水的不同要求，在不同深浅的水体里或山石涧溪之中布置成独具一格的水景，既可普及水生植物方面的知识，又可为游人提供良好的观赏环境。

（5）岩石园。岩石园多设在地形起伏的山坡地上，用地面积不大，利用自然裸露岩石或人工布置山石，配以色彩丰富的岩石植物和高山植物进行展出，并可适量布置一些体形轻巧活泼的休息建筑，构成园内一个风景点，用地面积不大，却能起到画龙点睛的作用。

（6）树木园。是展览本地区和引进国内外一些在当地能够露地生长的主要乔灌木树种，一般占地面积较大，对用地的地形、小气候条件、土壤类型、土壤厚度都要求尽量丰富，以适应各种类型树木的生态要求。植物的布置，通常按地理分布栽植，借以了解世界木本植物分布的大体轮廓。也可以按照分类系统布置，便于了解植物的科属特性和进化线索，究竟以何种形式布置一般依照具体情况而定。

（7）专类园。把一些具有一定特色、栽培历史悠久、品种变种丰富、具有广泛用途和很高观赏价值的植物加以收集，辟为专区集中栽植，如梅花、山茶、杜鹃、月季、玫瑰、牡丹、芍药、荷花、棕榈、槭树等。任何一种都可形成专类园，也可以由几种植物根据生态习性、观赏效果等加以综合考虑配置，能够收到更好的艺术效果。

（8）温室展览区。把一些不能在本地区露地越冬，必须有温室设备才得以正常生长发育的植物展出，供游人观赏，谓之温室展览区。温室的高度和宽度都要远远超过一般繁殖温室，体型庞大，外观雄伟，是植物园中的重要建筑。温室面积大小与展览内容多少、品种体型大小，以及园址所在地的地理位置等因素有关，如北方天气寒冷，进温室的品种必然多于南方，所以温室面积就比南方大一些。

（9）职工生活区。布局与城市中一般生活区相似，但应处理好与植物园的关系。

5. 植物园规划设计要点

（1）确定建园的目的、任务、性质。

（2）确定植物园的分区和用地面积及各部分的用地比例。

（3）展览区是面向群众开放，宜选用地形富有变化、交通联系方便、游人易于到达的地方，另一种偏重科研或游人少量的展览区，宜布置在稍远的地方。

（4）苗圃实验区是进行科研和生产的场所，不向群众开放，应与展览区隔离，并设有专用的出入口，并且要与城市交通有方便的联系。

（5）确定建筑的数量及位置。植物园建筑有展览建筑、科学研究用地建筑及服务性建筑三类：一是展览建筑包括展览温室、大型植物博物馆、展览荫棚、科普宣传廊等。展览温室和植物博物馆是植物园的主要建筑，游人比较集中，应位于重要的地方，靠近主次出入口，常成为全园的构图中心。科普宣传廊应根据需要，分散布置在各区内。二是科学研究用建筑，包括图书资料室、标本室、实验室、工作间、气象站等。苗圃的附属建筑还有繁殖温室、繁殖荫棚、车库等。三是服务性建筑，包括植物园办公室、招待所、接待站、茶室、小卖部、食堂、休息廊亭、花架、厕所、停车场等。

（6）植物园的道路系统。道路系统不仅起着联系、分隔、引导作用，同时也是园林构图中一个不可忽视的因素。道路的铺装、图案的花纹的设计应与周围环境相互协调配合，纵横坡度一般要求不严，但应该保持平整舒服的不积水为准。

（7）植物园排灌工程。植物园的植物品种丰富，养护条件要求较高，因此在做总规划的同时，必须做出排灌系统规划，保证旱可浇，涝可排。一般利用地势起伏的自然坡度或暗沟，将雨水排入附近自然水体为主，但是在距离水体较远或排水不顺的地段，必须铺设雨水管，辅助排出。一切灌溉系统，均以埋设暗管为宜，避免明沟破坏园林景观。

12.2.5　动物园规划设计

动物园是集中饲养、展览和研究野生动物及少量优良品种家禽、家畜，供观赏、普及科学知识、进行科学研究和动物繁育，并具有良好设施的绿地。在大城市中一般独立设置，中小城市场附设在综合公园中。

1. 动物园的性质与任务

动物园的主要任务是普及动物科学知识，向游人介绍各种动物的名称、产地、习性、用途等，了解动物在世界各地的分布、资源状况，以及动物与人的关系等。作为中、小学生生物课的直观教材和大学生物系学生的实习基地。研究野生动物的驯化和繁殖，通过对野生动物的驯化和饲养、观察其习性，并对其病理和治疗方法及动物的繁殖进行研究，从而进一步揭示动物的变异进化规律，创造新品种，使动物为人类服务。积极参与濒临灭种的野生动物的保护工作。通过动物资源的国际交流，增进各国的友谊。

2. 动物园的分类

由于动物收集、交流不易，饲养成本和饲养技术要求较高，同时对猛兽的饲养还涉及安全问题，因此，动物园的建立还不够普及。各地应根据经济力量和可能条件，量力而行。

目前，国内动物园依其规模（主要指饲养动物品种数）可分为以下五种。

（1）全国性动物园。如北京、上海、广州三市的动物园，展示动物园品种将逐步达到700种，用地面积一般在60hm^{2}以上。

（2）地区性动物园。如天津、哈尔滨、西安、成都、武汉五个城市的动物园，展示动物品种将逐步达到400种，用地面积一般为20～60hm^2。

（3）特色性动物园。指一般省会城市的动物园，如长沙、杭州等地动物园，主要展出本地野生特产动物，展出品种控制在200种左右，面积宜在15～60hm^2。

（4）大型野生动物园。指位于城郊风景区内的动物园，动物展示由笼养发展为自然环境中的散养，展出的动物种类和数量都是其他动物园所无法相比的，游人参观路线可以分为步行系统和车行系统，用地面积大于100hm^2。

（5）小型动物展区（动物角）。指中、小城市动物园和附设在综合性公园中的动物展区，如南京玄武湖菱洲动物园、上海杨浦公园动物展区等，展出动物品种在200个以下，用地面积应小于15hm^2。在《公园设计规范》（CJJ 48—92）中规定，在已有动物园的城市，综合性公园中不得设大型动物、猛禽类动物展区，而鸟类、金鱼类、兔、猴类展区可在综合性公园内选择一个角落布置。

3. 动物园的功能分区

大型动物园，一般可分为以下几个区。

（1）科普区。科普区是全国科普科研活动的中心，区内可设标本室、解剖室、化验室、研究室、宣传室、阅览室、录像放映厅等。如南京红山森林动物园两栖爬行馆以普及科普知识为主，展示厅内既有仿实景展示的动物，又有大型的解说式展板。一般布置在出入口地段，使其用地宽敞，交通方便。

（2）动物展区。动物展区是动物园用地面积最大的区域。不论是笼养式动物园还是放养式动物园，展览顺序的安排是体现动物园设计主题的关键。

1）按动物的进化顺序安排。我国大多数动物都以突出动物进化顺序为主，既由低等动物到高等动物，由无脊椎动物—鱼类—两栖类—爬行类—鸟类—哺乳类。在这顺序下，结合动物的生态习性、地理分布、游人爱好、地方珍贵动物、建筑艺术等，作局部调整。

2）按动物原产地进行安排。按照动物原产地的不同，结合原产地的自然风景、人文建筑风格来布置陈列动物。其优点是便于了动物的原产地、动物的生活的习性，体会动物原产地的景观特征、建筑风格及风俗文化，具有较鲜明的景观特色。其缺点是难以使游人宏伟感受动物进化系统的概念，饲养管理上不便。

3）按动物生态习性安排。即按动物生活环境，如湖泊、高山、疏林、草原、沙漠、冰山等，这种布置对动物生长有利，园容也生动自然。如长春动植物园，在园内开辟了一处近 $10hm^2$ 的长白山原野展区，在原野东部的湖西岸，利用城市的建筑垃圾、挖湖的泥土，人工堆建了一座占地 $3hm^3$、高 40m 的大山。从山下至山顶，模拟长白山山区植物的垂直分布带的特点，分带种植代表植物，形成长白山植物景观。原野的周围用沟隔起来，在其内除种植大量的野生植物外，还把北方的野生动物散放到原野内。原野内不搞建筑，动物在山洞或地穴里栖息。在原野的外缘还修建熊、野猪、沙漠有蹄类等适合不同动物栖息的小原野。这种展览形式，不仅对动物生长有利，而且还可增加人们的游兴，给人们以自然美的享受。

4）按游人参观的形式安排。大型的动物园可以按游人参观的形式分为车行区和步行区。如重庆野生动物世界、园区以放养式观赏野生动物为主，步行区游览占地 $187hm^2$，由长林山、熊猫山、白虎山、凤凰山四山相抱，在步行区时，游客也可以乘电瓶车游览。步行区分为六大区：灵长动物区、大型食草动物区、蛇禽区、猛兽动物区、鹦鹉长廊和表演区。车行区是目前国内最大最符合野生动物生活的放养式展示观赏区，占地面积为 $147hm^2$，观赏线路达 5km，途径澳大利亚丛林、猛兽王国、欧亚大陆和非洲原野四大区域。整个车行区是野生动物世界完全自然的观赏区。

(3) 服务休息区。包括科普宣传廊、小卖部、茶室、餐厅、摄影部等。如上海动物园将此区置于园内中部地段，并配置大片草地、树林和水面，不仅方便了游人，也为游人提供了大面积的景色优美的休息绿地，这种布置方式比零星分布的布局要好得多。

(4) 办公管理区。包括饲料站、兽疗所、检疫站、行政办公室等，其位置一般设在园内隐蔽偏僻处，并要有绿化隔离，但要与动物展区、动物科普馆等有方便的联系。此区应设专用出入口，以便运输与对外联系，有的将兽医站、检疫站设在园外。

4. 动物园规划设计要点

(1) 动物园要选在地形起伏、有山冈、有平面、有水面、绿化基础好，能够为动植物提供良好的生存条件，具有不同小气候的郊区，原则上在城市的下风口，要远离居民区，但要交通便利。

(2) 动物园应有明确的功能分区，各区既互不干扰，又有联系，以方便游客参观和工作人员管理。

(3) 动物的笼舍和服务建设应与出入口、广场、导游线相协调，形成串联、并联、放射、混合等方式，以方便游人全面或重点观赏。

(4) 游览路线建议以景观为引导，符合人行习惯，一般逆时针右转，主要道路和专用道路要求能

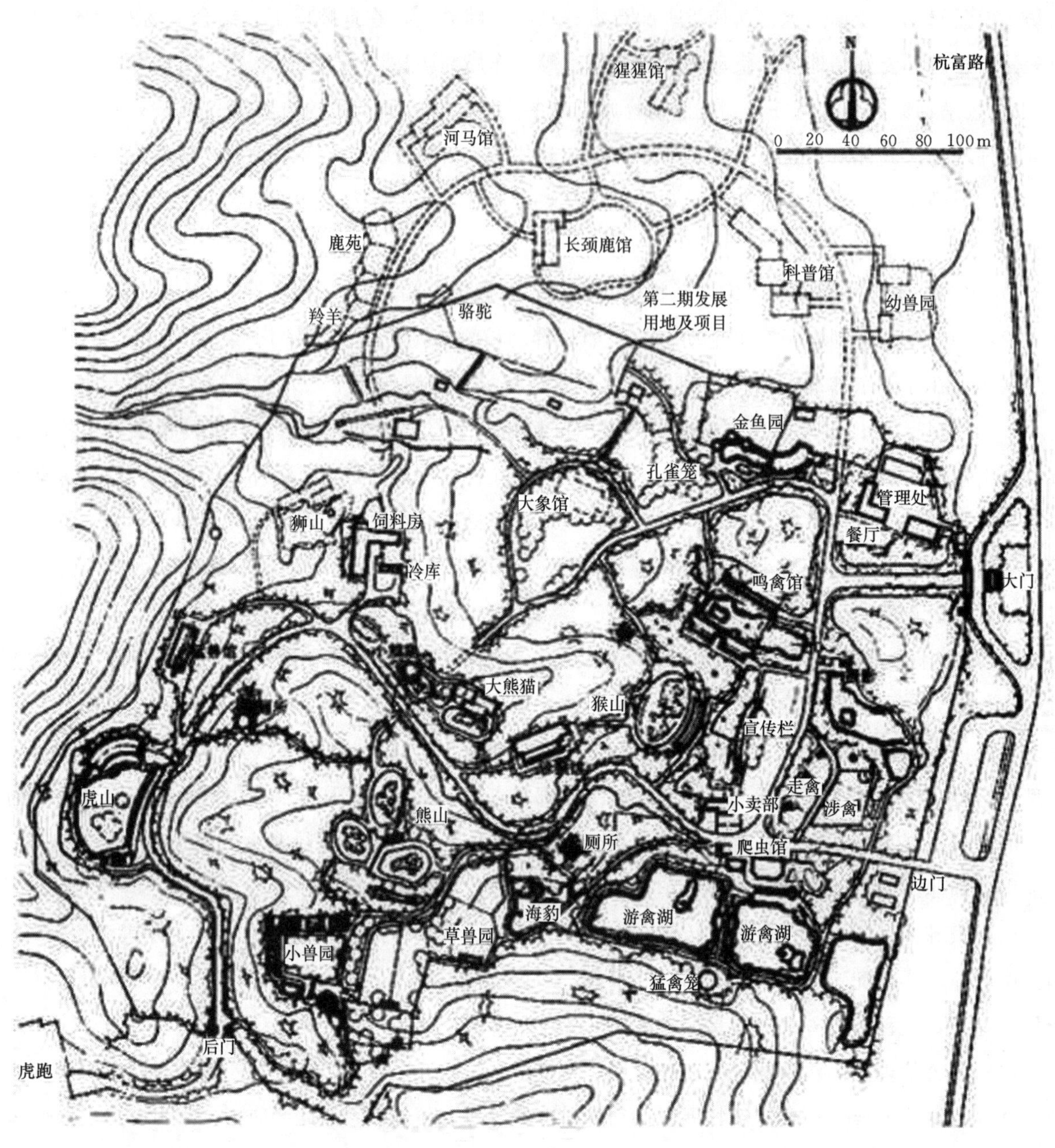

图 12.7 杭州动物园规划设计总平面图

通行汽车，以便管理使用。

（5）外围应设围墙、隔离沟和林地，设置方便的出入口，专用出入口，以防动物出园伤害人畜。

5. 动物园绿化设计要点

动物园绿化首先要维护动物生活，结合动物生态习性和生活环境，创造自然生态模式。另外，要为游人创造良好的休息条件，创造动物、建筑、自然环境相协调的景致，开成山林、河湖、鸟语花香的美好境地。其绿化也应适当结合动物饲料的需要，结合生产，节省开支。

动物笼舍内和笼舍附近的绿化，所选择的植物种类应该是对动物无害的，不能种茎、叶、花、果有毒或有尖刺的植物，以免使动物受到伤害，最好也不种动物喜爱的树种。可多种动物不吃又无害的植物，也可将植物与动物隔离开，或对树干加以保护。

在园的外围应设置宽30m的防风、防尘、杀菌林带。在陈列区，特别兽舍旁，应结合动物的生态习性，表现动物原产地的景象，既不能阻挡游人的视线，又要满足游人夏季遮阳的需要。在休息游览区，可结合干道、广场种植林荫树，设置花坛、花架。在大面积的生产区，可结合生产种植果木、生产饲料。

本章小结

本内容在着重讲述综合性公园、儿童公园、动物园、植物园、纪念性公园、体育公园规划设计的功能分区、植物配置、设计要点等内容，综合性较强。学习时理解公园的设计特点，掌握公园规划设计的原则要求，熟悉各类公园绿地规划设计的内容和方法。

练习与思考题

1. 简述综合性公园如何进行功能分区。
2. 简述儿童公园的规划设计要点。
3. 动物园展区一般有哪几种展览顺序？
4. 归纳总结动、植物园有哪些配置要点。
5. 体育公园植物配置的要点。
6. 简述纪念性公园是如何分区的？各有何特点？

实训操作题

实训项目十一　综合性公园规划设计的调查

1. 实训目的

(1) 明确综合性公园绿地规划设计的原则。

(2) 明确综合性公园规划设计的要求和内容。

(3) 掌握综合性公园绿地景区的规划、景点的设置、功能的分区。

(4) 掌握综合性公园空间组织、空间序列展示、风景视线和导游路线的设置。

(5) 掌握综合性公园绿地的树种选择和植物配置。

2. 实训内容

选择本市现有综合性公园进行实地调查，调查内容主要有以下几个方面：

(1) 景区和景点的设置。

(2) 园林空间序列展示。包括两个方面：一方面是自然风景的时空转换；另一方面是游人在赏景过程中步移景异的展示。

(3) 导游路线和赏景路线的安排。

（4）园内各种造园手法、园林构成要素及植物配置的调查。

3. 实训要求

在实训前，教师提前选择好实训地点，收集该公园的规划平面图及相关的图文介绍，对公园的基本概况、历史沿革、周边情况均要作详细了解。学生在实训前要求预习实习内容，教师讲解实训的目的和重点，指导学生实训过程，保证学生实训时能在规定的时间内完成实训内容。

4. 实训条件

有代表性的综合性公园1～2处。学生能进行园林树木、花卉等这类的识别。学生已具备园林构成要素、园林造景手法的应用及分析的技能。

5. 实训工具

笔记本、铅笔、绘图墨水笔、橡皮、速写本、数码相机。

6. 实训的方法步骤

老师选择一代表性的综合性公园1～2处，组织学生进行参观，给学生做公园基本概况、空间布局、造景手法、技巧及植物配置等方面的介绍。

带学生在公园内主要景点参观游览及调查学习。

在游览时和游览后，组织学生对所参观综合性公园的景区划分、景点设置、空间组织、风景视线和导游路线的设置、植物配置等内容进行调查，填写调查记录表。

对优秀景点和造景手法，运用速写和拍照的手法进行记录。

对此次调查学习写出观后感，并完成实习报告。

7. 成果要求

完成相应的调查记录表。

完成观后感1篇。

完成实习报告1份。

8. 实训考核

（1）实训考核标准：实习成绩由指导教师根据实习报告（60%）、实习中的态度、纪律表现（40%）按二级分制综合评定。

1）观后感和实习报告（60分）。

内容详实，分析合理，语言组织逻辑性强，见解独到，书写认真60分。

内容充实，符合实习情况，有一定的见解，书写认真50分。

内容一般，符合实习情况，独立完成，书写认真40分。

内容一般，符合实习情况，书写认真30分。

内容差，不符合实习情况，书写不认真，潦草20分以下。

2）实习态度和表现（40分）。

a. 出勤率，全勤20分，缺席一次扣5分，迟到、早退一次扣2分。

b. 态度端正，认真记录，遵守实习纪律20分；有记录，但不完整，遵守实习纪律15分；有记录，但不完整，纪律性差10分以下。

附表 1 **公园绿地概况调查记录表**

实训地点		时间	
面积		调查小组成员	
公园位置及周边环境特点			
公园绿地的布局手法、特点			
导游路线和风景视线			
总的感觉与评价			

附表 2 **公园绿地工程要素调查记录表**

实训地点		面积	
实训时间		调查组成员	
园林绿地布局形式与特点			
园林构成要素	地形	特点	
		表现形式	
	水体	特点	
		表现形式	
	道路	特点	
		表现形式	
	建筑	特点	
		表现形式	
	建筑小品	特点	
		表现形式	
	植物	特点	
		表现形式	
备注			

附表 3 **公园绿地造景手法运用调查记录表**

实训地点			面积	
实训时间			调查小组成员	
园林主要造景手法	主景			
	配景			
	对景			
	夹景			
	障景			
	隔景			
	框景			
	漏景			
	添景			
	借景			
	题景			
	点景			
备注				

第13章

生态农业园规划设计

学习目标

- 了解常见生态农业园的类型及其主要功能和特点。
- 熟悉生态农业园的规划原则及步骤。
- 掌握生态农业园产业项目规划原则及内容。

13.1 生态农业园概述

生态农业园是指依托现有或开发的农业和农村资源（传统的或现代的），按照现代旅游业的经营规律和构成要素，对其进行改造、配套、组装和深度开发，在至少保证基本生产或生活功能和有利于生态环境优化的基础上，因地制宜，赋予其观赏、品尝、购买、娱乐、劳动、学习和居住等不同的旅游功能，创造出可经营的、具有农业或农村特色和功能的旅游资源及其产品，形成第一产业和第三产业相融合、生产和消费相统一的新型产业形态。

13.1.1 国内外生态农业园发展概况

生态农业的产生已有100多年的历史，早在1865年，意大利成立农业与旅游全国协会，以体验农田野趣为主题，是生态农业园的萌芽阶段。

20世纪80年代以后，生态农业园蓬勃发展起来，日本的市民农园、农业公园和农业度假村，英国的农村公园等种类很多，形式多样。生态农业园的内容更加丰富，除了观光外，还有度假、体验功能。近年来，日本在此基础上又提出“绿色”观光农业发展计划，将环境保护纳入生态农业发展内容与政府政策序列之中，促使生态农业更加可持续地发展。

国外农业园区主要以先进的农业设施和高新技术向农民、学生及游人展示新的生产方式为基本主题。其主要有3种模式：示范农场（Demonstration Farm），是以推广先进适用技术为主体的试验示范基地；休闲农场或观光农园（Vacation Farm），其以农业观光、休闲为主题；教育农场（Educational Farm），主要以青少年学生为服务对象，向他们提供农业认知、体验与相关教学服务。

我国生态农业园最早主要以观光果园和“农家乐”形式出现的。1987年在四川成都等地开展了

“农家乐”，是全国“农家乐”的发祥地。1992 年四川成都郊区郫县政府和成都市旅游局联合举办“望丛赛歌会”。深圳于 20 世纪 80 年代后期首先开办了荔枝节，随后开展了采摘园。北京昌平县十三陵旅游区首次出现观光桃园，之后一直方兴未艾。随着经济和科技的发展，高新农业科技示范区成为生态农业园发展期的特色。园区主要栽植果树优良品种、稀有蔬菜和新潮花木，并设立园林艺术小品和其他娱乐服务设施。如浙江金花石门农场、厦门华夏神农大观园、广西柳州水乡观光农业区等。旅游业的发展，带动了生态农业园的建设，逐渐形成了以复合农业观光园为主体的生态农业园，集农业生产、科技示范和观光休闲为一体的综合性农业园区，如北京的锦绣大地、上海孙桥现代农业开发区、苏州农林双世界、无锡马山观光农业园等地。

农业观光园是 21 世纪生态园林绿化发展的方向，是一种新的园林形式。现代园林的发展方向是将园林和生态有机结合起来，即向生态园林方向发展。园林已开始从城市向城郊和乡村蔓延，真正朝着大地园林化目标迈进。这种趋势可极大地促进园林绿化进程，对提高我国森林覆盖率，改善生态环境，保护我们赖以生存的地球具有重要意义。

13.1.2 生态农业园的特点与类型

13.1.2.1 生态农业园的特点

1. 生态农业园具有综合性

生态农业园的综合性主要体现在其功能的复合性，随着生态观光园发展的不断完善，其不仅仅局限于采摘等农家乐活动，也不只是科技农业的展示，而是集多种功能于一体的综合型园区，具体表现在以下三个方面。

(1) 生产与服务的复合性。从生态农业园的概念可看出，生态农业园源于第一产业的农业，以第三产业服务业中的旅游业形式展现出来，因此具有复合结构的产业属性。首先，生态农业园是一个农业生产系统，本身具有经济价值；其次，生态农业园又具有为游客服务的旅游功能。两种属性相辅相成不可分割。

(2) 游赏性和体验性的结合。生态农业园不仅具有供游客观赏、游玩的功能，还通过乡村休闲度假以及农事活动参与，让游客真正参与其中，感受田园乐趣，体验农家生活。

(3) 娱乐性和教育性的综合体现。在体验生态农业园的旅游项目时，不仅可以从中获得乐趣，更多的可以学习一些先进科技农业的栽培方式，了解农产品的加工过程，并熟悉我国农业文化底蕴，是寓教于乐的典型体现。

2. 景观的多样性

生态农业园的景观多样性主要源于以下几方面：首先，得益于生态农业园内容的丰富性，可以是蔬菜、鲜花等农作物种植的多样性展示，也可以是牛、羊、鸡鸭鹅、鱼蟹等动物养殖的情景，还可以是农家野菜等特色风味的体现；其次，得益于地域差异性，不同区域条件形成了多元化的生产方式和传统习俗，从而造就了丰富多彩的农业观光事项；当然，生态农业园由于很大程度上依赖于自然资源，因此具有较强的季节性。

3. 收益多元性及可持续发展性

生态农业园的综合性决定了其获取收益途径的多元性，可以从其依托的农业种植、养殖产品本身，生产过程展示、科技会展以及旅游服务等多个环节获得利益。生态农业园在获取收益的同时，也是依托高新科学技术建设和发展农业等产业，在经济、生态、生产、社会文化等多方面形成可持续发展模式，符合现阶段新农村、新农业发展建设的要求。

13.1.2.2 生态农业园的类型

生态农业园是一种新兴的园林形式，同时其内容的丰富性决定了其种类的多样性，从不同视角着手，可将生态农业园划分成不同种类。

1. 按应用特点分

（1）观光农业园：以生产农作物、园艺作物、花卉、茶、果等为主营项目，让游人参与生产、管理及收获等活动，并可欣赏、购买、品尝园内生产的品种。它又可细分为观光果园、观光菜园、观光花园（圃）等。如河南省的世锦花木公司、北京的朝来农艺园等。

（2）农业公园：把农业生产、农产品销售以及旅游、休闲、娱乐和园林结合在一起，食宿、购物（农产品）、会议、娱乐设施等方面都比较完善，注重了人文资源和历史资源的开发，是一种综合性的农业观光园。如湖北省宜昌的旅游型景观农业区、四川成都市的龙泉驿观光旅游区等。

（3）教育农园：既兼顾农业生产、农业科普教育，又兼顾园林和旅游的园区。园内的植物类别、先进性、代表性及形态特征和造型特点等不仅能给游园者以科普知识教育，而且能展示科学技术是第一生产力的实景。如深圳的世界农业博览园、上海孙桥的现代农业开发区等。

2. 按生态农业园功能分

（1）观赏型生态农业园主要由蔬菜观赏园、花卉观赏园、瓜果观赏园、观赏林区、珍惜水产观赏馆、编织工艺观赏中心、生态农业观赏园等部分构成。

（2）品尝型生态农业园主要分为野菜品尝中心、瓜果品尝园、山珍品尝中心、奶制品品尝中心、水产品尝中心等部分。

（3）购物型生态农业园主要由新鲜农产品购物中心、山珍野果购物中心、牧产品销售中心、水产品购物站、工艺品购物中心等部分组成。

（4）务农型生态农业园主要由自摘瓜果园、挤奶场、垂钓场、捕捞场、渔船驾驶中心、自编自赏中心、生态农业研究场等部分组成。

（5）娱乐型生态农业园主要由森林野营地、跑马场、斗马场、斗牛场、斗鸡场、狩猎场等部分组成。

（6）疗养型生态农业园主要由农业森林浴疗场、海滨浴疗场等构成。

（7）度假型生态农业园主要由森林避暑营地、生态农业休养地等构成。

（8）综合型生态农业园主要为观光、度假生态农业园，度假、娱乐生态农业园等型式。

13.1.3 生态农业园的功能

生态农业园具有如下功能。

（1）经济功能。农业是国民经济的基础，生态农业获利潜力大，其生产的优质农产品和与之关联的农产品将随着经济的发展越来越成为稀缺产品。通过观光的经济带动作用，可扩大农业的经营范围，增加农村的就业机会，提高农民收入，壮大农村经济实力。

（2）科技示范功能。科技示范是生态农业园的重要内容之一，引进新品种、新设施、新技术并运用到生产上进行展示，才能提高观光园的科技内涵，增强园区的新颖性，才能让更多农民和城市居民了解农业的发展和新的科技成果。

（3）生态功能。生态农业园不仅是生态系统的有机构成，而且直接运用一定的生态科学原理进行系统生产。农业既是调节人与自然的“稳压器”，又是抗灾减灾的“绿色屏障”。

（4）科普教育功能。生态农业园内应具备为中小学生提供实践、学习农业知识的条件。在项目设置、文字解说方面要由浅入深，直观易懂，形象生动，趣味性、知识性强，使生态农业园成为中小学生认识农业、体验农业的绿色教育基地。

（5）休闲观光功能。休闲观光功能是生态农业园的主题功能。在景点分布上一定要紧凑，不能太散，布局要美观合理，一种景观和一个品种的面积不能太大，沿着观光游览路线应不断变换内容，每一景观都要有文字说明，要让游人感觉是在逛公园，而不是在旷野农田。

（6）体验和参与功能。生态农业园可以辟出一片供游人参与农作活动的“农耕乐园”或叫作“自耕园”，准备一些农机具，农事服饰、种子、种苗等等，让游人参与赶牛犁地、播种栽苗、浇水施肥、松土除草等农事作业，体验农耕生活的辛酸劳累。同时也可增设采摘、收获、加工、品尝的参与项目，让游人感受农业丰收的喜悦。

（7）综合服务功能。除了设置以上四项基础功能之外，创造一个洁净、优雅、方便的园区环境是十分必要的，要把旅游景点的经营和管理模式引到园中来，以方便游客的看、玩、购、吃、住、行，并能从服务项目中得到收益，从而提高生态农业园的综合经营效益。

13.2 生态农业园规划

13.2.1 生态农业园的规划原则

生态农业园的规划具有其独特之处，主要根据以下原则进行构思建设。

（1）要以绿色生态环境建设为中心，做好总体规划，分步实施，不断完善和提高。生态农业园的规划建设，除了必需的生活、办公、服务设施应率先定位以外，不宜搞太多“洋”的建筑，该“土”的要越“土”越好，体现古老朴素的农村特色，“洋”的要有但不能贪大贪多，务求实用，要充分利用农作物及各种绿化植物，装点园内每一块土地、每一处角落。

（2）要以农业为主题，借鉴公园和旅游景点模式。生态农业园是以种植蔬果、花草、粮食和养殖各种畜、禽、鱼、鸟为景观的“农业公园”。因此凡是涉农的内容都可以在园中设置，内容越多越好，但布局要合理，要讲究科学性和艺术美感，而不是简单的拼凑和组合。尤其必须从生态平衡、食物链、生态循环角度考虑，把种植业、养殖业及资源的综合利用科学地展现出来，让人们既能感受到公园般的清新、雅静，又能使人们了解和学习农业，将科学知识融入其中。

(3) 要突出新、奇、特，不断改变园中景观。生态农业园是以农作物、饲养的畜、禽、鱼、鸟为主要观景对象的具有生产性的景观园，观赏的季节性很强，这就需要不断改变园中的观景效果。自然界中被人们认识栽培和养殖的动植物种类非常繁多，花草、蔬果、药用植物、观赏植物、珍禽特畜、名鱼虫鸟应有尽有，可以采用各种设施及培养条件，引进国内外的新品种。如在北方引种南方的番木瓜、甘蔗、菠萝、蝴蝶兰，国外的彩色甜椒、异形番茄、水果黄瓜等，使异地他国的动植物在本地安家落户，这就体现了新和特。

(4) 要把传统农业和现代农业有机结合，展现农业的发展历程和农业文化。生态农业园作为科技展示、科普教育的基地必须全方位展示农业历史、农业发展成就。现在人们已开始崇尚自然、回归自然，传统农业的某些生产方式又回到人们的身边使生态农业园成为自然科学和农业的“大学堂”或“博物馆”。

13.2.2 园区选址原则与选址条件评价

园区选址要满足以下几点要求。

(1) 符合国土规划、区域规划、城市绿地系统规划和现代农业规划中确定的性质及规模，选择交通方便、人流物流畅通的城市近郊地段，园区尽量靠近城郊主干道，有利于农产品的来往运输。

(2) 选择适宜作为工程建设及农业生产的地段，地形起伏变化不是很大的平坦地，进行生态农业园区建设。应因地制宜地进行改造，有利于丰富园区的景观。

(3) 选择自然风景条件较好及植被较丰富的风景区周围的地段，还可在农场、林地或苗圃的基础上加以改造，这样投资少、见效快。

(4) 选择利用原有的名胜古迹、人文历史或现代化农村等地点建设生态农业园，展示古老的农林历史文化或崭新的现代社会主义新农村景观风貌。

(5) 选择园址应结合地域的经济技术水平，规划相应的园区，水平条件不同，园区类型也不同，并且要留出适当的发展备用地，具体见表 13.1。

表 13.1　　园区地理位置评价表

地理位置	地理条件	发展内容	发展资源
城郊，原有农业区	地形平坦，农业发展水平较高	农业综合园区、园艺场、农业工厂、现代农场	高科技生产设备，果菜工作场所，提供休闲、参观、科普、体验等场所
城郊，原有农业区	靠近自然风景区，农场资源好	农业庄园、观光农园、农业公园	将参与、体验、休闲、渡假相结合的综合性生态农业园
城郊，农村	地理条件变化多，山势起伏。	田园风光	农作场、田园、采摘、体验
城郊，农村	海拔较高，部分由森林游乐区衍生而成	森林游乐区、森林浴、牧场、度假村、生态教育、露营	森林游乐区、度假村，瀑布、河川、林场、牧场等景观
城郊，农村	有湖泊、水面、地势平缓	观光休闲渔场	水产养殖、捕捞、钓鱼、产品展售、海滨景观
城郊，农村	农村历史人文，文化内涵，底蕴丰厚	农村历史文化展示	农村民宿，农村民俗，农村建筑

13.2.3 布局形式

生态农业园区的布局形式根据非农业用地，也就是核心区在整个园区所处的位置来划分，常有围合式、中心式、放射式、制高式和因地式几种。

(1) 围合式。在农业园区规划平面图上，非农业用地呈块状、方形、圆形、不等边三角形设置于整个园区的中心部位，四周被农业用地所包围，如永定翰林生态园（图 13.1）。

(2) 中心式。非农业用地位于靠近入口处的中心部位，这种形式方便游人和管理人员使用，江苏中药科技园（图 13.2）属于此种类型，此园以神农桥为起点，穿过神农门，到达神农大道，在神农大道两侧布置着歇山顶的办公教学楼，主要包括中药展览馆、中药研究所、园区办公楼、学生生活区、食堂、养生保健中心、三叶草型智能温室等区域。神农大道的尽头是神农小广场、神农雕塑以及神农大广场，最后到达园区的中心景观“神农湖”，以湖为中心，种植了丰富的药用植物。

(3) 放射式。非农业用地位于整个园区的一角，整个园区的重心还是在农业用地部分，如台湾农民创业园（图 13.3）。

(4) 制高式。非农业用地一般位于整个园区地势较高处，也就是制高点上。

(5) 因地式。此种布局形式是将上述几种布局形式结合，根据项目区的实际情况进行非农业用地的布局。福建省永定县雷南湖生态农业园属于此种布局（图 13.4），本园围绕生态农业旅游休闲这一规划主题，遵循生态、可持续发展的设计原则，结合现状山地的地形特点和道路走向，将生态园分为六大功能区块：入口景观区、滨湖景观区、高新农业示范园区、农艺体验区、山地季相园区和渡假休闲区。

13.2.4 生态农业园整体规划方案

生态农业园项目规划面对的生命体受自然规律和社会经济的制约，而且不是单一产业，包括农、林、牧、渔业和农产加工业，种养业和加工业又有多种产业特点，有着不同的专业技术要求，使得农业园区规划和农业项目规划的方案整合难度更大。从而要求农业园区的规划设计者，尤其是主持人，必须具有农业科技知识背景和跨学科、多技术的整合能力，否则其规划设计方案就难以达到科学性、合理性和可操作性。

1. 生态园功能分区规划

依据资源属性、景观特征性及其现存环境，在考虑保持原有的自然地形和原生态园的完整性的基础上，结合未来发展和客观需要，规划中应采取适当的设计实现园内的功能分区，以惠东永记生态园为例，设计中就可以因地制宜设置生态农业示范区、观光农业旅游区、科普教育功能区、生态农业生产区和管理服务区。

2. 生态农业示范区

生态农业示范区是生态园设计的核心部分，它是生态园最主要的效益来源和示范区域，是生态园生存和发展的基础。生态农业示范区的规划设计应以生态学原理为指导，遵循生态系统中物质循环和能量流动规律，园区设计所采用的生态农业类型中既包含有生产者，消费者，也要有分解者。

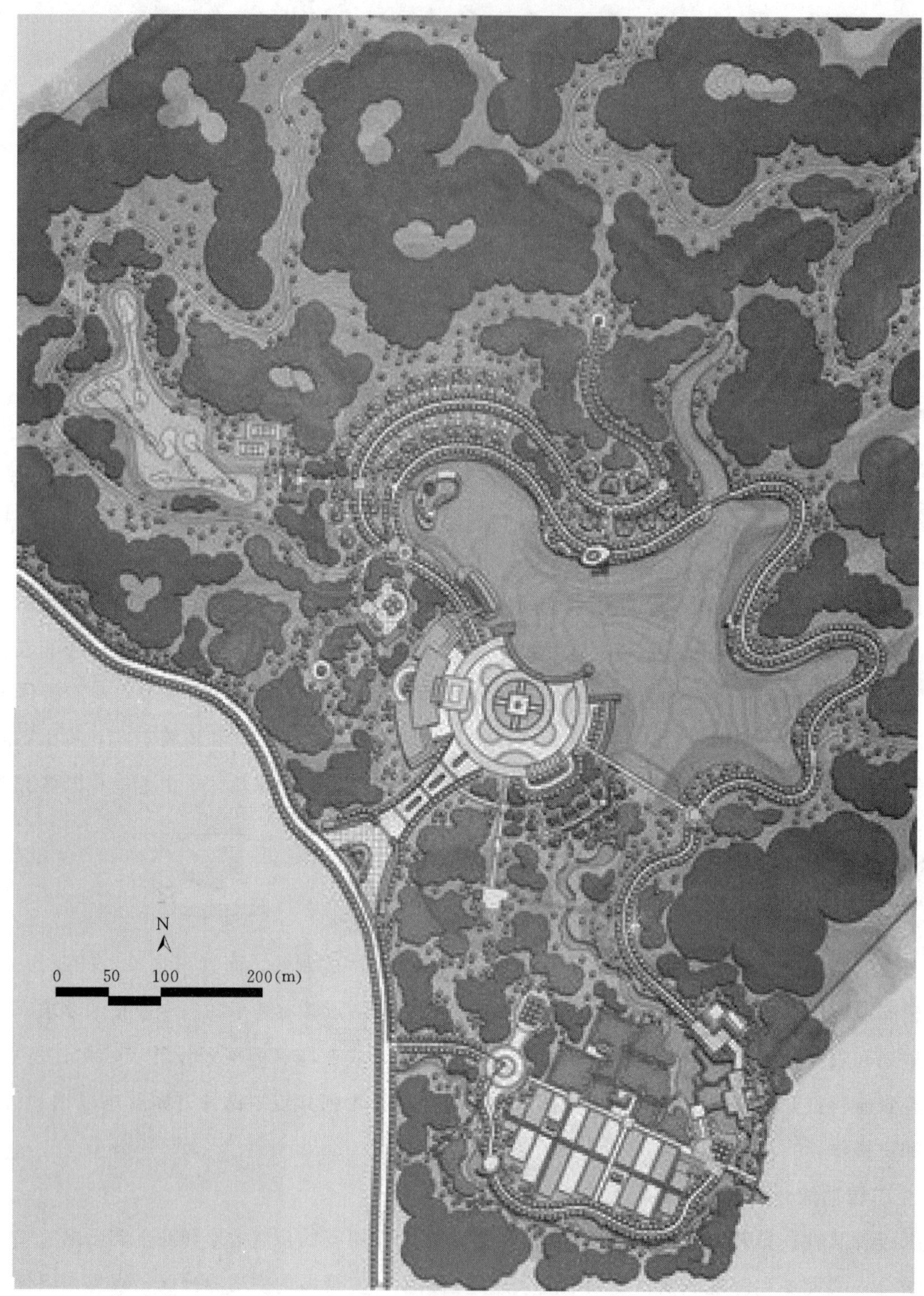

图 13.1 永定翰林生态园总平面图

3. 观光旅游区域

进入 21 世纪，伴随着人类生产、生活方式的变化及乡村城市化和城乡一体化的深入，农业已从传统的生产形式逐步转向景观、生态、健康、医疗、教育、观光、休闲、度假等方向，所以生态热、回归热、休闲热已成为市民的追求与渴望。生态园设计着重把农业、生态和旅游业结合起来，利用田

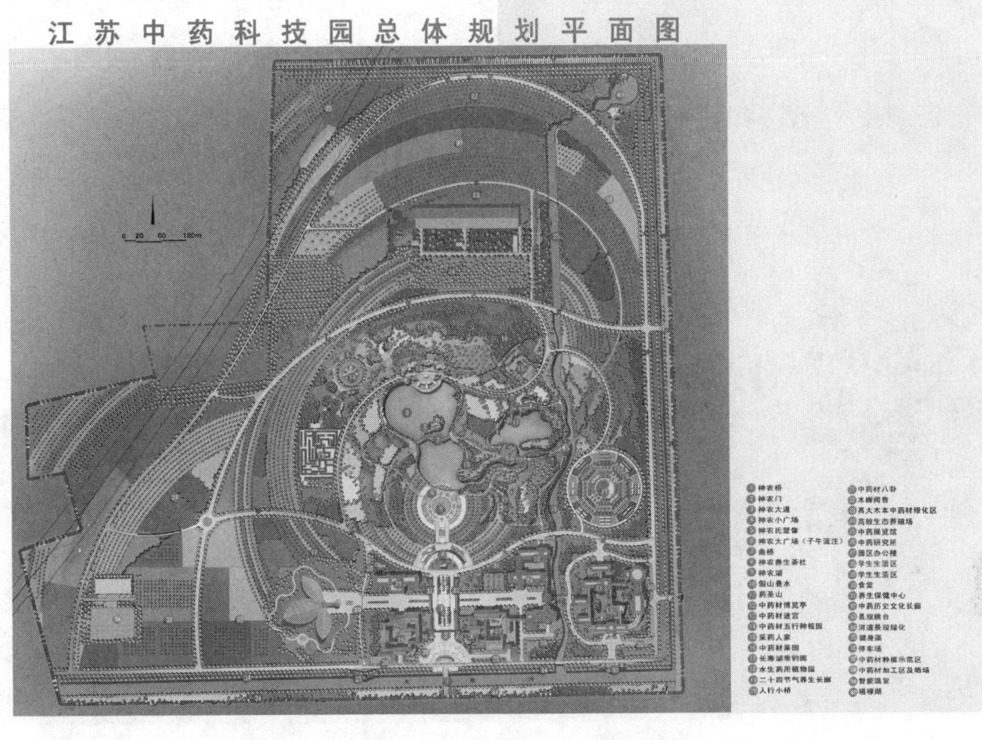

图 13.2　江苏中药科技园总体规划平面图

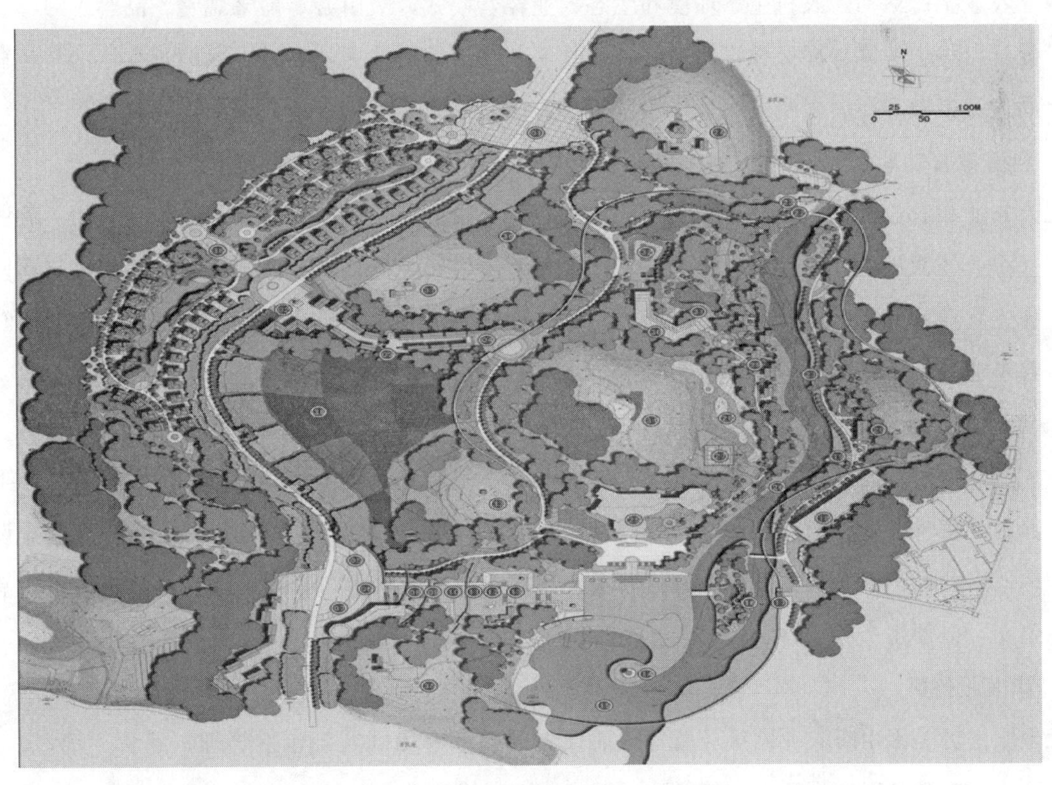

图 13.3　台湾农民创业园总平面图

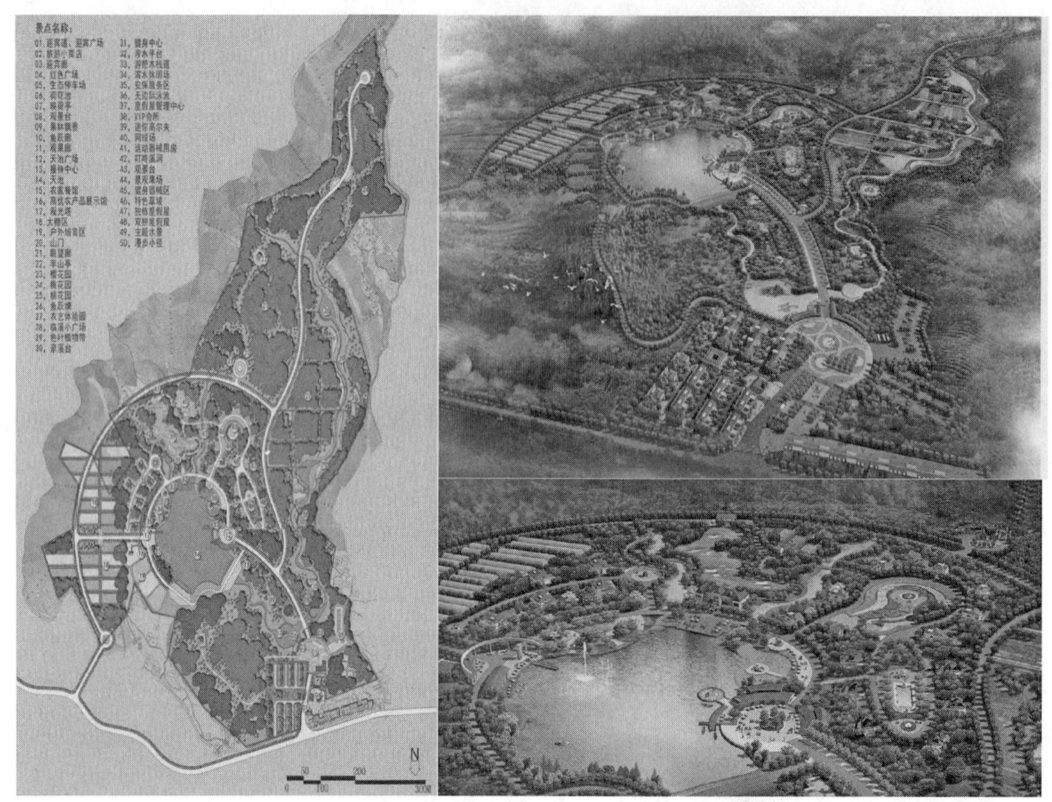

图 13.4　永定县雷南湖生态农业园总平面图及景观效果图

园景观、农业生产活动、农村生态环境和生态农业经营模式，吸引游客前来观赏、品尝、习作、农事体验、健身、科学考察、环保教育、度假、购物等。突破固定的客源渠道，以贴近自然的特色旅游项目吸引周边城市游客在周末及节假日作短期停留，以最大限度利用资源，增加旅游收益。

4. 科普教育功能区

观光农业和农业科普的发展是相统一的，旅游科普是观光农业和农业科普的统一产物。旅游科普是以现代企业经营机制，开发农业资源，利用农业资源的新兴科普类型。它的引入将解决目前困扰我国现代观光农业和科普事业发展的诸多瓶颈问题，缓解我国农业科普客体过多的沉重压力，为我国农业和科普事业的发展营造良好的环境。

5. 生态农业生产区

生产区是生态农业园区中占地面积较大的功能区，主要进行农作物、果树、蔬菜、花卉等生产以及畜牧养殖、森林经营和渔业生产等，故需选择土壤、地形、气候条件较好，并且有良好灌排设施的区域和地块。此区一般游人密度较小，可布置在远离出入口处，但与管理区要有车道相通，内部可设生产性道路，以便生产和运输。

6. 管理服务区

管理服务区是因生态农业园区经营管理而设置的内部专用区域，包括管理、经营、培训、咨询、会议、停车、产品处理、生活居住等场地、用房与配套设施等，与园内外主干道有方便的联系，一般位于大门入口附近，到管理区内要有车道相通，以便于运输和消防。

7. 生态园中其他基础设施规划

（1）园路规划。依照园林规划设计思路，从园林的使用功能出发，根据生态园地形、地貌、功能区域和风景点的分布，并结合园务管理活动需要，综合考虑，统一规划。园路布局既不会影响园内农业生态系统的运作环境，也不会影响园内景区风景的和谐和美观。园路布局主要采用自然式的园林布局，使生态园内景观美化自然而不显庄重，突出生态园农业与自然相结合的特点。园林主干道宽约5m，用于电车通道和游人集散；次干道连接到各建筑区域和景点；专用道为园务管理使用；游步道和山地单车道主要围绕生态公园而建，宽1.2～2m。

（2）给水排灌工程规划。生态园以生产有机农产品为主，园内农业生产需要有完善的灌溉系统，同时考虑到环保及游人、园工的饮用需水，所以进行给水排水系统的规划。规划中主要利用地势起伏的自然坡度和暗沟，将雨水排入附近的水体；一切人工给水排水系统，均以埋设暗管为宜，避免破坏生态环境和园林景观；农产品加工厂和生活污水排放管道接入城市活水系统，不得排入园内地表或池塘中，以避免污染环境。

（3）园区绿化设计。生态园内的绿化规划，均以不影响园内生态农业运作和园内区域功能需求出发来考虑，结合植物造景、游人活动、全园景观布局等要求进行合理规划。全园内建筑周围平地及山坡（农业种植区域除外）绿化均采用多年生花卉和草坪；主要干道和生态公园等辅助性场所（餐厅、科普馆等等）周围绿化则采用观花、观叶树为主，全园内常绿树占总绿化树木的70%～80%，落叶树占20%～30%，保证园内四季常青。总之，全园内植物布局目的，既达到各景区农业作物与绿化植物的协调统一，又要避免产生消极影响（如绿化植物与农作物争夺外界自然条件等）。

13.2.5 农业产业的项目规划

1. 农业产业项目规划原则

（1）技术先进。生态农业园区的项目选择必须以先进的科学技术为支撑，这样农业园区不仅可以作为带动区域经济的增长点，而且可以成为高新技术产业发育与成长的源头，向社会各个领域辐射。

（2）品种优良。不同的农业产业项目形态中，可选择一些品种优良的作物或畜禽，如杂交水果玉米、彩色棉花、樱桃番茄等，还可选用各种珍禽异兽，各种不同产地与种类的乳牛、肉牛、马、鹿、兔、猪、野猪、猫、狗等，经过培育管理，进行产品加工展售，具有较高的经济价值。

（3）观赏价值高。农业项目规划中，观赏价值高也是选择因素之一，起伏的山林、逶迤的林相、碧绿的蔬菜、金黄的硕果、五彩的鲜花、奇异的畜禽水产，在园区随着季节流转，展现出园区的生动和谐与朴实的乡间氛围，给游客视觉和心灵上带来强烈的震撼，这是一般园林景观所不能达到的。

（4）因地制宜。不同区域、地段、地形、水文、气候等条件会有不同产业构成和种养要求，需要不同技术和设施要求。

（5）充分利用资源。农业园区的可利用资源包括地理景观、人文艺术、童玩技艺、农耕农产、渔樵渔钓、家禽牧野、教育农园等各种可供活用的农业与农村资源，必须合理进行综合开发，才能提高农业的综合效益。

（6）可操作性。工艺技术要求要明确，并符合自然和社会规律，才能确保实现产业价值。

(7) 经济可行性。农业园区的项目选择，关系到整个园区的技术水准和经济效益，必须以市场为导向、效益，必须以市场为导向、效益为中心、技术为支撑，才能真正达到农业增效、农民增收的效果。

(8) 可持续性。农业项目规划不仅要满足经济发展的需要，同时还要满足资源与环境永续利用的需要，才能使园区长盛不衰，不断发展。

2. 农业项目类别及规划要素

(1) 农业相关项目。如果园、茶园、菜园、花圃、苗木基地、大田作物等。在项目选择时，应充分考虑观赏的新颖性、珍奇性和季节性，增加季相景观，丰富观赏内容，并与原有农林作物共同形成四季有景的立体农林景观。在实施过程中，各类种植业应大力推行绿色化、标准化的无公害生产技术，减少施用化肥农药，提供优质、环保、时新的农副产品。考虑果树早熟、中熟、晚熟品种搭配的问题。

(2) 林业相关项目。如林场、森林公园、森林风景区等。通过林木种类和品种的科学选择，以林木成片栽植为基础，注重植物配置的科学性与艺术性，形成季相鲜明的系列植物景区。种类或品种选择从观赏性、生产性和生态性多重角度考虑，以创造优美的林业景观。在规划设计过程中，应特别注意对森林资源的生态保育，实行保护为主、开发为辅的战略。

(3) 牧业相关项目。如奶牛场、跑马场、养羊场、养兔场、特禽园、经济禽类园、趣味动物园等。规划的建筑设施不仅应符合技术要求，还要有鲜明的色彩和乡村风格。应推行生态养殖技术模式，有效消除常规养殖所带来的各类环境问题。同时，养殖业区域应远离游人主要活动区域，注意不同养殖项目空间位置的分隔，以有效阻隔各类疫病的蔓延。

(4) 渔业相关项目。如垂钓场、休闲采捕场、渔乐场、特种水产养殖场、养虾场、贝类养殖场、鳄鱼养殖场等。渔业项目设计应注意动静分隔，如垂钓场需要环境安静，在规划时需与其他各类休闲采捕活动场地有一定间隔距离，以防止相互窜入干扰。

3. 服务设施项目类别及规划要素

(1) 以“吃”为主的服务项目。主要包括乡村饭庄、温室餐厅、乡村茶水吧等。餐饮是生态农业园区的核心功能，餐饮服务的质量是生态农业园区成败与否的关键因素之一，作为农业园区的餐饮，应注重使用园区自产原料，创新农家土菜，形成与都市餐饮相区别的特色风味。

(2) 以“住”为主的服务项目。包括乡村客栈、农家小院、滨水木屋等。在进行此类项目的设计时，应考虑建筑与园区主题的贴合，重视建筑对游客吸引力和环境塑造的影响，并充分做足农味，避免和城市宾馆形成同质化竞争。

(3) 以“玩（娱）”为主的服务项目。主要包括乡村俱乐部、农家运动游乐苑、乡村游乐场、乡村棋牌苑、乡村演艺场、野营烧烤场、趣味劳作田、植物迷宫等。生态农业园具有非常强的可玩性和参与性，在进行娱乐项目的规划设计时，应利用园区风光、农庄风情、乡村美景、绿色生态环境、农事参与活动等优势，开发不同主题的观光休闲活动，并注意与较为安静的项目区域保持一定的距离。

(4) 以“购”为主的服务项目。主要包括田园超市、盆景园、花木销售中心等。园内各种新鲜、优质果品、食用花卉和蔬菜瓜果及初加工品的直销应本着方便游人及附近居民的原则，一般位于主入口附近。

(5) 以“展示”为主的服务项目。主要包括农业文化广场、农耕文化展示厅、果文化展示馆、渔文化展示馆、农家土特产食品作坊、民间生产生活用品作坊等。农业的劳作形式、传统或现代的农用器具、农事活动、农事节气等，都是生态农业可以挖掘和展示的丰富资源和内容。园区展示类服务设施宜布置在主入口附近或其他主干道方便可达的地段，以汇聚人气。

(6) 以“社会服务”为主的服务项目。主要包括教育农园、银发农庄、市民菜园、婚育博览园、农民培训中心等。生态农业园区应尤其注重农业的公益服务功能，通过项目设置使精神文明得以继承、发扬和壮大，同时，规划建设时宜在比较完整的土地单元上设置此类项目。

(7) 其他服务项目。主要包括小卖部、医疗点、公厕、防火设施、休息设施等。这些设施应设置在各子项目区的主要出入口、游船码头和游乐项目较多的游憩区，其服务功能与建设标准应满足游人的需要，并可根据人流量变化及时增加设置。

13.3 生态农业园案例分析——英国伊甸园项目

13.3.1 项目概况

英国伊甸园位于英国康沃尔郡，总面积15hm²。其所在地原是当地人采掘陶土遗留下的巨坑，该工程投资1.3亿英镑，历时两年，于2000年完成与其他一般的温室有所不同，它是世界上最大的单体温室，汇集了几乎全球所有的植物，超过4500种、13.5万棵花草树木在此安居乐业。

13.3.2 主要项目——三大种植馆（图13.5）

1. 潮湿热带馆

潮湿热带馆占地近1.6万m²，高55m，长240m，内部没有任何支撑。其中生长着来自亚马逊河地区、大洋洲、马来西亚和西非等地1.2万种植物，包括棕榈树、橡胶树、桃花心木、红树林等。室内雾气腾腾，坐在热气球上可俯瞰温室（如图13.6所示）。

图13.5 英国伊甸园种植馆布局图

2. 温暖气候馆

温暖气候馆中模拟地中海气候。其中居住着来自地中海地区的柑橘、橄榄、甘草、葡萄，来自南非地区的山龙眼、芦荟，来自美国加州地区的色彩艳丽的罂粟和羽扇豆。此外还有各种水果、蔬菜和其他农作物（如图13.7所示）。

3. 凉爽气候馆

凉爽气候馆是一个露天的花园。馆里是原生活在

图 13.6　英国伊甸园的潮湿热带馆

图 13.7　英国伊甸园的温暖气候馆

日本、英国、智利等地区的植物，工作人员还计划在此馆里种植茶树并销售茶叶（如图 13.8 所示）。

13.3.3　项目功能

英国伊甸园项目以生态观光、休闲体验、科普教育等为主要功能。

（1）生态观光：是项目的主要功能，主要通过两大温室、三大展馆所展示的万种特色、稀有植物

图 13.8 英国伊甸园的温暖气候馆

所造就的良好生态环境下，形成观赏功能，让游客了解世界各国的珍惜特色植物（图 13.9 和图 13.10）。

图 13.9 英国伊甸园的室内主题景观

（2）休闲体验：游客在观赏植物之余，还可以欣赏体验各种话剧、艺术秀、园艺论坛、音乐节、儿童专题节目等。比如伊甸园里不时举办一些流行时尚的演唱会，如著名的八国集团救济非洲儿童的 live8 演唱会（图 13.11）。

（3）科普教育：自然教育是伊甸园的一个重要功能。伊甸园就像一个活生生的实验室，为所有年龄群体提供量身定做、身临其境的体验和教育服务。伊甸园聘请了大批有经验的导游、教师、培训师

图 13.10　英国伊甸园室外主题景观

图 13.11　英国伊甸园故事会和夜场马戏的场景

和演讲者，每年的 9—11 月、1—7 月都会给不同年龄段的学生提供服务，并鼓励在校老师利用伊甸园所提供的资源丰富其教学内容（图 13.12）。

13.3.4　经营模式

创意建筑提升关注度，项目功能多样化，注重艺术的诠释作用。

（1）运营模式。

1）注册慈善信托基金：伊甸园全部资产属于该信托基金。其下设一个全资公司，伊甸园工程有限公司，该公司代表信托基金掌管伊甸园工程的全部事务。

2）成立伊甸园基金会：代表伊甸园工程的对外形象，负责与政府、企业、NGO 等机构建立联系，帮助伊甸园工程建立一些专项项目。

（2）盈利模式：门票收入、发展会员、出售商品、捐赠计划、教育培训收费、志愿者招募等（图 13.13）。

(a)培训

(b)写生

(c)摄影展

图 13.12　英国伊甸园的科普教育活动

图 13.13　英国伊甸园的年票、会员及休息用餐区

13.3.5　模式启示

极具创意的吹气泡泡建筑，本身就是一个强大的吸引力。它被英国人票选为“民众最喜欢的建筑”之一，其独特性使康沃尔郡成为除伦敦外的英国第二大旅游目的地，它也是英国最受游客欢迎的三个旅游吸引物之一。建筑结构是双层圆球网壳（此结构在尽可能减少用钢量的同时创造了尽可能多的建筑空间），构成为上弦为六边形网格，下弦为三角形加六边形网格，类似蜂窝形三角锥网架（完美的力学结构，肥皂泡和蜂巢的结构原理）。温室表面同水立方一样都是采用乙基四氟乙烯（ETFE）透明合成膜覆盖，整体外观如蜂巢的巨型球体，被世人称为“吹气泡泡的建筑”“世界第八大奇迹”。

花期交错，内外结合。根据每种花的花期不同，不同时间观赏不同的花卉；温室与露天相结合，填补了花期外的产品空白。

多种功能相互融合。除了核心的植物观赏外，还开发各种体验性的活动，并将自然教育作为一个重要的功能，丰富了产品类型，拓展了市场群体，从而有能力满足不同层次的市场需求，提升了竞争力。

注重艺术的诠释作用。园区处处是别出心裁的创意雕塑，试图用艺术诠释人与植物的关系，成为一个环保艺术的殿堂。这大大提升了园区的内涵，并丰富了景观的观赏性（图 13.14）。

图 13.14　英国伊甸园的创意雕塑

本 章 小 结

生态农业园以生态学原理作指导，在全园建立起一个良好循环的生态农业系统，使农林牧渔各业科学组合，各种模式物尽其用。最终达到充分利用太阳能，充分利用和保护土壤、水源和生物等农业资源的目标，为生态农业园的持续发展提供了源源不断的动力，将产生巨大的生态效益。同时，生态农业园建设采用现代农业生产技术和有机农业栽培方式，主要进行无公害农产品的生产和销售，可作为生态农业园的拳头产品，突破国际“绿色壁垒”，打开广阔的国际市场进行出口创汇，将产生良好的经济效益。生态农业园的农业观光旅游、科普教育、农业科技示范项目的建设，应用美学和园艺核心技术，开设各种旅游配套设施，大力发展旅游科普，必将昌盛前所未有的社会效益。三个效益的协调统一为生态农业园的可持续发展提供了动力，为传统农业向现代化农业迈进提供了可持续发展的探讨方向。

随着农业技术进步、农村产业结构调整和社会经济发展的需要，这种兼顾生态、经济和社会效益的生态农业园模式将具有广阔的市场。它坚持多产业一体化的发展方向，尤其是将第一、三产业有机结合使现有农业发挥多种功能。同时，园区有机农业的生产模式也为生态农业走上产业化，即实现生产、加工、销售的一体化、规模化、专业化和集约化进行了模式上的探讨。最后，这一生态农业园的构建模式也会对周边区域生态农业的建设提供示范作用，为我国农村产业结构调整起到积极的推动作用。

练 习 与 思 考 题

1. 什么是生态农业园？生态农业园有哪些特征和功能？

2. 分析生态农业园的特点，总结生态农业园在建造过程中应注意的问题？

3. 生态农业园是现代农业发展的一种新思路，是由生态农业、园林绿化与生态旅游很自然结合起来，具有其独特之处，生态农业园规划如何进行构思建设？

4. 生态农业园产业项目规划的原则有哪些？生态农业园农业产业规划应考虑哪些方面的问题？

实训操作题

实训项目十二 生态农业园规划设计

1. 实训目的

(1) 明确生态农业园规划设计的原则。

(2) 明确生态农业园规划设计的要求和内容。

(3) 掌握生态农业园景区的划分、景点的设置、功能的分区。

(4) 掌握生态农业园空间组织、空间序列展示、风景视线和导游路线的设置。

(5) 掌握生态农业园的树种选择和植物配置。

2. 实训内容

选择本市现有的生态农业园进行调查学习，调查内容主要有以下几个方面。

(1) 生态农业园区的周边环境、园区内的景区和景点的设置以及功能的分区。

(2) 生态农业园的园林空间序列的展示。包括两个方面：一方面是自然风景的时空转换；另一方面是游人在赏景过程中步移景异。

(3) 生态农业园区内各种造园手法、园林构成要素及职务配置的调查。

(4) 生态农业园区规划的产业项目有哪些？如何吸引游人的兴趣？

3. 实训要求

(1) 实训建议

实训前，教师提前选好实训地点，收集该生态农业园的规划平面图及相关的图文介绍，对生态农业园的基本概况、历史沿革、周边情况均要作详细的了解。学生在实训前要求预习实训内容，教师讲解实训的目的和重点，指导学生实训过程，保证学生实训时能在规定的时间内完成实训内容。

(2) 实训条件

1) 有代表性的生态农业园 1～2 处。

2) 学生能进行园林树木、花卉等种类的识别。

3) 学生已具备园林构成要素、园林造景手法的应用及分析的技能。

4. 实训工具

记录本、铅笔、绘图墨水笔、橡皮、速写本、数码相机等。

5. 方法步骤

老师选择有代表性的综合性公园 1～2 处，组织学生进行参观，对学生作生态农业园基本概况、空间布局、造景手法、技巧、植物配置及产业项目等方面的介绍。

带学生在生态农业园主要景点进行参观游览及调查学习。

在游览时和游览后，组织学生对所参观生态农业园的景区划分、景点设置、空间组织、导游路线和风景视线、植物材料、产业项目的运作等内容做调查，填写调查记录表。

对优秀景观和造景手法，运用速写和拍照的手法进行记录。

对此次调查学习写出观后感，并完成实习报告。

6. 成果要求

（1）完成相应的调查记录表。

（2）完成观后感 1 篇。

（3）完成实习报告 1 份。

参考文献

[1] 赵书彬．中外园林史［M］．北京：机械工业出版社，2008.
[2] 曹仁勇，章广明．园林规划设计［M］．北京：中国农业出版社，2010.
[3] 张德炎，吴明．园林规划设计［M］．北京：化学工业出版社，2007.
[4] 胡先祥，肖伟创．园林规划设计［M］．北京：机械工业出版社，2007.
[5] 任有华，李竹英．园林规划设计［M］．北京：中国电力出版社，2009.
[6] 周初梅，等．园林规划设计［M］．重庆：重庆大学出版社，2012.
[7] 周初梅．园林建筑设计［M］．北京：中国农业出版社，2009.
[8] 唐学山，等．园林设计［M］．北京：中国林业出版社，1996.
[9] 胡先祥．景观规划设计［M］．北京：机械工业出版社，2008.
[10] 宋会访，等．园林规划设计［M］．北京：化学工业出版社，2011.
[11] 刘福智，等．园林景观规划与设计［M］．北京：化学工业出版社，2007.
[12] 苏雪痕．植物造景［M］．北京：中国林业出版社，1994.
[13] 赵肖丹，宁妍妍，等．园林规划设计［M］．北京：中国水利水电出版社，2012.
[14] 龙冰雁，李永兴，陈盛斌，等．园林技术［M］．长沙：湖南大学出版社，2013.
[15] 金涛．园林景观小品应用艺术大观［M］．北京：中国城市出版社，2003.
[16] 胡德君．学造园［M］．天津：天津大学出版社，2000.
[17] 周维权．中国古典园林史［M］．北京：清华大学出版社，1999.
[18] 刘滨谊．现代景观规划设计［M］．南京：东南大学出版社，1999.
[19] 吴为廉．景园建筑工程规划与设计［M］．上海：同济大学出版社，1996.
[20] （日）泷光夫，刘云俊译．建筑与绿化［M］．北京：中国建筑工业出版社，2003.
[21] 任军．文化视野下的中国传统庭院［M］．天津：天津大学出版社，2005.
[22] 金涛，杨永胜．居住区环境景观设计与营建［M］．北京：中国城市出版社，2003.
[23] 诺曼 K. 布思．风景园林设计要素［M］．北京：中国林业出版社，1989.
[24] 胡长龙．园林规划设计［M］．北京：中国林业出版社，2002.
[25] 董晓华．园林规划设计［M］．北京：高等教育出版社，2005.
[26] 赵慧荣．园林设计教程［M］．沈阳：辽宁美术出版社，2010.
[27] 刘丽，付野．环境小品设计［M］．南京：南京大学出版社，2011.
[28] 张晓燕．景观设计理念及运用［M］．北京：中国水利水电出版社，2007.
[29] 计成（明）．园冶［M］．陈植注释．北京：中国建筑工业出版社，2005.
[30] （日）芦原义信著，尹培桐译．外部空间设计［M］．北京：中国建筑工业出版社，1985.
[31] 李敏．现代城市绿地系统规划［M］．北京：中国建筑工业出版社，2002.
[32] 林玉莲，胡正凡．环境心理学［M］．北京：中国建筑工业出版社，2000.
[33] 何平，彭重华．城市绿地植物配置及其造景［M］．北京：中国林业出版社，2001.
[34] 李道增．环境行为学概论［M］．北京：清华大学出版社，1999.
[35] 朱钧珍．园林理水艺术［M］．北京：中国林业出版社，1998.
[36] 徐思淑，周文华．城市设计导论［M］．北京：中国建筑工业出版社，1991.
[37] 刘滨谊，等．城市滨水区景观规划设计［M］．南京：东南大学出版社，2006.
[38] 彭一刚．中国古典园林分析［M］．北京：中国建筑工业出版社，1986.
[39] 童寯．园论［M］．天津：百花文艺出版社，2006.
[40] 曹林娣．中国园林文化［M］．北京：中国建筑工业出版社，2005.
[41] 金学智．中国园林美学［M］．北京：中国建筑工业出版社，2005.
[42] 吴家骅，叶南译．景观形态学［M］．北京：中国建筑工业出版社，1999.

[43] 陈建江．小区环境设计［M］．上海：上海人民美术出版社，2006.
[44] （美）凯文·林奇著，方益萍，何晓军译．城市的意象［M］．北京：华夏出版社，2001.
[45] 吴家骅，叶南译．景观形态学［M］．北京：中国建筑工业出版社，1999.
[46] 章俊华．居住区景观设计［M］．北京：中国建筑工业出版社，2001.
[47] 朱家瑾．居住区规划设计［M］．北京：中国建筑工业出版社，2000.
[48] 马涛．居住环境景观设计［M］．沈阳：辽宁科学技术出版社，2000.
[49] 郑宏．环境景观设计［M］．北京：中国建筑工业出版社，1999.
[50] 赵彦杰．园林规划设计［M］．北京：中国农业大学出版社，2003.
[51] 黄东兵．园林规划设计［M］．北京：中国科学技术出版社，2003.
[52] 王浩．园林规划设计［M］．南京：东南大学出版社，2009.
[53] 任有华，李竹英．园林规划设计［M］．南京：东南大学出版社，2009.
[54] 文增．城市广场设计［M］．沈阳：辽宁美术出版社，2005.
[55] （美）克莱尔·库柏·马库斯，卡罗琳·佛朗西斯编著．人性场所——城市开放空间设计导则［M］．北京：中国建筑工业出版社，2001.
[56] 赵建民．园林规划设计［M］．北京：中国农业出版社，2001.
[57] 黄金琦．屋顶花园设计与营造［M］．北京：中国林业出版社，2003.
[58] 王军利．屋顶绿化的简史、现状与发展对策［J］．园艺园林科学，2005，12（1）：304-306.
[59] 陈敬忠．建筑中屋顶花园建设应注意的几个技术问题［J］．广西土木建筑，2000.25（4）：182-184.
[60] 张壬午．国内外生态农业研究概况［J］．农业环境与发展，1994.（4）：6-10.
[61] 刘嘉．农业观光园规划设计初探［D］．北京：北京林业大学，2007：25-30.
[62] 何斌．生态农业观光园规划设计研究［D］．河南：河南农业大学，2010：17-18.
[63] 贾凤意．生态观光园农业产业规划的理论与实践研究［J］．安徽农业科学，2014，42（16）：5126-5129.
[64] 王浩．园林规划设计［M］．南京：东南大学出版社，2009.

附录

娄底环境监控中心基地景观设计方案

设 计 说 明

一、项目背景

娄底市环境监控中心基地位于湖南省娄底市的中心地段，北临桑树街，南抵桃圃街，其西离新星南路不足 100 米。周边有株山公园，文化广场等公共绿地空间。基地规划用地南北长 1 71 米，东西长 232 米，总用地约 2.9 公顷（万平方米）。区内地势略有变化，总体高程 4 米左右，呈东高西低之势。

二、设计依据

（1）建设方提供环境监控中心基地现状地形图，四周道路和管线资料及其他有关的基础设计资料。

（2）根据娄底市环境保护局领导小组审定通过环境监控中心基地前期的总平面设计方案，同意进入初步设计阶段。

（3）国家现行的有关设计规范及标准。

（4）《居住区环境景观设计导则（2006 年）》。

（5）自然气象资料：娄底市位于北纬 29°4′和东经 111°28′，平均海拔为 248.6 米。娄底市属中亚热带季风湿润气候区。年平均气温为 17℃至 19.5℃，年平均日照时数为 1522 小时，年平均降雨量为 1322 毫米，相对湿度 77％，年平均风速约 1.4 米/秒，全年主导风向东北风，春夏季多东南风，秋季多东北风。

三、设计原则

（1）可实施性原则。本着实事求是，与现状相协调的原则，使中心基地绿地，道路工程能实施并与现状协调。

（2）“以人为本”的设计原则。在景观设置、绿地及公共设施的布局充分考虑人的需求，合理安排人的活动流线及活动场所。

（3）社会效益与经济效益相统一的原则。以创建资源节约型环境友好型两型社会为指导原则，力求社会效益与经济效益相统一。

（4）地方特色与景观风貌相结合原则。用本土气候及环境的植被。

四、设计构思

从“以人为本”的开发理念出发，为了把基地营造成为自然、舒适的绿色园区，环境监控中心基地环境设计体现了以下几点：

（1）可入性：在草种选择、植物选择、水系安排中都充分考虑到住户“亲身体味”的要求，使小区住户能触摸自然，感受生活。

（2）均好性：注重环境对每位住户的均好性。在环境布置上既突出了中心景区的大气与厚实，同时兼顾了宅间绿地的空间利用，把绿地、植物、小品分散到园区的各个角落，让每位住户能享受到宜人的环境。

（3）人文性：将通过半封闭庭院以及架空层的设计使各种空间有机联系起来，促进人与人之间的真诚交往，加强了人与建筑、人与环境的亲善关系。

五、设计理念

该基地强调一种空间的品质和所带来的不凡意境，整个小区设计以“绿叶”为设计理念。“绿叶”既是环境监测的天然晴雨表，同时也是生命的象征。有机地将基地自然特性组织进整个开发的网络中，完美的点、线、面结合的绿色环境，孕育着自然与人造环境的平衡。整个社区线条流畅、色彩丰富，是基地“自然的园，健康的家”的生动写照。

长廊短栏、艺术雕塑、奇石景观、依水而筑的亭阁，将自然和谐地分布在绿地系统中。而遍植园区的乔木、丛竹、灌木、花卉，让住户领略四季的流动。清澈的水面、舒缓流动的溪流则给居住者带来水的灵动，让居住者与自然处于和谐境界。

总体布局自然、舒展，将水景、绿色植物、建筑小品、休闲步道引入其中。进入小区，映入眼帘的是亲水跌瀑，亭台楼阁，小桥流水，儿童乐园，四季花香，使整个小区生动而别致。悠扬的背景音乐在空中萦绕，让进入小区的每一个人的内心得到陶冶，心灵得到净化。小区建筑物与周围环境浑然一体，塑造出一个人与自然和谐发展、相互融合的新自然人文主义新社区。

六、总体布局

分为：一轴，四区，一场。

一轴：景观主轴线，由 2 米宽的人行步道自然贯穿中心园区。

四区：入口广场区，中央水景区，运动健身区，宅间休闲区。

一场：户外停车场。

1. 入口广场区

入口广场区是连接办公楼与小区主入口的前庭广场，面积 2000 平方米左右，此空间是以“勤政，廉政”为景观主线，广场以大面积的福建麻石为铺装，中间种植六棵较大银杏，营造厚实、稳重的景观空间。

2. 中央水景区

以“绿叶”的造型为表现形式，入口设置入口标志，引导人们进入生活区，沿着景观主轴线自西向东的景观空间序列为：进步主入口—堆石造景—智慧之桥—六角凉亭—观水汀步—亲水平台—听水跌瀑—饮水思源—健身休闲—歌舞升平等。

整体景观形成的磅礴气势、绚丽色彩、精美图案、开朗空间展现了非凡的艺术魅力，给人以强烈的艺术感染。中心景区形成观水、听水、亲水、饮水的水体景观，提示人们对环境的关注，打造独具特色的环境空间品质。同时通过赏花、赏桥、赏亭、赏歌的人文景观亦提升社区的文化内涵。

清晨，在斑斑点点的树影晨光下老人们表演着太极，滑板少年在广场穿梭练习，夜幕中人们跳舞，健身，街头表演，散步，是个丰富的社交空间。激发人们与环境的互动参与，发现人和环境交融的美。

3. 运动健身区

以“科学运动、健康生活”的开发理念，以运动为主题，布局有羽毛球场、篮球场等，采用简洁、流畅、明快的现代规划风格，营造开阔大度的气势。绿化与景观采用点、线、面的布局，通过休闲步行道、健康步行道将其串为一个有机的整体。

4. 宅间休闲区

通过风雨连廊把所有的住宅建筑串联为一体，用造坡堆石等手法在区内形成众多坡形绿地，丰富的自然地貌，与区内错落有致的建筑形态形成呼应，宅间置以花草片石，林荫树丛、绿茵草地、廊柱亭台、名贵花木，充分展示了区内绿地环境的艺术底蕴，还原大自然的生活环境。

宅前楼后能就近使用的实用性绿地构成了绿化空间形态的对比，同时也构成了小区室外绿化环境的显著特征，人们可以在空间绿地中很方便地进行锻炼、休闲、交往和观景。

儿童活动场地、老年人活动区域设施，采用多点分散设置于楼间，离用户较近而使用方便，宅前均有坡地草坪、树丛、花灌木，构成宅前绿化“平台”，不仅使人在住宅中能有良好的室外绿化景观立面，而且真正使亲近自然成为日常生活的一部分。

七、绿化配置

区内绿化从整体环境、绿化功能要求出发，运用植物各自的生物学特性，有机进行组合配置，通过植物群植的体量、色彩、肌理的对比，创造独特鲜明的园区绿化景观形象。

在绿化配置中，除表现绿化四季季相景观要求外，重点突出春秋季绿化景观，在建筑周边、林荫下、道路旁、草坪坡地、林缘下大块面地配植花灌木色带。流线型的色带，随弧线形道路的引导，犹如彩色起伏的水浪、流畅而奔放，富有动态感。

在绿化树种选择和配植上，选用常绿树和落叶树相结合，片植色叶树，形成较明显的季相变化，春花秋叶，景色多变，并尽量多选用保健型生态植物群落，建成一个既美观又有利于居民健康的生活环境。

（1）保健型植物的运用。采用多种对人体健康有利的植物，如：松柏类（五针松、龙柏、蜀桧等）分泌挥发的物质具有杀死结核菌的作用：银杏树果实是名贵的药材，叶子含有双黄酮、芸香甙等物质，可提炼治疗癌症的药品，银杏树挥发的物质对胸闷心痛、心悸忧郁、痰喘咳嗽等心肺疾病有天然的辅助疗效。

（2）芳香植物的运用。植物挥发的芳香气味不仅能杀菌，而且能消除人的疲劳紧张，使人感觉轻松愉快、精力充沛。选用桂花、栀子花等多种芳香植物，使小区内四季花香，清新怡人。

（3）植物色彩的运用。小区绿化中尽量创造植物色彩丰富而多变的观赏性植物群落，在植物配植上既考虑生态上的科学性，又强调配植上的艺术性，采用紫叶李、红继木、红枫等色叶树种，丰富了植物群落色彩；并采用银杏等秋色叶树，增加了植物群落的季相色彩变化。

八、竖向设计

根据《城市用地竖向规划规范》（CJJ83—99），1999，有关广场竖向的规定“7.0.4 广场竖向规划除满足自身功能要求外，尚应与相邻道路与建筑物相衔接，广场的最小坡度应为 0.3%，最大坡度平原地区为 1%，丘陵和山区应为 3%”，娄底市环境监控中心基地地面标高完全符合要求。

根据《城市用地竖向规划规范》的规定“3.0.4 充分利用和合理改造地形，尽量减少土石方工程量，达到工程合理，建设与使用安全，造价经济，景观美好的效果。”环境监控中心基地地基顺应了原有地形，只作局部开挖和堆积，把水池挖出的土方堆积到绿化空地做出微地形，既消化了土方量，达到了规范要求，又使景观植物层次丰富错落有致。

总之，娄底市环境监控中心基地的竖向设计坚持了以下几条原则来设计。

（1）安全、适用、经济、美观。

（2）合理利用地形、地质条件，满足各项建设用地的使用要求。

（3）减少土方及防护工程量。

（4）满足防洪与抗震救灾的要求。

九、道路交通分析

环境监控中心基地采用地下停车场为主，地面停车场为辅的设计，车辆主要集中在地下停车场。地下停车场出入口靠近中心基地主入口，地面停车场也在主入口附近，车辆出入对住宅区域的影响有限，有利于人车分流，提高环境监控中心基地住宅居住安全感。生活区域主干道路为消防通道，设计路面宽度为 4 米。

环境监控中心基地为办公居住既有连接，又相对独立。在人流交通上要求便捷、畅通。所以，本方案在与办公楼及各栋住宅之间设置了各种样式的入口（包括广场入口，道路入口，地下停车场与各栋的连廊），尽可能地方便居民进出。同时在上下班高峰时也能满足人车出行，增加了安全性。

环境监控中心基地内部中心景区交通以步行为主，住宅区域内除因特殊需要外，控制机动车的出入。

中心基地主要园路分为三级。

一级园路宽 2.5 米，位子生活区主入口，主要采用三种形式铺装，其中有麻石板冰裂纹，自然麻石，以及青石板。

二级园路宽 1.5～2 米左右，位子临水步道，连廊步道等，主要可采用水泥现浇，石板铺设，洗石米铺装等等。

三级园路主要规划为健康步道，宽度可自由变化基本控制在 0.8～2 米之间，地面可以拼贴不同图案纹样。

园路把中心基地的各个景区有机地联结起来，当你漫步在园路上，欣赏每个景点的各种不同景致的时候，你便会发现自身处于一种不停变换的时空中。从静到动，由动转静。从住宅休闲区的宁静至远到中心水景区的自由与释放，从运动健身区的热情奔放到办公区的认真勤勉。劳逸结合，舒心舒适。

十、照明设计

本系统设计遵循《民用建筑照明设计标准 GBJ 133—90》，《低压配电设计规范 GB 50054—95》。满足照明标准，炫光限制，显色性的要求，又顾及与环境的协调，为园林增光，充分体现灯光艺术性。并在光源选择时参照国家经济贸易委员会于 1996 年 9 月正式颁布的《中国绿色照明工程实施方案》大量采用节能灯具，在灯光控制设计中采用多时段、多灯种分别自动控制。确保系统的高效能，经济实用。环境监控中心基地园林景观既有办公区域周边绿化景观衬托办公楼形象需要，也有居家休闲，游览，运动需求，因此除了功能所需的必备照明外，还须考虑其照明的艺术性，二者的缺一不可。

环境监控中心基地夜景照明采用如下灯具。

（1）大草坪使用 0.8 米草坪灯。

（2）小草坪采用 0.4 米草坪灯。

（3）园路两侧使用 1.8 米高的庭院灯。

（4）中心水景区广场四周采用特制的高位灯柱，突出中心景点的同时有利于晚上人群聚集活动的照明。

（5）花池、种植池及座凳侧面采用侧装地角灯。

（6）花池及绿化带采用插泥灯。

（7）中心广场木亭外围加装 LED 灯带追求靓丽效果。

娄底环境监控中心基地
景观设计方案
设计主题
桑
树
街
南
路
桃
園
路
基地次入口
办公楼
1#楼
2#楼
3#楼
5#楼
6#楼
8#楼
商业
X=67031.924
Y=599196.082
X=67030.000
Y=599345.397
X=67030.000
Y=599183.401
X=66929.604
Y=599114.258
X=66912.931
Y=599158.504
主题元素: 绿叶，绿芽
为我们的生活增添一片绿
绿色环保，你我同在。

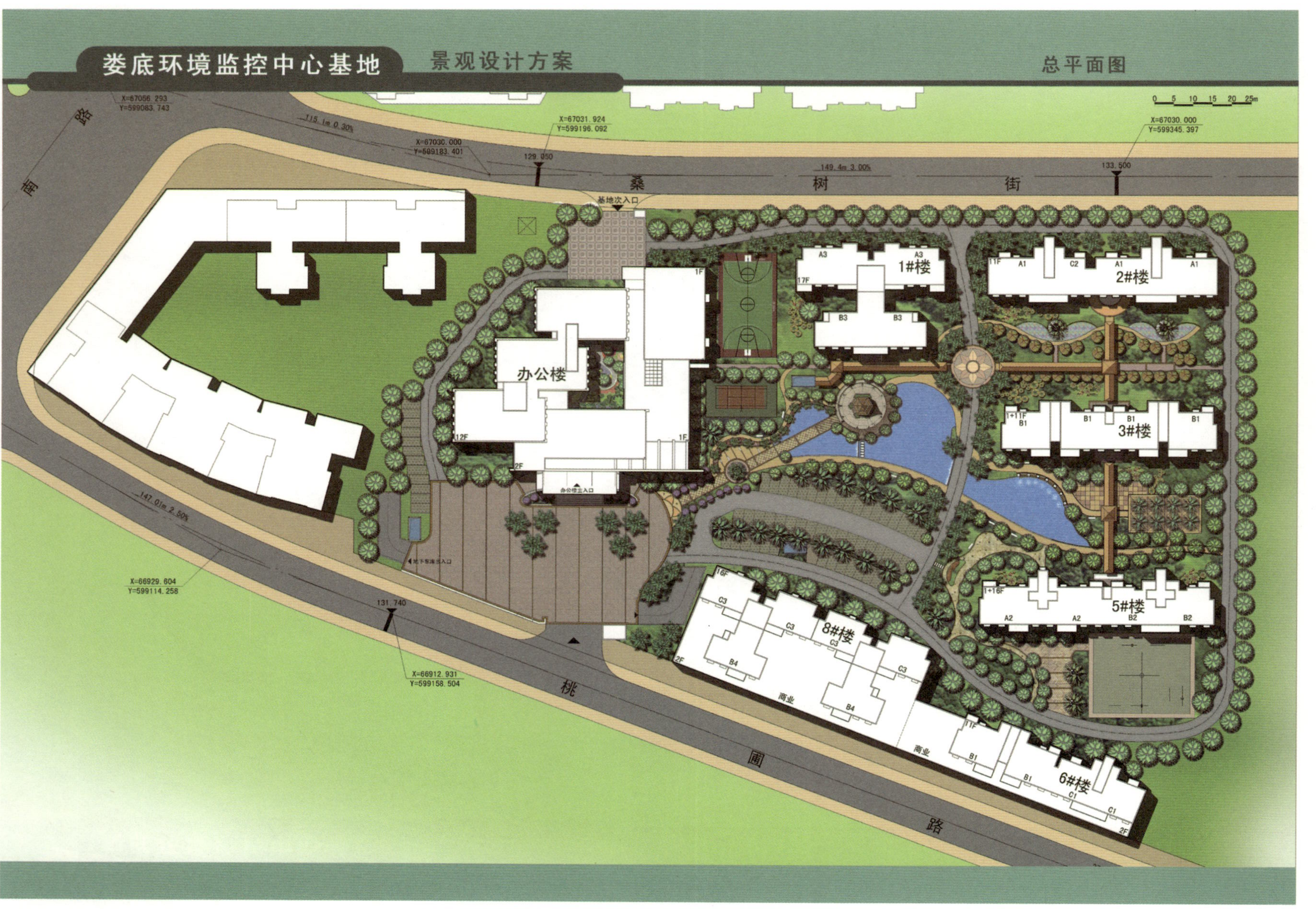
娄底环境监控中心基地
景观设计方案
总平面图
0 5 10 15 20 25m
南
路
桑
树
街
基地次入口
桃
圃
路
办公楼
办公楼主入口
1#楼
2#楼
3#楼
5#楼
6#楼
8#楼
商业

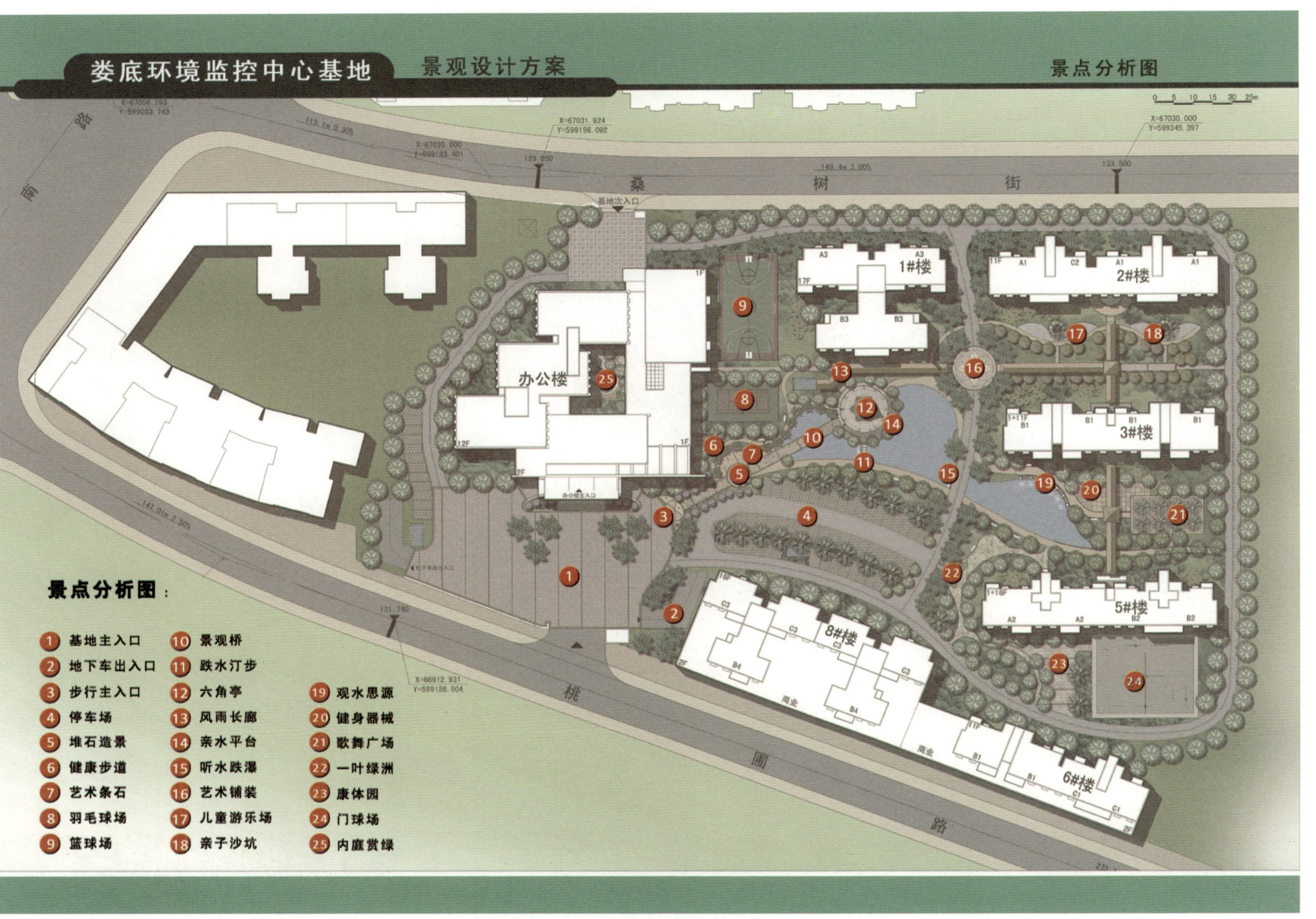
娄底环境监控中心基地
景观设计方案
景点分析图
桑 树 街
桃 園 路
南 路
基地次入口
办公楼
1#楼
2#楼
3#楼
5#楼
6#楼
8#楼
景点分析图：
1 基地主入口
2 地下车出入口
3 步行主入口
4 停车场
5 堆石造景
6 健康步道
7 艺术条石
8 羽毛球场
9 篮球场
10 景观桥
11 跌水汀步
12 六角亭
13 风雨长廊
14 亲水平台
15 听水跌瀑
16 艺术铺装
17 儿童游乐场
18 亲子沙坑
19 观水思源
20 健身器械
21 歌舞广场
22 一叶绿洲
23 康体园
24 门球场
25 内庭赏绿

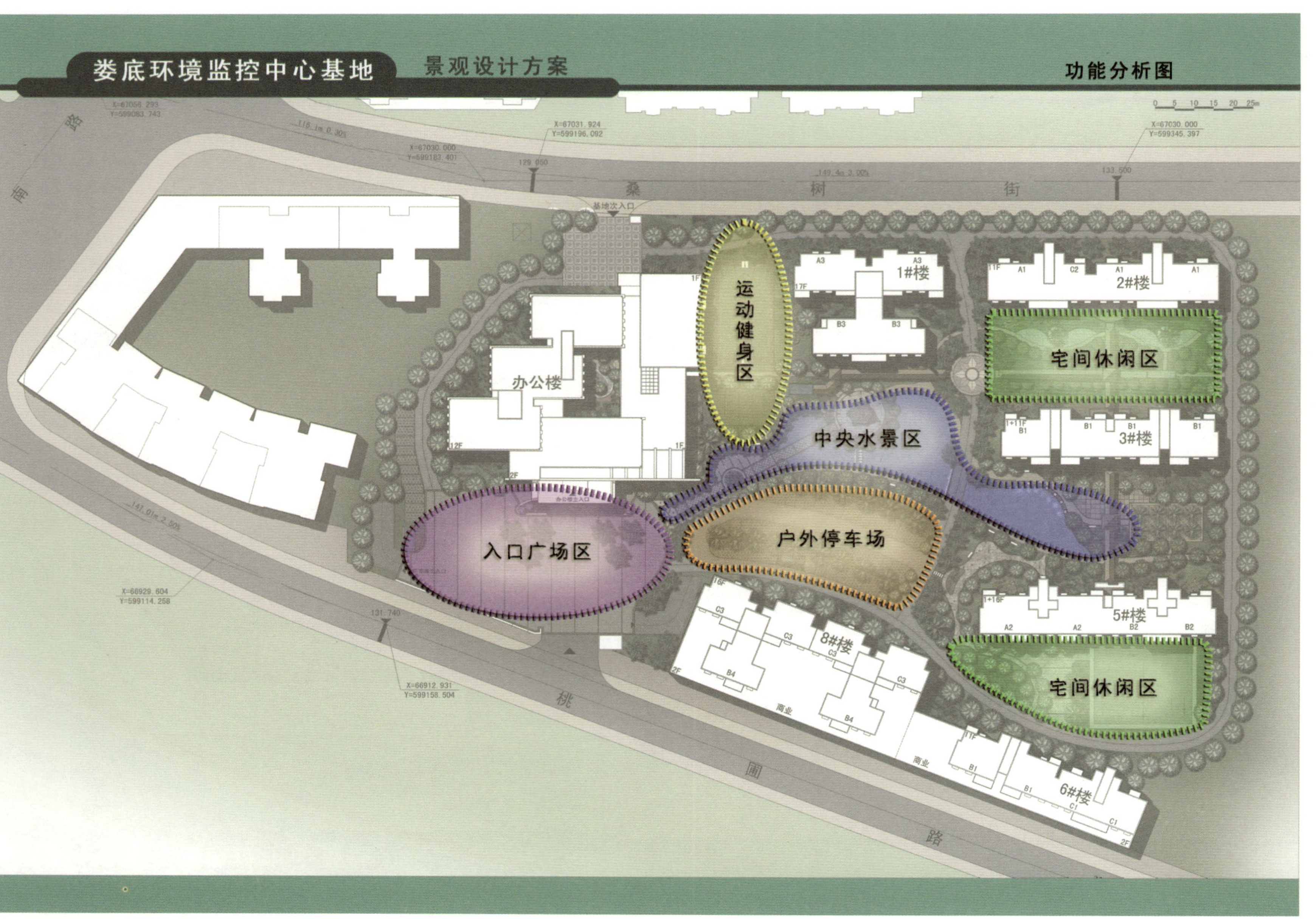
娄底环境监控中心基地
景观设计方案
功能分析图
桑树街
桃圃路
基地次入口
办公楼
运动健身区
中央水景区
户外停车场
入口广场区
宅间休闲区
宅间休闲区
1#楼
2#楼
3#楼
5#楼
6#楼
8#楼

娄底环境监控中心基地
景观设计方案
交通分析图
办公楼
1#楼
2#楼
3#楼
5#楼
6#楼
8#楼
商业
市政公路
小区行车道
滨水园路
景观园路
风雨长廊

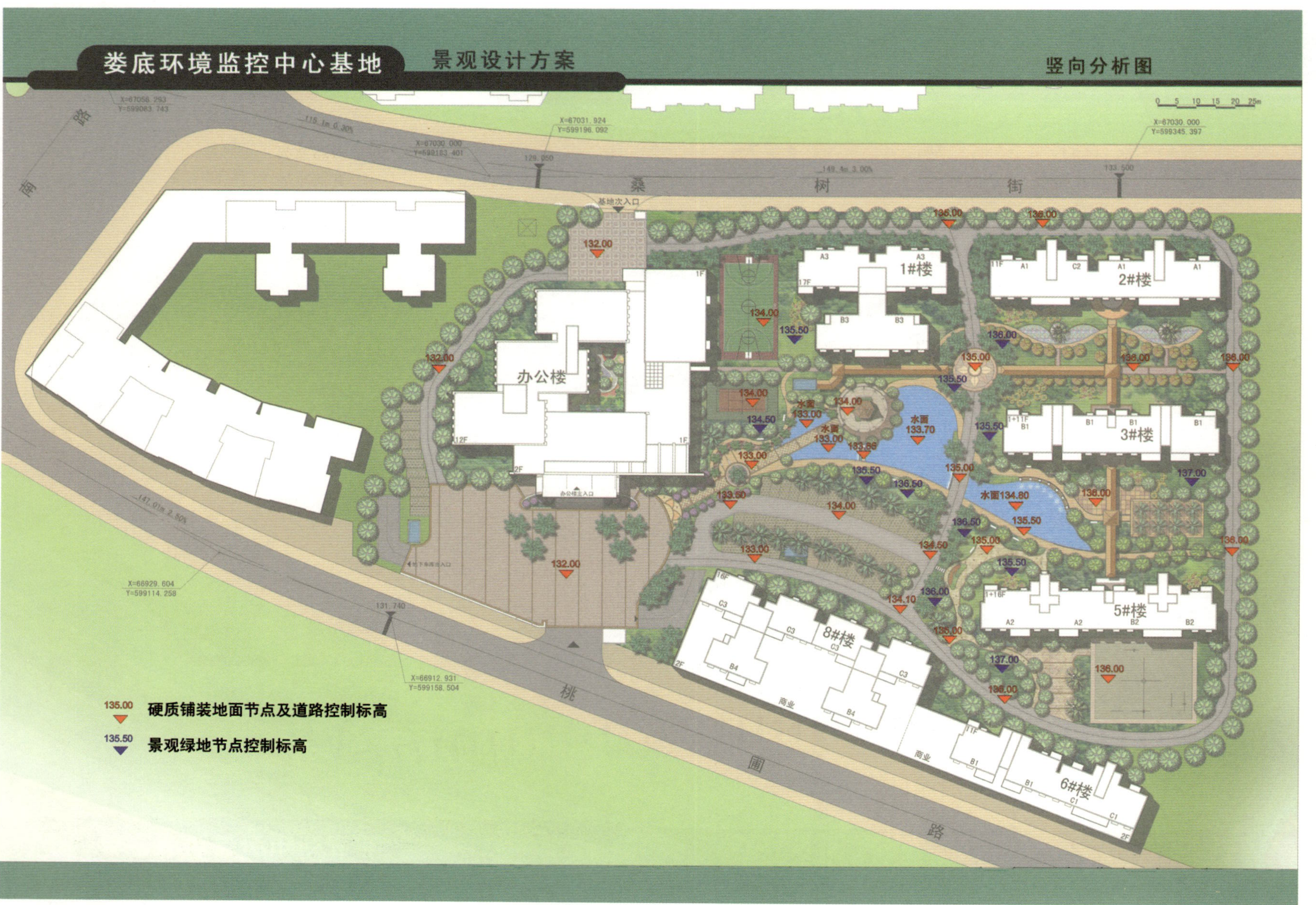
娄底环境监控中心基地
景观设计方案
竖向分析图
桑树街
桃園路
1#楼
2#楼
3#楼
5#楼
6#楼
8#楼
办公楼
基地次入口
办公楼主入口
水面133.70
水面134.80
135.00 硬质铺装地面节点及道路控制标高
135.50 景观绿地节点控制标高

娄底环境监控中心基地
景观设计方案
公共设施平面布置
桑树街
南
路
桃圃路
办公楼
1#楼
2#楼
3#楼
5#楼
6#楼
8#楼
基地次入口
办公楼主入口
商业
停车位
座凳
垃圾桶
温馨提示牌

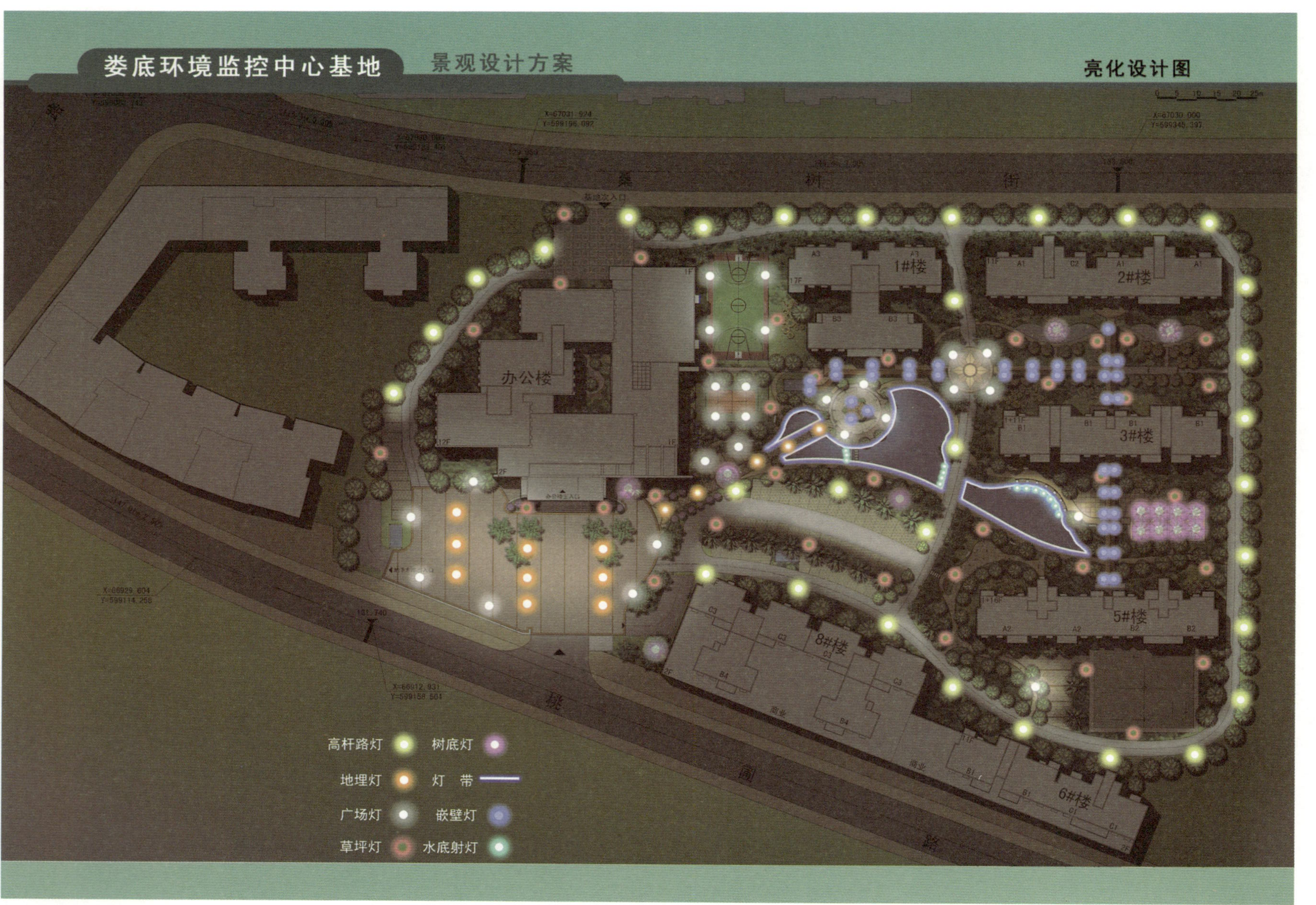

娄底环境监控中心基地
景观设计方案
亮化设计图
桑　树　街
办公楼
1#楼
2#楼
3#楼
5#楼
6#楼
8#楼
桃　园　路
高杆路灯
树底灯
地埋灯
灯　带
广场灯
嵌壁灯
草坪灯
水底射灯

步行主入口设计效果图

中央水景区（局部一）

③ 步行主入口 ④ 停车场 ⑤ 堆石造景 ⑥ 健康步道 ⑦ 艺术条石 ⑩ 景观桥

景观桥意向图一

景观桥意向图二

入口主路意向图

步行主入口意向图

艺术条石意向图

中央水景区（局部二）

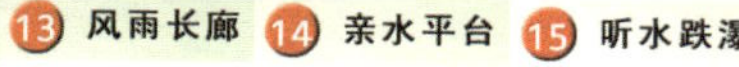

⑪ 跌水汀步 ⑫ 六角亭 ⑬ 风雨长廊 ⑭ 亲水平台 ⑮ 听水跌瀑 ⑯ 艺术铺装

中心水景区局部效果图

六角亭局部立面

景观凉亭意向图

亲水平台意向图

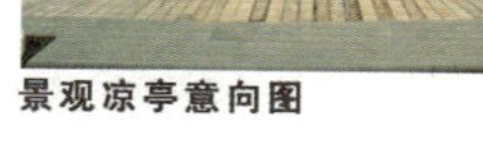

汀步意向图

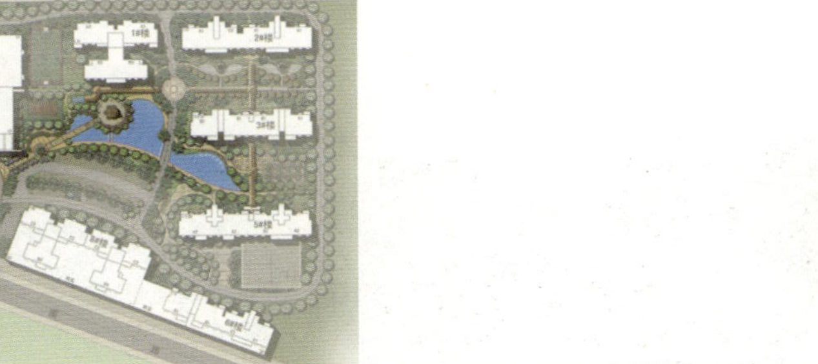

中央水景区 （局部三）

19 观水思源 20 健身器械 21 歌舞广场

中心水景区局部效果图

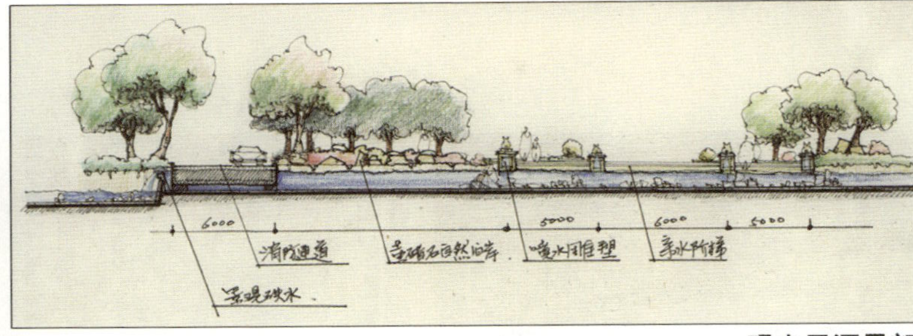

观水思源局部立面

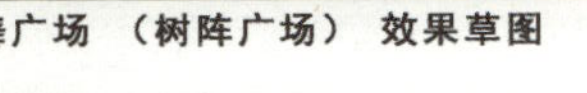

歌舞广场 （树阵广场） 效果草图

亲水平台意向图

道路细部意向图

宅间休闲区

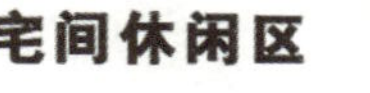

⑰ 儿童乐园 ⑱ 亲子沙坑

宅间休闲区局部效果图

宅间休闲区意向图

道路细部意向图

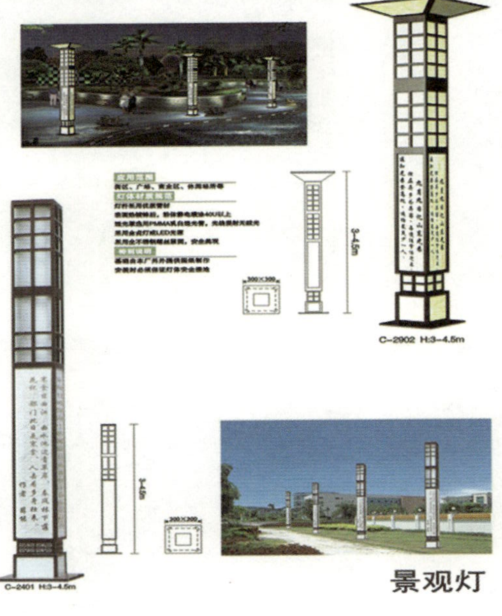

景观灯

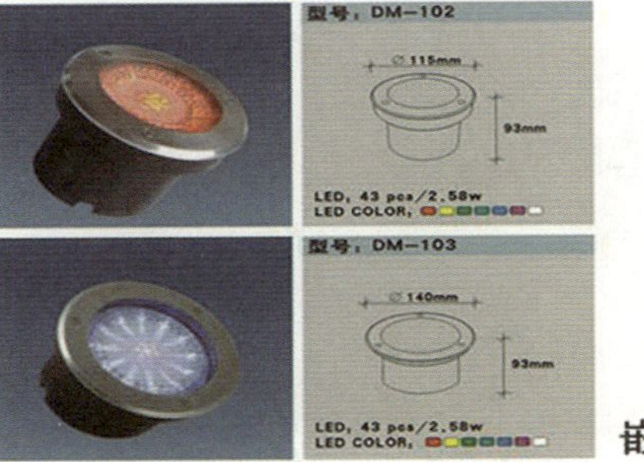

嵌地灯

轮廓灯

YI 6119A\AR111
Ar111
DC 12V 50W\75W\100W

YI 6119A\LED
高亮度LED
DC 24V 4W

YI 6119B\AR111(暗埋嵌入式)
Ar111
DC 12V 50W\75W\100W

YI 6119C\P100
PAR36
DC 12V 100W

YI 6119D\P100
PAR36
DC 12V 100W

YI 6119E\P100（暗埋嵌入式）
PAR36
DC 12V 100W

水底彩灯

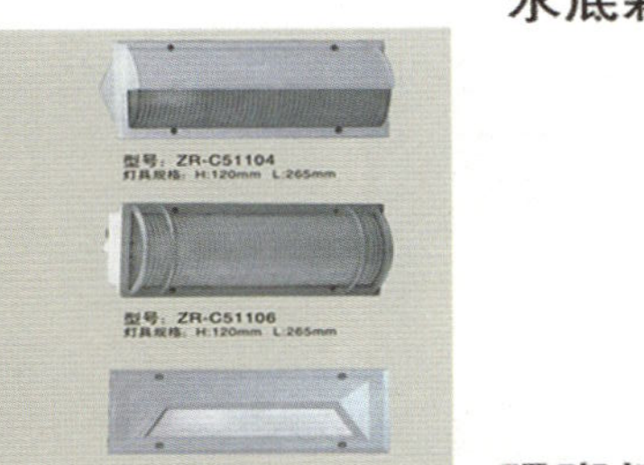

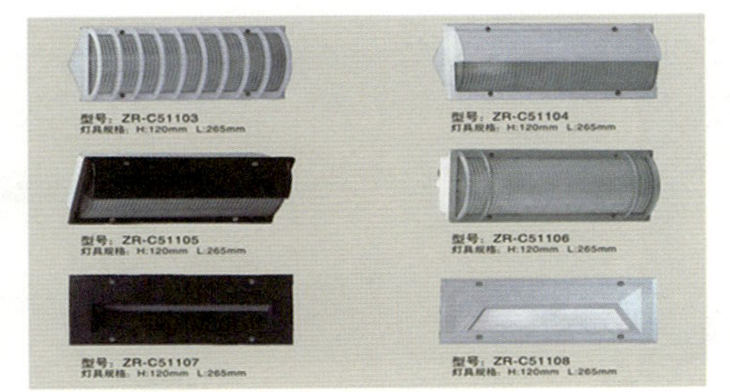

踢脚灯

高杆灯

植物选种意向图

红继木桩

桃花

茶花球

凤尾兰

海栀子

红继木球

海桐球

金叶女贞

八角金盘

金边黄杨

春鹃

火棘

法国冬青

铺装意向图

各色卵石

黑色卵石

散铺鹅卵石

嵌鹅卵石混凝土地面

褐色硬木

混凝土砖

混凝土砖铺装效果

特色纹理喷漆饰面

花岗岩石汀步参考图片

米黄色荔枝面花岗岩

深灰色花岗岩

灰色花岗岩

浅灰色花岗岩

土黄色花岗岩

土黄色烧面花岗岩

芝麻黑花岗岩

土黄色光面花岗岩

褐色花岗岩

米黄色烧面花岗岩

蓝灰色板岩

灰色板岩